U0274420

载人航天出版工程
总主编：周建平
总策划：邓宁丰

"十三五"国家重点出版物出版规划项目

月 球 基 地

——建立月球固定居所的挑战

Lunar Outpost

The Challenges of Establishing a Human Settlement on the Moon

［加］埃里克·西德豪斯（Erik Seedhouse）　著

曹晓勇　译

中国宇航出版社

·北京·

Translation from the English language edition:
Lunar Outpost. The Challenges of Establishing a Human Settlement on the Moon
by Erik Seedhouse
© Praxis Publishing Ltd, Chichester, UK, 2009
Praxis Publishing Ltd. is part of Springer Science+Business Media
All Rights Reserved

著作权合同登记号：图字：01－2013－4859号

版权所有　侵权必究

图书在版编目（CIP）数据

月球基地 /（加）埃里克·西德豪斯
（Erik Seedhouse）著；曹晓勇译. --北京：中国宇航
出版社，2017.11
　　ISBN 978－7－5159－1152－6

　　Ⅰ. ①月… Ⅱ. ①埃… ②曹… Ⅲ. ①月球探索—航
天基地 Ⅳ. ①V1②V55

中国版本图书馆 CIP 数据核字（2016）第 179670 号

责任编辑　马　航
责任校对　祝延萍　　　　　封面设计　宇星文化

出　版
发　行　**中国宇航出版社**

社　址　北京市阜成路 8 号　　　　邮　编　100830
　　　　（010）60286808　　　　　（010）68768548
网　址　www.caphbook.com
经　销　新华书店
发行部　（010）60286888　　　　　（010）68371900
　　　　（010）60286887　　　　　（010）60286804（传真）
零售店　读者服务部
　　　　（010）68371105
承　印　北京画中画印刷有限公司
版　次　2017 年 11 月第 1 版　　　2017 年 11 月第 1 次印刷
规　格　880×1230　　　　　　　　开　本　1/32
印　张　12.125　　　　　　　　　　字　数　325 千字
书　号　ISBN 978－7－5159－1152－6
定　价　128.00 元

本书如有印装质量问题，可与发行部联系调换

《载人航天出版工程》总序

中国载人航天工程自 1992 年立项以来，已经走过了 20 多年的发展历程。经过载人航天工程全体研制人员的锐意创新、刻苦攻关、顽强拼搏，共发射了 10 艘神舟飞船和 1 个目标飞行器，完成了从无人飞行到载人飞行、从一人一天到多人多天、从舱内实验到出舱活动、从自动交会对接到人控交会对接、从单船飞行到组合体飞行等一系列技术跨越，拥有了可靠的载人天地往返运输的能力，实现了中华民族的千年飞天梦想，使中国成为世界上第三个独立掌握载人航天技术的国家。我国载人航天工程作为高科技领域最具代表性的科技实践活动之一，承载了中国人民期盼国家富强、民族复兴的伟大梦想，彰显了中华民族探索未知世界、发现科学真理的不懈追求，体现了不畏艰辛、大力协同的精神风貌。航天梦是中国梦的重要组成部分，载人航天事业的成就，充分展示了伟大的中国道路、中国精神、中国力量，坚定了全国各族人民实现中华民族伟大复兴中国梦的决心和信心。

载人航天工程是十分复杂的大系统工程，既有赖于国家的整体科学技术发展水平，也起到了影响、促进和推动着科学技术进步的重要作用。载人航天技术的发展，涉及系统工程管理，自动控制技术，计算机技术，动力技术，材料和结构技术，环控生保技术，通信、遥感及测控技术，以及天文学、物理学、化学、生命科学、力学、地球科学和空间科学等诸多科学技术领域。在我国综合国力不断增强的今天，载人航天工程对促进中国科学技术的发展起到了积极的推动作用，是中国建设创新型国家的标志性工程之一。

我国航天事业已经进入了承前启后、继往开来、加速发展的关键时期。我国载人航天工程已经完成了三步走战略的第一步和第二步第一阶段的研制和飞行任务，突破了载人天地往返、空间出舱和空间交会对接技术，建立了比较完善的载人航天研发技术体系，形成了完整配套的研制、生产、试验能力。现在，我们正在进行空间站工程的研制工作。2020年前后，我国将建造由20吨级舱段为基本模块构成的空间站，这将使我国载人航天工程进入一个新的发展阶段。建造具有中国特色和时代特征的中国空间站，和平开发和利用太空，为人类文明发展和进步做出新的贡献，是我们航天人肩负的责任和历史使命。要实现这一宏伟目标，无论是在科学技术方面，还是在工程组织方面，都对我们提出了新的挑战。

以图书为代表的文献资料既是载人航天工程的经验总结，也是后续任务研发的重要支撑。为了顺利实施这项国家重大科技工程，实现我国载人航天三步走的战略目标，我们必须充分总结实践成果，并充分借鉴国际同行的经验，形成具有系统性、前瞻性和实用性的，具有中国特色的理论与实践相结合的载人航天工程知识文献体系。

《载人航天出版工程》的编辑和出版就是要致力于建设这样的知识文献体系。书目的选择是在广泛听取参与我国载人航天工程的各专业领域的专家意见和建议的基础上确定的，其中专著内容涉及我国载人航天科研生产的最新技术成果，译著源于世界著名的出版机构，力图反映载人航天工程相关技术领域的当前水平和发展方向。

《载人航天出版工程》凝结了国内外载人航天专家学者的智慧和成果，具有较强的工程实用性和技术前瞻性，既可作为从事载人航天工程科研、生产、试验工作的参考用书，亦可供相关专业领域人员学习借鉴。期望这套丛书有助于载人航天工程的顺利实施，有利于中国航天事业的进一步发展，有益于航天科技领域的人才培养，为促进航天科技发展、建设创新型国家做出贡献。

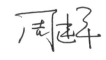

2013 年 10 月

前　言

我写这本书的目的，是要讲述美国国家航空航天局（NASA）重返月球计划所包含的重要任务体系。虽然本书无法详细描述载人月球任务的每一个步骤，但我的目标是越详细越好。因此，我查阅了大量文献，包括 PPT、简报、计划、新闻发布会和技术性文章。

20 世纪 70 年代，美国放弃了其具有开拓性的空间探索计划。就在 1972 年阿波罗 17 号的航天员从月球返回时，尼克松政府停止了近地轨道以远的任务规划。土星 5 号火箭连同 NASA 为载人登月开发的所有技术都被历史尘封。自阿波罗计划结束以来，人们撰写了成千上万篇有关人类重返月球的科学论文和科普文章。但我们究竟怎样重返月球？本书就将回答这个问题，除此以外，本书还将介绍 NASA 新型运载火箭的研制进展、新登陆的航天员将在月球上干什么以及任务怎么设计等。

当我写这篇前言的时候，美国总统大选即将到来，两位候选人将会对这个历史性选择发表各自的观点。无论是出于政治策略还是战略远见，也无论是由贝拉克·奥巴马还是约翰·麦凯恩制定的航天政策，都将决定美国载人航天在 21 世纪前 50 年的发展方向。奥巴马对此的评论是，在布什政府期间，载人航天飞行处于上升趋势，但载人航天事业中工作岗位的丢失却是实实在在的事。

"我认为，通过航天计划可以激发我们的士气，这一点很重要，但也存在着现实的问题——怎样投资才能获得最大的科技利益？不要总是认为开发宇宙并把人送入太空永远是最佳的投资。"

——参议员贝拉克·奥巴马接受《休斯顿编年史》编委会电话

采访时说道。

　　与奥巴马的观点相反，麦凯恩赞同重返月球和载人登陆火星的航天政策，这一政策也在他的网站上得到反映，该网站登出了猎户座乘员探索飞行器的想象图。在 1997～2005 年的 7 年间，麦凯恩担任参议院商务委员会主席，该机构负责监督航天和商业航空的活动，这使得他拥有了勾画 NASA 未来的经验。作为 NASA 和航天计划的强烈支持者，麦凯恩因自己支持总统的"空间探索远景"、赞助立法授权经费而引以为豪。他认为，持续支持美国的航天事业，重建美国在空间技术上对俄罗斯的优势，这是至关重要的。

　　虽然有些人会担心民主党管理载人航天的潜在后果，现实情况却是，不管谁在 2008 年 11 月入主白宫，麦凯恩和奥巴马都不会作出影响星座计划的重要政策变化，而是会从长计议，或拖入第 2 个任期中。随着油价不断飙涨、经济衰退以及整顿教育系统的承诺需要兑现，新上任的总统总是要把重点放在更为迫切的需求上。

　　本书大部分内容所重点关注的星座计划，不仅提出了建议，而且代表了空间探索发展的下一个阶段，即创造航天文明的第一步。2004 年 1 月，布什总统宣布了"空间探索远景"，他不仅提出了载人登月的远景，也提出了载人登陆火星以及更远的深空探索愿景。本书所述的计划并非冒险，当你阅读这些文字的时候，星座计划正在实施中（译者注：星座计划已于 2010 年取消）。

　　虽然星座计划也遭到了批评，但 NASA 的批评者应当记住，美国的载人航天计划就是 NASA 提出的。NASA 将人送上了月球，建造了国际空间站，将精密的探测器精确地送往数十亿千米以外的火星、土卫 6 等行星和卫星。所有这些成就都是在公众热情的监督下实现的。然而，同时代取得成功的火星车及 NASA 和欧洲空间局（ESA）联合实施的卡西尼-惠更斯（Cassini‑Huygens）土星探测任务引发了一些人的非议，他们声称：完全采用机器人探索比载人探索更便宜，也更有前途。然而，事实远非如此，虽然上述探测任务堪称"杰作"，但机器人探测比载人探测具有更多局限性。建立载人月球基地是明智的选择，这不只是因为月球离我们近，更是因为它提供了一个独特的位置，有助于我们建立空间边疆的人类生态学参数。要做到这些，仅仅靠发送机器人是无法实现的。此外，月球是人们迈向空间生活的踏脚石，它能帮助我们了解人类在人工生态系统中长期生存的可操作性。要实现这些目标，必须将人送往月球表面并长期居住。多亏 NASA 优秀的工程师队伍及其支持态度，他们将再次将人类带往月球。本书就将介绍 NASA 是如何做到这一点的。

致 谢

首先，我最想感谢的是我的妻子多伊娜（Doina），在本书的编写过程中，她给了我足够的耐心和支持。没有她超乎寻常的语法才能以及她一遍又一遍地编辑，这本书完全没法及时成稿。

同时，我要感谢普拉克斯（Praxis）公司的克莱夫·霍伍德（Clive Horwood），也要感谢本书的文字编辑和打字员尼尔·沙特尔伍德（Neil Shuttlewood）；我还要感谢我的代理商斯蒂芬妮（Stephanne），与她合作非常愉快，期待下一本书还能与她合作。

在本书的编写中，许多同事和朋友都对我在载人航天方面的兴趣给予了支持。我的博士导师戴维·格伦迪（David Grundy）和保罗·埃内克（Paul Enek）教授不断支持我的研究工作，对我追求研究生涯有很大帮助。安德鲁·布莱伯（Andrew Blaber）博士为我提供了在西蒙·弗雷泽大学（Simon Fraser University）环境生理学部从事博士后研究的机会。

最后，我还要感谢阅读我第一本书并提出好的意见的朋友们：朱利安·威格利（Julian Wigley）、蒂姆·多诺万（Tim Donovan）、吉塔·南德（Gita Nand）、塔妮娅·梅洛尼（Tania Meloni）、卡尔文·桑迪福德（Calvin Sandiford）、李·威廉斯（Lee Williams）、汤姆·罗杰斯（Tom Rodgers）、南希·韦斯特罗姆（Nancy Westrom）和辛巴（Simba）。此外，还要感谢丹·鲍亚（Dan Baouya）提供的B计划！

最后，我还要感谢我们的两只小猫咪马赫和贾斯珀，它们给我们带来了无穷的欢乐。

作者简介

埃里克·西德豪斯（Erik Seed-house）是一位航天科学家，并立志成为一名航天员。在1995年欧洲空间局举办的第22届抛物线飞行大赛中，他参与了研究课题工作，并第一次体验了微重力。1996～1998年，他在德国航天局航天医学研究所（位于科隆）工作，获得了生理学博士学位。目前，他在拉斯维加斯比奇洛航天公司（Bigelow Aerospace）担任航天员训练顾问。他是英国行星学会的研究员，也是航天医学协会成员。在不写航天类书籍的时候，埃里克喜欢驾驶他的塞斯纳飞机，参加铁人和超人三项赛以及爬山，他的大部分时间是在夏威夷岛的科纳和哈普纳海滩上度过的。

埃里克与他的妻子和两只猫生活在加拿大的尼亚加拉陡崖。

目　录

第1章 空间探索远景

对于将来，你的任务不是去窥视它，而是去实现它。

——摘自安托万·德-圣埃克苏佩里《沙的智慧》

（Antoine de-Saint Exupery，1900—1944）

"近二三十年来，美国还没有研制出一种新的航天器，用以促进人类空间探索。现在，该是美国有所作为的时候了。今天，我要宣布一项人类探索空间、进军太阳系的新计划。我们将利用现有的项目和人员，启动这项计划。我们将稳步推进，认真完成每一项任务、每一次飞行、每一次着陆。"

——布什总统 2004 年 1 月 14 日在美国国家航空航天局总部的讲话

布什总统的上述讲话推出了一项大胆的、颇具前瞻性的空间探索计划，也就是"空间探索远景"（VSE），确定了未来几十年美国国家航空航天局载人航天计划的方向。为了实现"空间探索远景"，布什总统让美国国家航空航天局启动了星座航天计划，研制新的乘员探索飞行器（CEV）和重型运载火箭。对于航天爱好者和从事航天事业的人而言，"空间探索远景"的发布显得姗姗来迟。

1.1 "空间探索远景"之前的"空间探索倡议"

1989 年 7 月 20 日，老布什总统公布了一份新的"空间探索倡议"（SEI），该倡议指示美国国家航空航天局在 90 天的时间里，研究并确定建立月球基地的任务体系，将月球作为载人登火星的试验基地。2004 年 1 月，布什总统的讲话与该倡议中的一些目标遥相呼应。管理和预算办公室（OMB）主任理查德·达曼（Richard Dar-man）估计，要实现"空间探索倡议"中登陆月球和火星的全部目标，需要投入4 000亿美元。可以想见，该项目最后石沉大海就不足为奇了，因此，它给航天爱好者们留下的印象不深。15年后，虽然国会研究处（CRS）的报告估计，美国国家航空航天局需为重返月球项目耗资1 040亿美元，但没有人再计较该项目的预期成本。据美联社-益普索公司（Associated Press - Ipsos）就公众对布什总统演讲的初步民意调查显示，大部分公众支持"空间探索远景"，有48%的调查对象赞同重返月球[1]。2004年6月22日至7月7日，盖洛普公司（Gallup）又做的一项民意调查发现，假如美国国家航空航天局的预算不超过联邦预算的1%，那么有26%的人表示强烈支持这一计划，42%的人表示支持，15%的人反对，9%的人强烈反对。

1.2　"空间探索远景"计划

　　表1-1概括了美国国家航空航天局的"空间探索远景"计划，这是一项探索空间并运送航天员到月球及以远的大胆且意义深远的计划。事实上，最终进行载人登火星及以远的空间探索目标，引起了一些观察者的注意，他们认为，这样的计划可能过于雄心勃勃。但是，星座计划的各个文件详细阐明了实现这些远景目标的途径，本章将对此进行概述。

1.2.1　第1个目标：近地轨道探索活动

　　"为了实现这个目标，考虑到安全问题和哥伦比亚号事故调查委员会的建议，我们将尽快恢复航天飞机的飞行。未来几年航天飞机的主要目标是协助完成国际空间站的组装。在服役近30年后，航天飞机将于2010年退役。"

　　在写这本书的时候，美国国家航空航天局正在加紧进行新型飞船和运载火箭的设计研制，以取代将在 2010 年 9 月 30 日退役的航天飞机。取代航天飞机绝非易事。X - 33 和 X - 38 项目旨在利用单级入轨（SSTO）火箭取代航天飞机，但是这两个项目均因成本超支、技术问题难以解决而被取消。美国国家航空航天局希望通过利用航天飞机衍生的技术来发展新型运载火箭，避免重蹈 X - 33 和 X - 38 的覆辙。但是，两种新型运载火箭连同分系统和发射基础设施的设计都很有难度。

表 1 - 1　美国国家航空航天局空间探索计划概要

完成国际空间站组装

航天飞机安全飞行至 2010 年

在 2015 年前研制猎户座乘员探索飞行器并投入使用

在 2020 年前重返月球

扩展人类在太阳系及以远的活动范围

持续实施可负担的载人和机器人探测计划

开发创新的支撑技术、知识和基础设施

促进国际和商业参与探索

利用月球为未来载人登火星及其他目的地做准备

开展科学活动，以解决地球、太阳系乃至整个宇宙的一些基本问题

持续扩展人类在月球的活动，最终实现月球移民

将经济领域从地球扩展到月球，通过月球活动为地球生命造福

强化现有合作，建立新的全球合作伙伴关系

参与、激励和教育公众

首个新型运载火箭称为阿瑞斯（Ares）1 号（见图 1 - 1），用于运送乘员探索飞行器。该火箭分为两级，带有发射逃逸系统（LES）、5 段助推器和强大的 J - 2X 发动机，可将乘员探索飞行器送入近地轨道（LEO），预计将于 2009 年 4 月进行首次无人试验发射[①]。在阿瑞斯 1 号试验飞行结束后，美国国家航空航天局将启动航

---

① 该火箭实际于 2009 年 10 月 28 日首次发射。

天员重返月球的准备工作。为此，美国国家航空航天局需要用重型运载火箭将地球出发级（EDS）等硬件送入轨道，以便运送乘员探索飞行器到达近地轨道以远的空间区域。这种巨型运载火箭称为阿瑞斯5号（见图1-2），其外形有点像航天飞机和土星5号火箭的混合体。火箭第一级（FS）外部贮箱（ET）上附有5台强大的J-2X发动机，为了进入近地轨道，火箭上还有一对5段的固体火箭助推器（SRB）装在外部贮箱和一个带有J-2S发动机的上面级（US）。J-2S发动机最初在20世纪60年代的阿波罗计划中使用过。

图1-1 美国国家航空航天局的阿瑞斯1号乘员运载火箭，用于运送猎户座乘员探索飞行器（图片来源：美国国家航空航天局）

图 1-2　美国国家航空航天局的阿瑞斯 5 号货物运载火箭，用于运送地球出发级和月球着陆舱（LSAM）到近地轨道（图片来源：美国国家航空航天局）

1.2.2　第 2 个目标：近地轨道以远空间探索

"我们的第 2 个目标是，在 2008 年以前，研制和试验新的航天器——乘员探索飞行器，并在 2014 年以前执行首次载人飞行任务。在航天飞机退役后，乘员探索飞行器可运送航天员和科学家往返空间站，但其主要目的是运送航天员进入地球轨道以远的世界。这是自阿波罗指令舱以来第一艘同类航天器。"

航天员往返近地轨道和往返月球所乘坐的乘员探索飞行器称为猎户座（见图 1-3）。其外形与阿波罗指令舱相同，但居住容积可容纳的航天员数量是阿波罗的 3 倍，而且不同的是，设计的可重复使

图 1-3　美国国家航空航天局命名的猎户座乘员探索飞行器

（图片来源：美国国家航空航天局）

用的次数达 10 次。在太空中，猎户座有一个依靠液氧和液态甲烷推进的服务舱（SM），一对太阳翼为其提供电能。

1.2.3　第 3 个目标：支持探索空间的运输能力

"我们的第 3 个目标是，在 2020 年之前重返月球，以此作为未来任务的出发点。从不晚于 2008 年起，我们将发射一系列无人探测器，研究月球表面，并为未来探索做好准备。我们将尽早在 2015 年采用乘员探索飞行器开展载人月球任务，大幅提高人类在月球生活和工作的时长。目前仍健在的尤金·赛尔南（Eugene Cernan）是最后一位登月的人，在离开月球时，他说：'我们今天的离开是为了明天带着全人类对和平的渴望重返月球！'美国将把这些话变为现实。"

在布什总统演讲之后的一个月，美国国家航空航天局局长肖恩·奥基夫（Sean O'keefe）发布了"空间探索远景"[4]，提出了美国国家航空航天局支持这一远景的路线图和计划。为了开发实现"空间探索远景"的技术和系统，美国国家航空航天局建立了探索系统任务指挥部（ESMD）。2005 年 4 月，美国国家航空航天局的新局长迈克尔·格里芬（Michael Griffin）启动了"探索系统体系研究"（ESAS）项目，以评估美国国家航空航天局实现"空间探索远景"的途径。"探索系统体系研究"是星座计划的一个主要组成部分，描述了如何实现"空间探索远景"。

1.3 "探索系统体系研究"纲要

"探索系统体系研究"于 2005 年 5 月 2 日启动，旨在 2005 年 7 月 29 日前完成 4 项任务。研究小组包含来自美国国家航空航天局总部的 20 位核心成员及美国国家航空航天局各大中心的数百位雇员。为指导"探索系统体系研究"小组的工作，小组建立了许多基本规则和假设（GR&A），包括指导安全、操作、技术、成本、进度、测试和外国资产等因素的方针和约束。

1.3.1 "探索系统体系研究"基本规则和假设

指导"探索系统体系研究"小组的安全和任务保证的基本规则和假设是美国国家航空航天局程序要求（NPR）文件，被称为"空间系统适人性要求"文件（见词汇表）。在"探索系统体系研究"小组定义中止机会和轨道运行等方面任务时，采用这套要求作为参考。

显著操作的基本规则和假设的适用范围包括 2016 年前运送乘员和货物往返国际空间站（ISS）的需求，也包括设计能最大限度地分离乘员和大型货物的航天器的需求，还包括肯尼迪航天中心（KSC）开展的所有在轨飞行操作的要求。

技术基本规则和假设的适用范围包括：设计乘员探索飞行器搭载 4 位乘员执行月球任务，搭载 6 位乘员执行国际空间站任务。"探索系统体系研究"小组也需遵循一些特定的安全因素，如乘员舱、新结构和重新设计的结构以及交会对接操作的裕度等。

进度基本规则和假设要求在 2011 年前，执行乘员探索飞行器首次向国际空间站飞行的任务，在 2020 年前实施首次月球着陆任务。自"探索系统体系研究"的研究报告发表以来，第 1 项进度要求并未实现，因此也就无法确定月球着陆的日期。

测试基本规则和假设对新运载火箭的飞行测试提出了要求，即乘员探索飞行器在执行载人飞行之前，至少应完成一次全功能飞行鉴定。同样，新型阿瑞斯 1 号火箭在执行载人飞行任务前，必须开展 3 次飞行试验。

1.3.2　"探索系统体系研究"的任务

"探索系统体系研究"小组的首要任务有：评估乘员探索飞行器的需求，确定乘员探索飞行器如何为国际空间站乘员提供运输服务，并制定计划缩短航天飞机退役至乘员探索飞行器首次载人飞行的时间。其次，"探索系统体系研究"确定运载系统支持载人登月和载人登火星任务的需求和技术状态。随后，"探索系统体系研究"为载人登月任务开发月球基础体系，并确定基础体系的关键技术。这些任务形成了"探索系统体系研究"纲要的 4 个重点，即确定乘员探索飞行器、运载火箭、月球探索体系和所需技术。

为了完成这些任务，"探索系统体系研究"进行了数百次权衡研究，从评估不同的乘员探索飞行器外形到确定最佳的舱外活动要求，对众多选项进行了审查。这些权衡研究也定性和定量地评估了与载人重返月球整个体系相关的成本、进度、可靠性、安全性和所有风险因素。为了更准确地确定体系所需的要素，"探索系统体系研究"小组也使用了品质因数（FOM）分析法，这是一种经过验证的、多学科的方法，用于表征一个事物相对于其他同类事物的表现（见表 1 - 2）。

表 1 - 2　"探索系统体系研究"品质因数

安全和 任务成功	有效性和性能	可扩展性和 灵活性	计划风险	可负担性
乘员伤亡概率 （P/LOC）	货物运送至月球表面	月球任务灵活性	技术开发风险	技术开发成本
任务失败概率 （P/LOM）	货物从月球表面返回； 表面可到达性； 乘员在表面的可用时间； 系统可用性； 系统可操作性	向其他探索目的地的可扩展性； 商业可扩展性； 国家安全可扩展性	成本风险； 进度风险； 政治风险	设计、研制、试验和评估的成本； 设施的成本； 运行的成本； 失败的成本

1.3.3　任务体系概览

"探索系统体系研究"小组评估品质因数后，继续提出一系列设计基准任务（DRM），确定乘员如何往返国际空间站，以及加压和非加压货物如何往返国际空间站。设计基准任务的演变见第 7 章所述。此处介绍设计基准任务的概况，同时介绍乘员和货物如何往返月球表面，以及乘员和货物如何往返位于月球南极的基地。

1.3.4　基准任务设计概览

1.3.4.1　基准任务设计：运输航天员往返国际空间站

此基准任务设计的目标是送 3 名航天员前往国际空间站，执行为期 6 个月的研究任务。在任务期间（图 1 - 4），全体人员可随时搭乘停泊在国际空间站的猎户座飞船返回地球。

猎户座飞船由阿瑞斯 1 号火箭发射进入近地轨道，倾角为 51.6°，随后通过一系列点火提升猎户座飞船的轨道，使之最终追上国际空间站。在猎户座飞船接近国际空间站时，进行标准的交会对接机动。乘员进入国际空间站后，猎户座飞船将在任务期间担任救援飞船的角色。完成任务后，服务舱将被抛离，猎户座飞船进行离轨点火，并降落于陆地或水面。

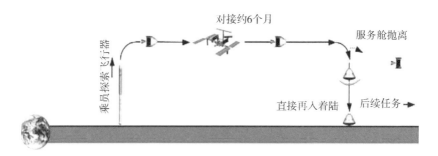

图 1-4　基准任务设计：如何运输航天员往返国际空间站（图片来源：美国国家航空航天局）

1.3.4.2　基准任务设计：运输未加压货物到国际空间站

此任务的目标是利用货物运输航天器（CDV）和阿瑞斯 1 号火箭，将未加压货物运往国际空间站（图 1-5）。发射进入倾角为 51.6°的近地轨道后，货物运输航天器进行一系列轨道提升机动以接近国际空间站，然后通过标准的飞船制导进入国际空间站的遥机械臂系统（RMS）的操作范围。国际空间站的乘员将利用遥机械臂系统抓取货物运输航天器，并使其停泊在国际空间站上。货物运输航天器在此停泊 30 天，然后根据地面指令离轨再入烧毁。

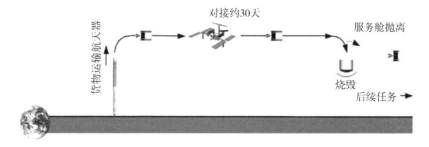

图 1-5　基准任务设计：如何运输未加压货物往返国际空间站（图片来源：美国国家航空航天局）

1.3.4.3　基准任务设计：运输加压货物往返国际空间站

此任务的目的是运输加压货物往返国际空间站，在国际空间站停泊 90 天后返回地球（图 1-6）。采用阿瑞斯 1 号运载火箭和可装载 3 500 kg 物资的猎户座货运飞船（CVO）。在进入近地轨道后，猎户座货运飞船进行轨道提升并追赶国际空间站。在到达相对国际空间站的安全轨位保持位置时，任务控制器将发送指令给猎户座货运飞船，进行飞船制导接近和对接，随后进行压力检查，国际空间站乘员操作货物进入国际空间站。在 90 天对接期后，猎户座货运飞船将离轨点火，并降落于陆地或水面。

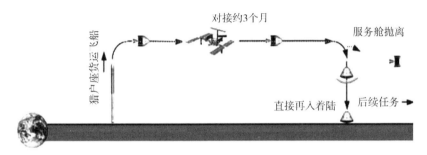

图 1-6　基准任务设计：如何运输加压货物往返国际空间站（图片来源：美国国家航空航天局）

1.3.4.4　基准任务设计：携带货物开展载人月球任务

月球出击任务（图 1-7 所示）旨在运输 4 名航天员前往月球的任意地点，即全球到达。抵达后，航天员将两两一组，开展为期 7 天的科学和探索任务。月球出击任务需要阿瑞斯 1 号火箭、阿瑞斯 5 号火箭、猎户座飞船、月球着陆舱（LSAM）和地球出发级。

首先，发射阿瑞斯 5 号火箭，将月球着陆舱和地球出发级送入近地轨道。然后发射阿瑞斯 1 号火箭，将猎户座飞船送入近地轨道，并与月球着陆舱-地球出发级组合体交会对接。地球出发级执行从地球到月球的轨道进入（TLI）后抛离。进入月球轨道后，4 名航天员均转移到月球着陆舱上，离开猎户座，降落到月面。在完成 7 天的

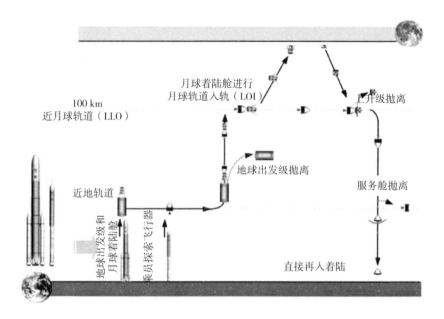

图 1-7　基准任务设计：如何运输航天员和货物往返月球（图片来源：美国国家航空航天局）

月面探索任务后，月球着陆舱上升到近月球轨道（LLO），并与猎户座飞船交会对接，然后返回地球，降落在陆地或水面。

1.3.4.5　基准任务设计：运输货物到月球表面

此任务是运送重达 20 t 的货物到月面，帮助人类实现月球永久停留（图 1-8）。为完成此项任务，用阿瑞斯 5 号火箭发射地球出发级和月球着陆舱的货运飞船到近地轨道，地球出发级执行从地球到月球的轨道进入，月球着陆舱通过自身点火进入月球轨道。

1.3.4.6　基准任务设计：乘员和货物基地任务

为支持 6 个月的月面任务，此基准任务设计将通过一次飞行任务运送 4 名航天员和供给物，采用图 1-9 所示运输工具。首先，用阿瑞斯 5 号火箭一次性将月球着陆舱和地球出发级送入近地轨道。然后用阿瑞斯 1 号火箭将猎户座飞船送入近地轨道，并与月球着陆

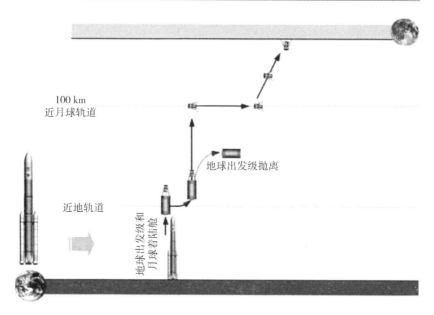

图 1-8　基准任务设计：如何运输货物到月面（图片来源：美国国家航空航天局）

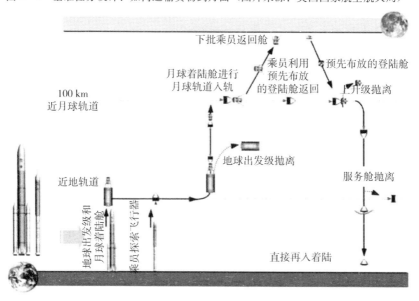

图 1-9　基准任务设计：航天员如何到月球基地开展为期 6 个月的研究任务
（图片来源：美国国家航空航天局）

舱-地球出发级组合体交会对接。地球出发级在完成从地球到月球的轨道进入点火后抛离，月球着陆舱执行月球轨道入轨（LOI）点火。进入月球轨道后，乘员转移到月球着陆舱上，降落到月面，并开展为期 6 个月的月面活动。最后月球着陆舱将乘员送回月球轨道，与猎户座飞船对接并将乘员转移到猎户座飞船上，返回地球，而留下月球着陆舱实施月面撞击。

　　"探索系统体系研究"提出的各种基准任务设计描绘了载人重返月球的分阶段发展体系。基准任务设计的具体细节以及猎户座飞船和阿瑞斯 1 号火箭的设计等其他体系要素见"探索系统体系研究"出版的报告。在报告出版后不久，2005 年 12 月 30 日，美国国家航空航天局通过了《2005 年美国国家航空航天局授权法案》，将远景的计划变成了法律。

　　"局长应制定发展可持续的人类月球活动的计划，包括健全的先驱计划以促进探索、科学、商业和美国在太空的主导地位，并以此作为未来探索火星和其他目的地的踏板。"

—— 《2005 年美国国家航空航天局授权法案》

1.4　星座计划

　　为实现"空间探索远景"提出的目标，美国国家航空航天局提出了星座计划（图 1-10），充分利用美国国家航空航天局的专业技术（表 1-3），逐步将各大中心转变为机构范围内的联合队伍，专门致力于人类重返月球。

　　表 1-3 从一定意义上介绍了星座计划的庞大规模。虽然航天飞机的持续运行限制了 2010 年发展星座计划的可用预算和劳动力，但美国国家航空航天局通过航天飞机分阶段退役，使专业人员得到了最佳利用。目前，研发月球运输能力的有针对性的活动已经开始，月球着陆器和阿瑞斯 5 号火箭的初步方案开发正在进行，主要运载

星座

图 1-10　美国国家航空航天局的星座标志（图片来源：美国国家航空航天局）

器的发动机试验和任务的进度已经公布（表 1-4）。

　　航天飞机和国际空间站计划是在各自的时代背景下发展的，应对了重大的、未知的技术和运行难题。同样，美国国家航空航天局领导层也给予星座计划以特别许可，去研究新思路和方法，开发和采购载人重返月球所需的运载火箭和航天器。因此，表 1-3 和表 1-4 所述星座计划的要素构成了健全的系统基线，集中了美国国家航空航天局最好的技术力量。

表 1-3　支持星座计划的美国国家航空航天局各大中心

设施名称	设施用途
埃姆斯研究中心（ARC）	
跨音速风洞	阿瑞斯比例模型测试
ARC 喷气实验室	猎户座元器件和热防护系统测试
单计划风洞	猎户座元器件和热防护系统测试
格伦研究中心（刘易斯场）	
仪器研究实验室	用于检漏的微型传感器和相关验证软件开发

续表

设施名称	设施用途
超音速风洞办公室和控制大楼	猎户座飞船总体设计、分析、独立验证和确认
格伦研究中心（普拉姆布鲁克站）	
航天器推进研究设施	地球出发级测试
航天电源设施	猎户座声学/随机振动、热真空试验
约翰逊航天中心	
乘员系统实验室	组件和小型单机测试
乘员系统实验室（2.4 m 真空罐）	不载人的综合舱外活动生命保障系统运行真空试验
乘员系统实验室（3.4 m 真空罐）	载人舱外活动系统真空试验
乘员系统实验室（热真空手套箱）	手套和小型工具的热真空试验
通信和跟踪开发实验室大楼	猎户座试验和确认
任务控制中心	任务控制活动
杰克·加恩模拟器和训练设施	航天员训练
系统集成设施	航天员训练
桑尼·卡特训练设施	航天员训练
空间环境模拟实验室	载人热真空试验
肯尼迪航天中心	
综合发射设施-39，发射台 A 和 B	阿瑞斯发射设施
固体火箭助推器（SRB）装配和整修设施	阿瑞斯 1 号和阿瑞斯 5 号运载火箭部件整修和修复
火箭履带式运输车设施	从运载火箭总装大楼（VAB）运输阿瑞斯 1 号和阿瑞斯 5 号到发射台
慢速路	履带车从总装大楼运输阿瑞斯 1 号和阿瑞斯 5 号到发射台所使用的路基
移动发射平台	从总装大楼运输阿瑞斯 5 号火箭到发射台
移动发射台	用于从总装大楼运输阿瑞斯 1 号火箭到发射台的平台
防雷系统	运载火箭雷击防护
发射控制中心	发射控制

续表

设施名称	设施用途
运载火箭总装大楼	运载火箭装配和总装
运行和检验大楼	猎户座装配和总装
空间站处理设施	处理月球着陆器的备用设施
危险处理设施	在与运载火箭总装之前，为乘员舱和服务舱处理危险材料
轨道器处理设施	阿瑞斯 5 号核心级装配
总装大楼掉头对接设施	为确保结构和运行完整性进行维护活动
降落伞整修设施	为固体助推火箭和猎户座处理和整修降落伞
兰利研究中心	
材料研究实验室	阿瑞斯和猎户座材料及元器件试验
结构与材料实验室	阿瑞斯和猎户座材料及元器件试验
热实验室	猎户座应力试验
制造和金属技术开发实验室	制造阿瑞斯和猎户座的模型及试验项
风洞	猎户座比例模型试验
马赫数为 10 的风洞	猎户座比例模型试验
垂直螺旋风洞	猎户座比例模型试验，含发射中止系统
跨音速动力学风洞	阿瑞斯和猎户座比例模型风洞试验
气体动力学综合设施（马赫数为 6 的风洞)	阿瑞斯和猎户座比例模型风洞试验
撞击动力学设施	猎户座跌落试验
米丘德装配厂	
制造大楼	阿瑞斯 1 号上面级结构焊接、电子设备和普通隔板装配
垂直装配设施	阿瑞斯 1 号上面级和猎户座乘员舱、服务舱、底壳和防热罩制造
验收和准备大楼	阿瑞斯 1 号上面级
气压试验设施和控制大楼	压力和动态测试
高顶厂房	阿瑞斯 1 号上面级和阿瑞斯 5 号核心级装配
马歇尔航天飞行中心	
硬件仿真实验室	阿瑞斯上面级发动机控制系统和软件测试，电子设备和系统集成

续表

设施名称	设施用途
电子系统试验台	阿瑞斯上面级电子设备集成
试验设施	阿瑞斯上面级组件试验
结构动力学试验设施	阿瑞斯1号和阿瑞斯5号地面振动试验
热气试验设施	阿瑞斯1号第一级设计技术状态检验和上面级热气试验
推进和结构试验设施	阿瑞斯1号第一级和阿瑞斯上面级压力容器组件试验
材料和工艺实验室	材料试验
试验和数据记录设施	阿瑞斯上面级点火器试验
结构和力学实验室	阿瑞斯上面级发动机振动试验
亨茨维尔运行支持中心	为阿瑞斯上面级研制运行提供工程支持
先进发动机试验设施	阿瑞斯上面级发动机试验
多用途高顶和中性浮力模拟器综合设施	阿瑞斯上面级制造
国家先进制造中心	阿瑞斯上面级支持行动和评估
工程与研制实验室	阿瑞斯上面级最终装配和试验准备
风洞设施	阿瑞斯风洞试验
低温结构试验设施	阿瑞斯上面级结构载荷试验，包括普通隔板的低温试验
斯坦尼斯航天中心	
火箭推进试验台	阿瑞斯1号J-2X动力单元和J-2X上面级发动机试验
B-1试验台	阿瑞斯5号RS-68B发动机试验
A-3试验台真空设施	阿瑞斯上面级试验
B-2试验台	阿瑞斯5号RS-68B核心级发动机试验

表 1-4 主要发动机试验、飞行试验和初始星座计划任务

试验飞行[①]	位置	年份	估计试验/飞行次数
第 1 级地面试验			
研制发动机 1 热试车	犹他海角，阿利安特技术系统公司（ATK）	2008	1
研制发动机 1 热试车		2009	1
鉴定发动机热试车		2011	2
鉴定发动机热试车		2012	1
发射中止系统试验			
发射台中止飞行试验	白沙导弹试验场（WSMR）	2008	1
发射中止飞行试验		2009	1
发射台中止试验		2010	1
发射中止飞行试验		2010	1
发射中止飞行试验		2011	2
上面级发动机（J-2X）地面试验			
上面级发动机热试车	斯坦尼斯航天中心	2010-2014	175
上面级发动机热试车（模拟高度）		2010-2014	100
上面级发动机热试车	格伦研究中心	2011	2
主推进试验样品热试车	马歇尔航天飞行中心	2010-2013	24
阿瑞斯 1 号飞行			
阿瑞斯 1 号上升开发飞行试验	肯尼迪航天中心	2009	2
阿瑞斯 1 号上升开发飞行试验		2012	1
轨道飞行试验		2013	2
轨道飞行试验[②]		2014	2
任务飞行[③]		2015-2020	多达 30
阿瑞斯 5 号核心级发动机地面试验			
RS-68B 发动机热试车	斯坦尼斯航天中心	2012-2018	160
主推进试验样品集群热试车		2012-2018	20
地球出发级发动机地面试验			
上面级发动机热试车（模拟高度）	格伦研究中心	2012-2014	20
主推进试验样品热试车	马歇尔航天飞行中心	2015-2018	20
阿瑞斯 5 号飞行			
飞行试验	肯尼迪航天中心	2018	2
任务飞行[④]		2019	2
任务飞行		2020	1

注：①试验的次数、位置和类型根据星座试验计划的发展而变化。
②第 3 次轨道飞行试验是猎户座/阿瑞斯 1 号的首次载人发射。
③每年将开展多达 5 次阿瑞斯 1 号飞行。
④在 2019 年开展的第 2 次飞行也是首次计划降落一名乘员到月球。

美国国家航空航天局的星座计划[3] 随着近期技术和计划目标的实现而演变，并始终注意吸取当前和以前计划的经验教训。例如，航天飞机和阿波罗通用专家服务系统（SAGES）采取招募克里斯·克拉夫特（Chris Kraft）和格林·伦尼（Glynn Lunney）等美国国家航空航天局退役专家的方法，星座计划吸取了这一经验。

在美国国家航空航天局内部，星座计划在人员配备方面具有领导地位，通过建立一套完整的需求，将美国国家航空航天局的各大中心集成到计划中来，整合和执行许多任务，以实现重返月球的目标。

1.5　重返月球的理由

"比起月球来，美国科学界的大部分人更喜欢火星。但是除了科学界的需求以外，其他目标也在推动人们对月球的兴趣。实现航天生活的承诺是重返月球的动因，这并非主要由科学目标所推动，当然科学目标的确构成了整个理由的一部分。"

——美国国家航空航天局局长迈克尔·格里芬博士

虽然"空间探索远景"是政治驱动的产物，重返月球的原因常常被任务计划者们视作"驱动因素"，包括科学、技术、探索和开发等。

1.5.1　科学

月球作为科学基地的潜力可分为 3 类：月球科学、来自月球的科学以及月球上的科学。月球的科学包括开展月球物理、月球化学和地质研究的潜力，以更好地了解月球的起源和演化。来自月球的科学包括借助月球表面独特的特性可进行的研究，如月球远端的天文观测。月球上的科学包括生物学和太空生物学，研究恶劣环境中生物和有机系统的稳定性，和生态系统的自主调节等。每个学科均可受益于人类在月球上的出现。

1.5.2　技术

月球的辐射场、低重力和月尘等恶劣环境与火星的条件非常相似，因此，月球为应用和评估这种环境中生存的技术提供了合适的试验场地。对未来火星任务尤其重要的是月球表面的原位资源利用（ISRU）试验，因为在火星任务中，航天员将广泛利用原位资源。

在开展载人火星任务之前必须实现的其他科学目标包括：生命诊断、远程医疗及环境监测和控制等自主工具和综合先进感知系统的研制。同样，月球表面为严格评估和研制此类系统提供了理想的试验场地。

1.5.3　探索和开发

2 000多人曾登上过珠穆朗玛峰，数百人到达过南北极，约500位航天员和航天参与者体验了微重力。探索未知的新边疆已经开始，下一步探索就是近地轨道以远，去看看我们最近的邻居。

在月球建立永久基地后，到达月球的成本将进一步降低，太空旅游将成为一项重要的月球业务。有了月球的资源，其他行业很快便会开发相关基础设施，提取生命保障的消耗品、推进剂和氦-3。

"我们知道，根据最早的文字记录，大约5 000年前，人类便一直试图了解他们的世界。刚刚过去的20世纪，见证了人类在科学和医学方面的巨大进步，空间探索方兴未艾。但是现在危险的是，新世纪迎来了胆怯的时代，对风险的恐惧和成本效益分析的困扰将磨灭人们的创新精神和冒险意识。"

——德贝基（M. E. DeBakey）（2000年）

上述每一个驱动因素都是重返月球的一个强烈理由，但还有一个同样重要的理由是，空间已经成为我们文化的一部分。虽然许多航天产业内的人们抱怨称，没人知道航天员的名字，没人关心国际空间站上发生了什么，也没人对航天飞机的发射欢呼雀跃，而在

2003 年 2 月那个灾难性的一天，哥伦比亚号航天飞机再入发生爆炸后，美国和世界许多国家的载人航天都陷于停顿。哥伦比亚号事故发生后，全国举行了哀悼，表明整个国家不仅仍然对载人航天挑战有着浓厚的兴趣，也是对"空间探索远景"做出了承诺。

2003 年 8 月，哥伦比亚事故调查委员会（CAIB）的报告指出，自阿波罗 11 号着陆月球以来，"尼克松总统拒绝了美国国家航空航天局提出的规模浩大的后阿波罗远景计划，包括全面开发近地轨道、月球永久基地和火星初步旅行"[2]。由于尼克松的决定，"在过去 30 年中，国家没有授权任何为美国国家航空航天局载人航天提供引人注目的任务"。没有这样的授权，美国国家航空航天局变成"一个付出太多而回报太少的组织"[2]。

针对哥伦比亚事故调查委员会提出的"国家领导的失败"，布什总统做出了反应，提出了"空间探索远景"这项雄心勃勃的计划，以扭转梦想缺失、投资不足的"干旱期"，为空间倡议建立公众或政治支持。有了"空间探索远景"，现在美国国家航空航天局和美国有机会确保未来几十年的空间领导地位，也再一次敢于尝试其他国家所不敢尝试的困难事情。

"我们或其他国家将会实现人类探索和移民外太空的渴望。人类将会探索月球、火星甚至更远。问题是做此项工作的是什么人、什么时候、持什么样的价值观、说什么语言、传播什么样的文化。美国从载人空间探索计划中获得的是一种机会，在人类不可避免地向太阳系甚至更远星球移民时，把西方哲学和文化的原则与价值观带到新的星球。这些利益是有形的，也是有重大意义的，关乎美国选择在太空中做什么或不做什么。"

——美国国家航空航天局局长迈克尔·格里芬在美国航空航天学会的演讲

"空间探索远景"既是一项火箭计划，也是一项建立人类首个地球以外基地的计划。该计划不仅有潜力使未来空间运行更省、更安全，也使航天飞行更接近于日常任务，并为持续探索和开发提供机会。"空间探索远景"有可能为人类文明创造积极的未来，并提醒人们，未来并不会像许多人所担心的那样——只局限于太空中这块孤独的岩石。

"人类对太空的追求就如同我们以前远渡重洋追求新大陆一样。我们选择探索空间，因为它能提高我们的生活水平，振奋我们的民族精神。因此，让我们继续这一旅程吧！上帝保佑！"

——乔治·W·布什总统

参 考 文 献

［1］ AP Poll：U. S. Tepid on Bush's Space Plans. Associated Press ，January 12，2004，14：50.

［2］ Columbia Accident Investigation Board：NASA. Government Printing Office，Washington，D. C. August 2003.

［3］ NASA. Constellation Architecture Requirements Document. Document CxP 70000，p. 20. NASA，Washington，D. C. December 21，2006.

［4］ Smith M S. Space Exploration：Issues：Concerning the Vision for Space Exploration. Congressional Research Service，Washington，D. C. January 4，2006.

第 2 章　登月竞赛

"不要告诉我人类不属于那里,人类属于他们想去的任何地方,他们到了那里后会做得非常好。"

——沃纳·冯·布劳恩,《时代周刊》,1958 年

载人航天的战略重要性不容忽略,因此,其他国家也像美国一样计划开展载人登月项目就不足为奇了。

美国和俄罗斯的防御理论一直是以空间为导向,中国似乎也在采取相同的空间战略。虽然中国的空间事业起步晚于美国或俄罗斯,但是他们最近开展了近地轨道载人飞行,表明他们正在取得快速进步,也正在朝着更具雄心的任务方向发展,包括建立他们自己的空间站和载人登月。

俄罗斯长期以来在载人航天方面经验丰富,也公开表明了他们对月球的雄心,他们正在制定自己的载人登月计划。

与美国、俄罗斯和中国竞赛的还有欧洲空间局(ESA),欧洲的航天计划更多的是一种象征,而不是军事实力。欧洲国家经过多年奋斗,形成了统一的政治联盟,在世界舞台上发挥与美国同样的影响力。虽然欧盟国家在经济竞争上取得了成功,但它们难以在政治上寻找共同点。要把它们想象成一个人,可能需要有一个共同的、能鼓舞人心的目标,比如采用印有欧盟标志的航天器将欧洲人送往月球或火星。

把中国、俄罗斯和欧洲描绘为美国新一轮航天竞赛的对手,有些人可能将其解读为美国国家航空航天局想要从国会获取更多经费。虽然这可能是事实,但毫无疑问国家竞争是存在的。空间就是新的竞争舞台,因为高边疆不仅可以使国家获得国际荣誉,对国家安全也越来越重要。

2.1　中国的月球计划

2000 年 10 月，中国国家航天局（CNSA）局长栾恩杰证实了中国将要进行月球探索这个事件。由于中国采取严格的保密措施，外界对具体情况知之甚少。当时，中国还没有将人送上太空，栾恩杰的话很大程度上被西方媒体忽视了。然而，2003 年 10 月，中国第一位航天员——杨利伟完成了中国首次载人航天飞行任务，并被授予"航天英雄"称号。这一事件促使西方记者去思考，下一个登上月球的是否可能是中国人？两年后，中国发射了神舟 6 号飞船（图 2-1），再次完成了载人航天壮举，航天员费俊龙和聂海胜在近地轨道执行了 5 天的任务。这一事件使中国的载人月球任务赢得了更多的可信度。

图 2-1　中国第 2 次载人航天任务——神舟 6 号发射

2.1.1　中国探月的历史

中国载人登月的动机很大程度上归于提高国际声誉和振奋民族精神等政治原因。尽管有政治动机，中国的科学界认为，月球探测将有助于获取关于月球的知识，并有助于为未来的深空任务做准备。

中国于 1993 年开始进行月球探测初步论证。欧阳自远和中国航天工业总公司的褚桂柏组织了一支科学家队伍，开展可行性论证，评估中国的航天技术和基础设施。论证于 1995 年完成，认为可在 2000 年前发射一颗月球卫星。1997 年 4 月，中国科学院（CAS）杨嘉墀、王大珩和陈芳允等院士提出了《我国月球探测技术发展建议》，随后中国开展了无人月球探测技术的初步研究和开发。

2000 年 5 月和 2001 年 1 月，清华大学组织召开了两次有关月球探测技术的研讨会，推动了月球探测的进一步发展。2001 年 3 月，第 3 次月球会议在北京航空航天大学（BUAA）召开，讨论了中国的月球探测和载人航天计划，并公开了中国载人登月的可行性研究。该项研究提出了"五步走"的计划，第一步是遥感调查月球表面，评估合适的软着陆地点。虽然当时月球探测讨论十分热烈，但经费几乎没有。2004 年，在经过多年反复游说政府进行月球探测后，欧阳自远（图 2-2）的耐心得到了回报，一项价值 14 亿元（1.75 亿美元）的月球探测卫星计划正式批准实施。该计划称为"嫦娥工程"，由欧阳自远担任首席科学家，这项工程可能成为载人登月任务的第一步。

有了这些经费，中国开始了"五步走"计划的第一步。首个嫦娥月球探测器于 2007 年 11 月成功进入月球轨道（图 2-3），开始为期一年的拍照任务，绘制月球表面地图。该月球探测器成本仅 14 亿元（1.87 亿美元），只相当于建设 2 km 长的北京地铁。第二步，计划在 2010 年将月球车着陆在选定地点，试验软着陆技术，调查相关区域，为第三阶段机器人探索做好准备。机器人探索阶段预计在 2010~2020 年进行，随后在 2020~2030 年开展采样返回任务，在此时间点，中国将重点开展载人任务并建立月球基地。

图 2-2　中国探月计划首席科学家欧阳自远

图 2-3　嫦娥探测器是中国探月计划的第一阶段（图片来源：维基百科）

　　尽管中国官员表示，其月球雄心状志还要经过很长一段时间才能实现，但上述时间表可能比较保守。随着一系列神舟飞行计划的开展（表 2-1），表明中国可能在 2030 年前飞往月球。

表 2 - 1　神舟任务计划①

任务名称	日期	乘员	任务目标
神舟 7 号	2008 年 9 月	3	舱外活动
神舟 8 号	2009 - 2010	无人	发射空间实验室，并实现自动交会对接
神舟 9 号*	2009 - 2010	无人	与神舟 8 号交会对接
神舟 10 号	2010	2～3	与神舟 8 号和神舟 9 号交会对接
神舟 11 号	2010 年	无人	发射带有对接接口的空间实验室舱
神舟 12 号	2012 年	无人	与神舟 11 号交会对接
神舟 13 号	2012 年	2～3	与神舟 11 号和神舟 12 号对接

注：此次将有中国首位女航天员参与飞行。

表 2 - 1 所述神舟飞船的发射时间表是一个合理、循序渐进、有条不紊的计划。计划目标表明，中国在进行载人登月这一主要目标之前，首先将建立一个空间站。事实上，2003 年 1 月 4 日，中国国家航天局高级官员许岩松宣布："中国将在未来 6 个月内将人送入太空，并在未来 4 年内开展月球飞近探测任务。"一个月后，运载火箭总指挥黄春平指出"中国完全有能力将航天员送上月球。"又过了一个月，欧阳自远推翻了许岩松和黄春平的话，指出未来 10 年内载人月球任务不会提上日程，2013 年左右将开展绕月任务。不论如何，按照中国目前航天计划的能力，开展此类任务是可行的。

2.1.2　技术

通过开展载人和月球探测任务，中国目前已拥有重要的航天基础设施，包括地面控制和跟踪设施、发射中心和航天器装配设施。在跟踪能力上，中国可控制地球同步轨道卫星，这在运行上比简单的绕月任务更加复杂。此外，中国的测量跟踪船可为探月等短期任务提供全球覆盖。

另外，中国将杨利伟送入轨道的神舟号飞船类似于俄罗斯的联

---

①　注：此表与后续实际任务有较大差异（译者著）。

盟号飞船。20 世纪 60 年代，联盟号飞船在俄罗斯失败的 L1 载人月球计划中得到了飞行验证，只需在返回舱上增加更厚的绝热材料便可进行再入。

采用现有的长征 2 号 E 和长征 2 号 F 两型发射系统，并在火箭级上安装对接系统，可实现绕月任务。神舟载人任务可采用长征 2 号 F 火箭发射，然后用长征 2 号 E 火箭将可重启的液氧/液氢助推器发射到地球轨道。当神舟号飞船完成第一圈绕轨后，与助推器交会对接，通过助推器发动机点火，将组合体送入月球转移轨道。

虽然航天员着陆到月球上的操作非常复杂，但完成载人绕月任务或月球轨道任务所需的硬件、复杂性和费用少得多。实际上，绕月任务是十分可行的，非常受欢迎的太空旅游公司——太空探险公司正在以 1 亿美元票价销售绕月旅行票。虽然中国的说法非常模糊，存在各种各样的解读方式，但很可能神舟 8 号、9 号和 10 号任务将构成一个平台，以评估短期内可能进行的月球任务的硬件和程序。如果中国以目前的条件成功实现登月雄心，对其航天计划而言是最有力的宣传。

2.2　日本的探月意图

2005 年 4 月，日本宇宙航空研究开发机构（JAXA）宣布了一项雄心勃勃的计划，在 2025 年前将航天员送上月球。在这项声明的 2 个月之前，日本宇宙航空研究开发机构自 2003 年 11 月 H－2A 火箭发射失败以来进行了首次成功发射，该次事故迫使日本宇宙航空研究开发机构搁浅 H－2A 火箭长达 15 个月。在 H－2A 火箭失败之前，日本宇宙航空研究开发机构一直致力于发展无人探测器，但 2004 年政府决定重点发展载人航天。不过，日本的月球女神无人探测计划未受影响，并于 2007 年 9 月成功实现。月球女神探测器重 3 t，由 H－2A 火箭发射，该探测器释放出 2 颗小卫星进入月球极轨。此次发射是日本探月计划的第一阶段，虽然日本宇宙航空研究开发机构官员淡化了与中国开展太空竞赛的说法，但月球女神作为日本建立有人月球基地的第一步具有重要意义。

据日本月球女神项目首席科学家加藤·学（Manabu Kato）称，日本月球探测计划的下一步是在 2012 年将机器人送往月球表面，2018 年开展采样返回任务。加藤于 2007 年 9 月在海德拉巴参加空间大会时告诉记者："我们也在讨论载人探月，但我们希望开展国际合作"。加藤补充说，载人探测以后将建立月球基地，国家之间的探月合作应采用当前国际空间站的国际合作模式。加藤未排除和中国或印度合作的可能，但表示在合作前需要进行讨论。

2.3　俄罗斯的载人月球计划

在 2007 年 1 月 11 日召开的大会上，俄罗斯航天器制造商能源火箭航天公司总裁尼古拉·谢瓦斯季亚诺夫（Nikolai Sevastyanov）称："我们的箴言是'以月球为支点，向火星进发'"。但是，这句话并没有反映出俄罗斯目前的航天政策。

在布什总统提出"空间探索远景"4 年后，俄罗斯航天局的目标仍不明确。2008 年 4 月 11 日，俄罗斯航天日的前夕，俄罗斯航天局局长安纳托利·波米诺夫（Anatoly Perminov）暗示可用于月球探测的下一代航天器和新型运载火箭计划已经有了。他也重申了俄罗斯建立自己的空间站的目标，在空间站上装配飞往月球或火星的航天器。迄今，虽然俄罗斯已经开始研制可用于月球任务的新型航天器，但并没有宣布这些目标的时间表。

2.3.1　联盟-K

据俄新社报道，俄罗斯能源火箭航天公司（RSC Energia）将在 2012 年前研制出可飞往月球的新型飞船，名为联盟-K。该飞船可从拜科努尔航天中心或法属圭亚那库鲁发射场发射，是能源火箭航天公司探月计划 3 个阶段中的重要项目。据能源火箭航天公司总裁尼古拉·谢瓦斯季亚诺夫称，探月计划包括联盟号飞船载人飞往月球、

2010～2025 年建立月球永久基地、最终进行氦-3 提取等月球资源产业开发。

2.3.2　快船

除设计和研制联盟-K 外，能源火箭航天公司也在致力于研制名为快船的新型航天飞机（图 2-4）。快船（Kliper）可容纳 6 名航天员，用于替换使用已久的联盟号和进步号飞船，并最终用于往返国际空间站，以及飞往月球甚至火星。但是，2006 年 7 月 18 日，俄罗斯航天局的快船招标显示取消该项目。虽然快船的研制还在进行，但如果该航天器想要按计划在 2012 年进行首次飞行，能源火箭航天公司可能需要获得私人投资。

图 2-4　2005 年巴黎航展上展出的快船为可容纳 6 人的载人飞行器
（图片来源：伊恩·墨菲）

2.3.3　先进乘员运输系统

先进乘员运输系统（ACTS）的概念也称为欧洲-联盟，于 2006

年提出。2005 年 12 月，欧洲空间局拒绝了俄罗斯提出的联合研制快船的建议。2006 年 7 月，俄罗斯航天局取消了快船招标。2006 年 6 月，上述情况导致欧洲空间局的裁决委员会决定与俄罗斯航天局合作开展为期 2 年的研究，研制可到达月球轨道的航天器。先进乘员运输系统（图 2-5）是混合的联盟号，包括下降舱/再入舱和弗雷盖特（Fregat）轨道拖船（表 2-2）。

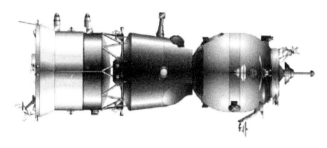

图 2-5 先进乘员运输系统（图片来源：欧洲空间局）

表 2-2 先进乘员运输系统

再入舱①技术参数	
质量/kg	2 900
长度/m	2.1
直径/m	2.2
转移舱口直径/m	0.7
居住容积/m³	4
弗雷盖特轨道拖船②技术参数	
总质量/kg	6 415~6 535
干质量/kg	980~1 100
高度/m	1.5
直径/m	3.35
氧化剂	四氧化二氮
姿态控制推力器数量	12

注：①再入舱包含生命保障系统、下降阶段蓄电池、主备份降落伞和着陆用固体推进发动机。还配备了下降阶段使用的姿态控制推力器。
②弗雷盖特空间拖船适用于深空任务，可多次点火和长时间运行。

2.3.4　任务体系

2.3.4.1　绕月任务

为完成绕月任务，最直接的工具是发射载有 3 名航天员的联盟号进入近地轨道，在轨道上与早先由质子号火箭发射的 Block DM 飞船上面级交会对接。携带居住舱的 Block DM 飞船通过点火将联盟号送入月球转移轨道。

2.3.4.2　月球轨道任务

月球轨道任务需要 2 枚质子号和 2 枚联盟号火箭。质子号火箭发射 2 个 Block DM 轨道拖船到近地轨道，联盟号火箭发射 1 艘载人飞船和 1 个弗雷盖特轨道拖船。4 个飞行器在近地轨道交会对接，其中 1 个 Block DM 用于将联盟号飞船送入月球转移轨道，另 1 个 Block DM 用于将组合体送入月球轨道。在返回时，弗雷盖特上面级用于将联盟号飞船送入地球转移轨道。

2.3.4.3　月球着陆

月球着陆系统使用与月球轨道任务相同的火箭，但另需额外的 3 枚质子号火箭，用于发射 1 个月球着陆舱和 2 个轨道拖船。轨道拖船用于将月球飞行器送往月球，并进入月球轨道。在进入月球轨道后，联盟号飞船与月球着陆舱交会对接，3 名航天员中有 2 名到月球表面着陆。由于这种系统需要 7 次发射和多次交会对接，操作烦琐和复杂，难以实施。另一种方法是采用正在研制的中型运载火箭——安加拉（Angara）火箭，使用 3 枚火箭发射 1 个着陆器和 2 个空间拖船。2 个拖船为着陆器和联盟号载人飞船飞往月球提供推力。联盟号飞船由联盟-3 火箭发射。整个任务需要 4 次发射，2 次近地轨道交会对接操作和 2 次月球轨道的交会对接操作。

虽然俄罗斯载人登月计划与 2004 年 1 月布什总统宣布的美国国家航空航天局的"空间探索远景"类似，但俄罗斯有明确的载人航天承诺，拥有良好的空间技术，并在长期空间飞行领域有着丰富的经验。

2.4　把欧洲带到月球

"我们认为 2020～2025 年间载人登月、2030～2035 年登陆火星在技术上是可行的。我们在前往火星之前应先回到月球。"

——欧洲空间局曙光空间探索计划项目经理

弗朗哥·安格鲁（Franco Ongaro）博士

2003 年，欧洲成立了载人飞行展望小组（HSVG），目的是建立 2025 年前欧洲载人航天远景。来自 8 个国家的通信、市场、研究等领域以及欧洲空间局支持的科研院所的专家评估了各利益相关方对载人航天的兴趣和需求，并发表了如下展望：

"2025 年，作为数十年国际探测的一部分，欧洲将开始运行永久有人月球基地，为人类服务，从而增加我们的知识，帮助我们解决未来全球的挑战。"

在经过大量讨论和可行性分析之后，欧洲空间局确定了月球探测的优先研究目标。这些目标包括确定所需的发射次数、计算速度增量的要求、确定近地轨道部件装配、定义任务情景以及月球基地装配策略。欧洲空间局欧洲航天研究和技术中心（ESTEC）在并行设计设施（CDF）研究中，对这些信息进行了评估，形成了基于阿里安 5 号能力演化的任务体系。

2.4.1　并行设计设施月球任务

并行设计设施的载人月球任务需要发射 3 枚改进型阿里安 5 号火箭，在近地轨道装配月球飞行器组合体，随后乘员乘坐联盟号抵达。在飞往月球转移轨道之前，各航天器在近地轨道进行交会对接。初期，在发射建立月球基地的组件之前，将开展大量演示飞行任务。基地的组件包括 1 个居住舱（HM）、1 个后勤舱（LM）和 1 个资源舱（RM）。

2.4.2　载人月球任务

载人月球任务（M³）的任务体系也采用欧洲空间局的阿里安 5 号（图 2-6），项目来源于欧洲空间局/ESTEC 教育办。

图 2-6　欧洲空间局的阿里安 5 号运载火箭，在载人月球任务中可用于发射飞行器组件（图片来源：欧洲空间局）

"通过一个航天器着陆在月球南极并安全返回，将一名欧洲人送上月球。利用今天的技术，这是可能的。采用阿里安 5 号，并在需要时参考以前的任务。开展月球活动，从月球南极陨石坑取回氢化合物样品。这项任务需要欧洲空间局和各研究所共同努力，同时开辟了新的科学和教育机会。"

——W. 奥卡姆（W. Ockels）和 E. 特罗特蒙特（E. Trotte——

mant）教授 2003 年 11 月

载人月球任务以将 1 名欧洲人送上月球，并安全返回为主要目标，同时尽可能采用商用现货产品实现上述目标。与美国国家航空航天局的星座计划一样，载人月球任务计划在开展载人任务之前，安排了任务演练阶段，以开发支持系统。任务采用的火箭是阿里安 ESC - B 火箭，从法属圭亚那库鲁发射。

2.4.2.1　任务计划

任务计划包括往返月球飞行各 5 天和表面停留大约 2 周，任务总周期不超过 25 天。最佳着陆点是月球南极的沙克尔顿环形山附近，因为该地点有氢化合物，80％的任务周期中有太阳光照条件，并且与地球的通信窗口最大。欧洲空间局的月球航天员有一辆月球车协助其完成收集月球样品、氢化合物样品钻取等科学目标。在返回时，乘员将利用初始转移轨道自由返回地球，全程将由欧洲空间局的欧洲空间跟踪（ESTRACK）地面站网络进行实时跟踪。

2.4.2.2　任务硬件

最初，载人月球任务的任务计划是采用 2 枚火箭，主火箭是阿里安 5 号 ECB，第 2 枚火箭是俄罗斯的联盟 - TMA，运送 2 名乘员入轨。但是，阿里安 5 号 ECB 原计划于 2006 年投入使用，由于预算削减而搁置。在 2005 年 12 月的欧洲空间局会议上，没有就重启或取消这一计划而做出决定，意味着可能在 2008 年的欧洲空间局会议上恢复。

采用阿里安 5 号 ECB 与联盟 - TMA 组合的原因是避免阿里安火箭的适人性问题。同时，采用阿里安 5 号 ECB 是避免从法属圭亚那库鲁发射乘员的问题，因为要发射到国际空间站，库鲁发射场的发射窗口有限。但由于载人月球任务计划依赖阿里安发射任务组件，而阿里安从库鲁的发射频率有限，一些组件将在近地轨道停留 1 个月甚至更久。

　　载人月球任务的任务硬件（表 2 - 3）由支持任务舱和主任务舱组成。支持任务舱包括支持月球探测的各个组件（element）。主任务舱包括乘员从地球到月球转移并从月球表面返回地球的各个组件。

表 2 - 3　载人月球任务运载火箭

联盟 - TMA		阿里安（ECA 型）[①]		
乘员	2～3	高度/m	59	
轨道参数/（°）	51.6	直径/m	5.4	
入轨高度角/（°）	5.2	质量/kg	777 000	
航天器对接高度/km	～425	级数	2	
交付的有效载荷质量/kg	≥100	近地轨道运载能力/kg	21 000	
返回的有效载荷质量/kg	≥50		阿里安 5 号 ECA 第 1 级	阿里安 5 号 ECA 第 2 级
飞行寿命（含自主飞行时间）/天	200	发动机	1 台 Vulcain 2	1 台 HM 7 - B
主降落伞系统着地速度/（m/s）	最大 1.4～2.6	推力/kN	1340	64.7
运载火箭	联盟 - FG	比冲/s	431	446
		燃烧时间/s	650	960
		燃料	液氢/液氧	液氢/液氧

　　注：①类似于 ECB。

2.4.2.3　任务体系

　　根据阿里安 5 号火箭 27 t 的近地轨道运载能力，该系统包含 2 个不同的阶段。支持任务第 1 阶段（表 2 - 4）包含 3 次发射，将一系列无人航天器送入月球轨道，为下一阶段发射主任务舱做准备（表 2 - 5）。

表 2 - 4　载人月球任务支持任务[1]

发射名称	发射日期	舱	描述
发射支持 1	2014 年 8 月 23 日	机器人下降舱 (RDM)；机器人漫游车和存储 (SR)；卫星和存储 (SS)；信标和存储 (SB)	发射进入月球转移轨道；携带机器人漫游者和卫星；进行德尔他-5 点火，到达近月球轨道；确认沙克尔顿环形山存在氢化合物；从环形山边缘采回样品；用于从近月球轨道调查月球表面；为着陆点提供信息；为任务飞行器和地球站之间提供通信中继；从轨道落下的着陆信标，辅助自动着陆
发射支持 2	2016 年 9 月 25 日	乘员下降支持 (CDS)	乘员下降支持舱在月球转移轨道发射；进行德尔他 5 号火箭点火，到达近月球轨道；与乘员下降支持舱和逃逸居住舱 (EH) 在近月球轨道对接
发射支持 3	2016 年 10 月 22 日	支持上升逃逸居住舱 (SAEH)	支持上升逃逸居住舱包含上升级和逃逸居住舱；支持上升逃逸居住舱发射到月球转移轨道；进行德尔他 5 号火箭点火，到达近月球轨道，与乘员下降支持舱在近月球轨道对接；乘员下降支持舱将支持上升逃逸居住舱下降到月球表面；如果任务上升居住舱 (MAH) 发生故障，支持上升逃逸居住舱提供备份上升飞行

表 2-5　载人月球任务主任务舱[1]

发射名称	发射日期	舱	描述
发射任务 1	2016 年 11 月 20 日	乘员下降任务开始级（CDMKS）	乘员下降任务开始级从近地轨道将乘员下降任务舱转移到月球转移轨道； 发射到近地轨道并与乘员下降任务对接； 德尔他 5 号火箭点火，将乘员下降任务舱送入月球转移轨道和近月球轨道
发射任务 2	2016 年 12 月 17 日	乘员下降任务舱（CDM）	发射到近地轨道并与乘员下降任务开始级对接； 乘员下降任务开始级将乘员下降任务舱送入月球转移轨道； 在月球转移轨道，乘员下降任务开始级提供德尔他 5 号火箭点火，进入近月球轨道； 乘员下降任务舱与任务上升居住舱对接并下降到月球表面
发射任务 3	2017 年 1 月 13 日	任务上升居住舱（MAH）	任务上升居住舱包括上升级和居住舱； 任务上升居住舱发射到近月球轨道； 提供德尔他 5 号火箭点火，进入近月球轨道； 在近月球轨道，任务上升居住舱与乘员下降任务舱对接； 乘员下降任务舱将任务上升居住舱下降到月球表面； 在月球表面，任务上升居住舱为乘员提供上升飞行器，进入近月球轨道； 非加压的漫游车和存储（URS）； 在月表活动时提高航天员的移动能力； 可将航天员送到 15 km 高； 在乘员下降任务舱中下降到月球表面
发射任务 4	2017 年 2 月 19 日	服务舱（SM）；乘员再入舱（CRC）	与乘员再入舱一起发射到近地轨道 服务舱-乘员再入舱在近地轨道与联盟号对接，乘员转移到乘员再入舱； 提供德尔他 5 号火箭点火，进入月球转移轨道和近月球轨道； 服务舱-乘员再入舱与乘员下降任务舱-任务上升居住舱在近月球轨道对接。当乘员从月球表面返回时，与服务舱对接，并转移到乘员再入舱。服务舱提供德尔他 5 号火箭点火，从近月球轨道返回地球； 在近地轨道到近月球轨道的往返转移过程中用作居住舱； 与服务舱一起发射到近地轨道

续表

发射名称	发射日期	舱	描述
发射任务 5	2017 年 2 月 25 日	联盟号（SYZ）	乘员转移飞行器； 发射 2 位乘员到近地轨道； 　与服务舱-乘员再入舱在近地轨道对接，并转移乘员到乘员再入舱； 乘员转移后，联盟号离轨并不再回收
乘员返回	2017 年 3 月 19 日	乘员再入舱	乘员在降落于水面后获救

　　欧洲空间局的曙光空间探测项目，计划在 2024 年开展载人月球任务，目的是在进行载人火星任务之前，试验生命保障系统以及利用原位资源的方式。无论采用载人月球任务模式、并行设计设施任务模式，还是采用这两种任务模式的变种来实现欧洲首次载人登月都不重要，重要的是欧洲要继续保持其作为世界主要经济和政治力量的地位，不能任由其他航天大国开展空间探测而自己不参与。中国、日本、欧洲和俄罗斯为了政治、经济利益，寻求获得载人登月的能力，同时将利用月球实现更雄伟的任务。登月竞赛的另一个推动力是各国对月球科学研究的兴趣，从而通过探月开发出一系列新技术。美国重返月球以及俄罗斯、日本、中国和欧洲空间局规划的任务只是空间探测的冰山一角，各国争相利用月球正逐渐演变成新一轮太空竞赛。

参 考 文 献

[1]　ESA. ESA Systems Requirements Document. Issue 1，Revision 25，M3 - PA - SRD - 0706 - 1 - 25. ESA，Noordwijk，The Netherlands（July 2004）.

第 3 章　新一代航天运载器

在这里，你会看到推动美国探索月球的力量，一项回归生活、使我们国家重新觉醒、复兴和再度为国奉献的太空计划，将引领人类进入命运的新篇章。

——美国国家航空航天局著名飞行指挥官吉恩·克兰兹（Gene Kranz）向星座计划员工队伍发表的讲话，2008 年 4 月

3.1　运载火箭选择流程概述

星座计划要求，美国国家航空航天局必须从专注于低地轨道的运行，转向能研制探索月球、火星及更远地方的运输模式。由于航天飞机只能飞到近地轨道，且因其复杂性和固定运行成本过高，2010 年 9 月，美国国家航空航天局决定航天飞机退役。为支持载人登月任务需有新系列运载火箭，因此特许组建"探索系统体系研究"团队，研制和评估各种可行的发射系统构型，以用于乘员运载火箭（CLV）和货物运载火箭（CaLV）。

3.1.1　选择乘员运载火箭

作为乘员运载火箭和货物运载火箭选择过程的一部分，"探索系统体系研究"团队制定了一系列备选的运载火箭方案，它们衍生自现有的改进型一次性运载火箭（EELV）系列和航天飞机系统。随后，"探索系统体系研究"团队比较了每个方案的成本、可靠性、安全性、通用性和可扩展性（见表 3-1 和图 3-1）。

表 3 - 1　　"探索系统体系研究"关于近地轨道乘员发射系统的最初比较[5]

	可载人 宇宙神 5 号 （新上面级）	可载人 德尔他 4 号 （新上面级）	宇宙神 第 2 阶段 （芯级 5.4 m）	宇宙神 第 X 阶段 （芯级 8 m）	4 段式 RSRB⑤ （+1 台 SSME⑥）	5 段式 RSRB （+1 台 J - 2S）	5 段式 RSRB （+4 台 LR－85）
28.5°轨 道，有效 载荷/t	30	28	26	70	25	26	27
51.6°轨 道，有效 载荷/t	27	23	25	67	23	24	25
DDT& E ①	1.18	1.03	1.73	2.36	1.00	1.3	1.39
平均成 本/单次 飞行②	1.00	1.11	1.32	1.71	1.0	0.96	0.96
LOM③ （平均）	1/149	1/172	1/134	1/79	1/460	1/433	1/182
LOC④ （平均）	1/957	1/1 100	1/939	1/614	1/2 021	1/1 918	1/429

注：①DDT&E＝设计、研制、测试和评估。

　　②基于平均每年 6 次发射计算。

　　③LOM＝任务失败。

　　④LOC＝乘员伤亡。

　　⑤RSRB＝可重复使用固体火箭助推器。

　　⑥SSME＝航天飞机主发动机。

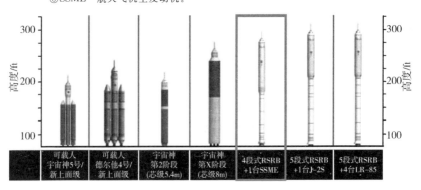

图 3 - 1　　"探索系统体系研究"评估的运载火箭构型（图片来源：美国国家航空航天局）。注：1 ft＝0.3048 m

美国国家航空航天局在几次权衡研究后最终选择了一个两级、连续燃烧的乘员运载火箭方案，该方案衍生自现有的航天飞机系统组成部分，将乘员探索飞行器放置在其头锥位置。第一级是航天飞机可重复使用固体火箭发动机的衍生产品，且最初由4段现场组装而成。稍后，当意识到这种运载器不可能产生发射乘员探索飞行器进入近地轨道所需的升力时，该设计改为5段式。

3.1.2　选择货物运载火箭

"探索系统体系研究"团队实施了一系列类似的权衡研究，考虑衍生自一次性运载火箭和航天飞机的方案，确定了可供选择的货物运载火箭，如表3-2所示。

表3-2　"探索系统体系研究"关于近地轨道货物发射系统的最初比较[5]

	5段式RSRB串联（5台SSME）	宇宙神第X阶段（芯级8 m）	宇宙神3A阶段（芯级5.4 m）	5段式RSRB串联（4台SSME芯级	4段式RSRB串联（3台SSME）芯级	5段式RSRB侧装（3台SSME)	4段式RSRB侧装（3台SSME)
28.5°轨道，有效载荷/t	106（加上面级125）	95	94	97	74	80	67
月球运载器DDT&E	1.00	1.29	0.59	0.96	0.73	0.80	0.75
月球运载器平均成本/单次飞行	1.00	1.08	1.19	0.87	0.78	1.13	1.13
LOM货物（平均）	1/124	1/71	1/88	1/133	1/176	1/172	1/173
LOC（平均）	1/2 021	1/536	1/612	1/915	1/1 170	不适用	不适用

"探索系统体系研究"团队首选的货物运载火箭构型（见图3-2）为一级半火箭，由2个5段式可重复使用固体火箭发动机和一个

大型液氧（LOX）/液氢（LH$_2$）芯级火箭组成，后者可运送的推进剂比航天飞机外部贮箱多 38％以上。

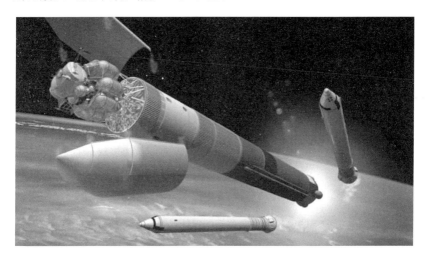

图 3-2　货物运载火箭阿瑞斯 5 号是从航天飞机衍生而来，由 2 个 5 段式可重复使用固体火箭助推器和一个外部贮箱组成（图片来源：美国国家航空航天局）

3.1.3　阿瑞斯 1 号与阿瑞斯 5 号火箭

乘员运载火箭被命名为阿瑞斯 1 号（见图 3-3），它将成为 2015 年前运送由乘员舱和服务舱组成的乘员探索飞行器进入预定轨道的运载器。不载人的货物运载火箭被命名为阿瑞斯 5 号（图 3-4），将在 2020 年前发射地球出发级和牵牛星（Altair）月球着陆舱。阿瑞斯是火星的古希腊名称，选中它是为了反映将火星这颗红色星球定为"空间探索远景"目的地之一的意图，而 1 号和 5 号的型号名称则是向阿波罗计划的土星 1 号和土星 5 号致敬，它们在 1969 年让美国国家航空航天局的航天员登上了月球。

图 3-3　阿瑞斯 1 号火箭（图片来源：美国国家航空航天局）

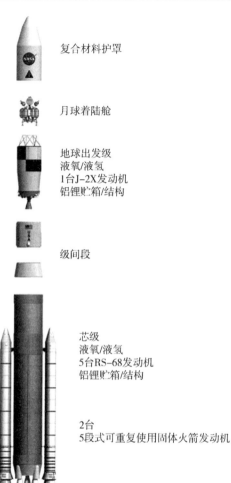

图3-4　阿瑞斯 5 号火箭分解图（图片来源：美国国家航空航天局）

3.1.4　美国国家航空航天局选择航天飞机衍生型运载火箭的原则

　　美国国家航空航天局决定推进阿瑞斯系列运载火箭项目，是在慎重考虑、研究和评估了可用于载人空间探索的数百项商业、政府和概念型运载器备选方案及基础设施的基础上得出的结果。美国国家航空航天局在评估时考虑了不同方法的期望运载能力、可靠性、生命周期、研制成本等因素。全部工作的焦点集中于 2005 年发布的"探索系统体系研究"[5]，其中分析了体系和运载器要求，为载人重返月球提供最安全、最可靠且成本效益好的系统体系。通过详尽考察和研究了一次性运载火箭衍生型、航天飞机衍生型和"一张白纸"的体系结构后，美国国家航空航天局决定：基于人类安全、计划性风险、可靠性和任务表现等因素，采用最具优势的航天飞机衍生技术的体系结构。大量现有飞行评估和试验硬件数据库支撑了这一决策，当具体到限定体系结构技术和安全性时，又额外增加了安全裕度。这里叙述了选择航天飞机衍生体系的一部分决策因素。

3.1.5　"探索系统体系研究"的考虑因素

"探索系统体系研究"团队所面临的主要考虑因素是运载器的性能问题。一项被搁置的乘员运输方案就是使用衍生自目前使用的德尔他 4 号重型或已退役的宇宙神 5 号系列的一次性运载火箭。但对该中型一次性运载火箭的评估显示，其性能滞后了 40% 至 60%。同样，对重型一次性运载火箭的评估显示，虽然运载能力接近发射 23.3 t 的乘员探索飞行器所要求的能力，但若要使这些运载器可载人，电子设备、遥测系统和发动机要做重大改动。除了这些改动成本，如果选择重型宇宙神或德尔他还将产生额外成本，因为它们都需要重新研制上面级以实现必要的运载能力。

"探索系统体系研究"评估所揭示的另一个运载器性能考虑因素是，需要尽量减少月球任务所要求的在轨组装的复杂性。为实现这一目标，"探索系统体系研究"对单次任务的发射次数限定为不超过 3 次，由此形成的月球体系结构要求运载火箭能发射近百吨有效载荷进入近地轨道。如果决定使用现有的一次性运载火箭，一次典型的探月任务将需要多达 7 次发射，这会成倍增加任务失败（LOM）/乘员伤亡（LOC）的风险。尽管本来确定要扩展当前的一次性运载火箭以生产百吨级近地轨道运载火箭，但因由此而做的必要改动（如两个上面级和增加的捆绑式芯级助推器）导致的任务安全性下降过多。

　　鉴于前述一次性运载火箭系列最初旨在非载人运送有效载荷，另一个考虑因素是，选择现有一次性运载火箭的乘员安全和可靠性问题。因此，选择改造现有的一次性运载火箭不仅需要大量修改飞行终止系统、异常中止方案和飞行中的乘员控制系统，也可能需要美国国家航空航天局改建发射台，并建造紧急通道基础设施。

　　"探索系统体系研究"研究组做出的另一项评估是，以推进、助推器等系统的适人性和可靠性为基础对乘员安全性风险进行评价。基于这些分析，认为与一次性运载火箭系列相比，由于航天飞机的历史记录广泛完备（尽管有挑战者号和哥伦比亚号事故），因此它是最安全的航天运载器。虽然很难理解 14 名航天员死于其中的运载器被判定为安全，但必须记住，参照物是设计用于无人有效载荷的运载器。航天飞机因已具载人资格，所以是一类各系统都可载人且各结构符合美国国家航空航天局要求的安全系数达 1.4（NASA－STD－5001）的运载器；而目前的一次性运载火箭系列只有结构安全系数（SF）≤1.25。显然，如果当时选定一次性运载火箭，每个结构和系统都要经历漫长的改造过程，涉及花费巨大的冗余度升级，这会不可避免地演变成一个大型工程和研制计划。

　　"探索系统体系研究"团队必须努力克服的另一个主要困难是生命周期成本问题。毋庸置疑，考虑到将现有一次性运载火箭升级为符合可载人的设计、研制、测试和评估（DDT&E）要求，利用已有可载人的硬件和系统而选择航天飞机衍生的运载器组合会显著降低非重复性成本。许多观察家认为，如果决定使用航天飞机衍生的体系结构，一次性运载火箭的基础设施和能力将会失去价值。但这不会成为现实，因为美国国家航空航天局打算使用现有的一次性运载火箭进行机器人探索任务。

　　尽管偶有负面宣传直指美国国家航空航天局的运载器选择和"探索系统体系研究"团队的建议，但已有多个外部评审结果支持航天飞机衍生的阿瑞斯 1 号和阿瑞斯 5 号方案。2005 年美国国防部

（DoD）审查了美国国家航空航天局的分析结果并认可了该机构的做法，2006 年 10 月美国国会预算办公室（CBO）确认了这一观点，得出的结论是任务可靠性、任务模式、运载器预测安全性和可靠性及美国国家航空航天局所提出的预算案均合理。美国政府审计总署（GAO）于 2007 年 11 月发布的报告指出：

"阿瑞斯 1 号项目积极地确保了项目计划的连续性，符合美国国家航空航天局的新方向，其中包括基于已知方法的各个方面。美国国家航空航天局新的采办指示要求在阿瑞斯 1 号项目生命周期的各阶段之间应有一系列关键评审和决策点，作为该项目在向前推进之前必须通过的关口。我们获悉，阿瑞斯 1 号项目已落实关键决策点的应用，并已为 2006 年 12 月的系统需求评审和即将在 2007 年 10 月进行的系统定义评审采用了建议的入口和出口标准。"

设计足够通用且能满足当前和未来探索要求的运输体系结构，需要美国国家航空航天局考虑无数个因素。这些因素的范围从最大限度利用现有的可载人系统和基础设施，到为月球、火星及更远地方的任务探索需求创建最直接的发展轨迹。在决定阿瑞斯 1 号和阿瑞斯 5 号的体系结构时，美国国家航空航天局已保证它能够满足探索任务的目标。

3.2　设计阿瑞斯

技术管理起监督美国国家航空航天局新系列运载火箭研制和设计的作用，由约翰逊航天中心（JSC）探索发射项目办公室（ELPO）负责。探索发射项目办公室受星座计划特许建立，以提供安全、可靠的乘员和货物运载火箭，旨在最大限度地减少生命周期成本，并满足"空间探索愿景"签署的多种任务运行要求。

探索发射项目办公室项目工程师运用"类飞行试验"的理念，

利用从计算机辅助建模和仿真程序到缩型风洞模型和真实环境测试等各种应用程序，不仅据此产生了关键硬件决策信息，还从正在构建的系统中获取了信心。探索发射项目办公室采用严密系统、工程和标准的做法，由里程碑式的内部和外部独立评审（见表 3－3）框架引导，这些评审在运载火箭设计和研制的各个层面都规定了具体的成功标准。

表 3－3　项目技术评审[5]

评审	缩写	目的
系统要求评审	SRR	验证需求已正确规定、实施且可追溯； 保证硬件和软件依照指定的构型设计和建造
初步设计评审	PDR	提供完整的设计规范、生命周期估计值，并确定长研制周期项； 提供制造计划，并验证设计规范且已基线化； 确认设计已完成 30%
关键设计评审	CDR	公开完整设计，并确定已解决所有技术异常问题； 验证设计成熟度，并证明制造开始的决策合理； 确认设计已完成 90%
设计认证评审	DCR	作为质量保证机制而运转； 保证（各）系统能实现其任务
飞行就绪评审	FRR	在系统已配置为发射模式后，检查、试验、分析并审核系统的飞行就绪程度； 项目经理和总工程师认证系统已为飞行做好准备

3.3　阿瑞斯 1 号火箭

3.3.1　设计历程概述

　　阿瑞斯 1 号的演进可回溯至 1995 年，当时洛克希德·马丁公司提交了一份报告，该报告是根据与马歇尔空间飞行中心（MSFC）签订的先进运输系统研究（ATSS）合同开展的工作。先进运输系统研究报告的概要描述了与当前阿瑞斯 1 号设计类似的运载器构型，其特点为第 2 级液体火箭在第 1 级固体火箭助推器之上，上面级可能使用演变型 J－2S 发动机设计。

2004 年 1 月，先进运输系统研究报告发布近 9 年后，美国总统布什宣布"空间探索愿景"，美国国家航空航天局特许由"探索系统体系研究"确定月球和火星探索任务的乘员和货物系统要求和构型。这项工作的结果是选定航天飞机衍生的发射体系结构，最初设想使用标准的 4 段式固体火箭助推器作为第一级，演变型航天飞机主发动机（SSME）作为上面级。尽管原设计被批准，但很快就认为猎户座乘员探索飞行器对于计划中的 4 段式运载火箭太重了。这一发现使美国国家航空航天局缩小了猎户座的尺寸，并在固体火箭助推器第 1 级上面额外增加了一段。此外，修订后的方案决定使用阿波罗衍生的 J-2X 发动机，而非原设计中建议的单个航天飞机主发动机。这样的决定部分归因于 J-2X 发动机能在飞行中和在真空中启动的优点，而航天飞机主发动机只能在地面上启动。

3.3.2　设计批准

2006 年 10 月，美国国家航空航天局宣布将扩展先前与位于犹他州布里格姆城的 ATK 锡奥科尔公司签署的合同，继续设计和研制阿瑞斯 1 号第 1 级。

根据合同，ATK 锡奥科尔公司需要维持第 1 级的设计、开发、试验和评估进度，以加快采购新喷管硬件，并继续进行设计和工程分析，从而进入系统需求评审阶段。系统需求评审于 2007 年 1 月 4 日完成，证实了阿瑞斯 1 号系统的需求已得到确认并满足任务要求，同时批准了阿瑞斯 1 号体系结构的设计方案。次日，美国国家航空航天局延长了与 ATK 锡奥科尔公司的阿瑞斯 1 号研制合同。根据这项合同，ATK 锡奥科尔公司的任务是继续设计和工程分析，以准备引导伞研制性试验，并支持定于 2009 年春季的首次飞行试验。

漫长的运载火箭设计演进过程的最终成果是系统需求评审公告、阿瑞斯 1 号设计批准及与 ATK 锡奥科尔公司的合同，期间阿瑞斯 1 号经历了若干构型，其中一些在时间上早于"探索系统体系研究"。

3.3.3　阿瑞斯 1 号火箭设计演进

　　图 3-5 说明了阿瑞斯 1 号如何从"探索系统体系研究"之前的改进型固体火箭助推器发射器演变为目前的设计构型。第 1 个方案的特点为标准的 4 段式固体火箭助推器和 J-2S 上面级,形成于美国国家航空航天局航天员办公室,后来出现在 ATK 公司和波音公司发布的新闻中。它被设计用于发射 18 t、类似于阿波罗飞船的小型飞行器到国际空间站。接下来的一个"探索系统体系研究"前发射方案,也采用了 4 段式固体火箭助推器和 J-2S 上面级。这个方案最早出现在 safesimplesoon.com 网站上,上面级为一个加长型固体火箭助推器发射器。随后是一个类似的固体火箭助推器发射器,但去掉了散热片(这是最后一个加以考虑的演变型"探索系统体系研究"前方案)。

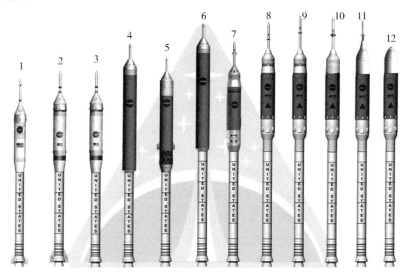

图 3-5　阿瑞斯 5 号火箭方案演进(图片来源:美国国家航空航天局)

1—ESAS 前;2—ESAS 前 ATK;3—ESAS 前 ATK;4—ESAS 4 段+1 台 SSME;5—4 段+网格级间段;6—ESAS 后 5 段+1 台 J-2X;7—乘员探索飞行器 直径变为 5.0 m;8—猎户座 604 发射逃逸系统升级;9—猎户座 605 逃逸塔高度改变;10—猎户座 606 护罩包覆服务舱;11—猎户座 607;12—猎户座 MLAS

第 1 个 "探索系统体系研究" 阿瑞斯 1 号方案具有 1 个 4 段式固体火箭助推器第 1 级和航天飞机主发动机上面级，这在 "探索系统体系研究" 期间得到了显著发展。"探索系统体系研究" 之后则确定，没有航天飞机主发动机的空中启动能力就有必要使用 J - 2X，结果演变型阿瑞斯 1 号发生变化，转而采用 5 段式固体火箭助推器。"探索系统体系研究" 后的首个阿瑞斯 1 号也是最高的一个。随着各个飞行组成部分的设计向前推进，减轻质量的需要越来越明显。为实现质量优势，工程师将猎户座的直径减少到 5 m，并且由于为尺寸减小的猎户座纳入了通用隔板设计和较短的整流罩适配器，因此缩短了上面级的长度。紧接着是阿瑞斯 1 号的猎户座 604 型号，突出了对基线发射逃逸系统的升级，为乘员探索飞行器的乘员舱增加了助推防护罩。第 1 级较长是因为设备级间段中包含降落伞。猎户座 605 阿瑞斯 1 号几乎未做明显改动，只采用了较长的发射逃逸塔。同样，猎户座 606 阿瑞斯 1 号只在服务舱及其包封上做了小改动。猎户座 607 阿瑞斯 1 号的图像展示了优化后的发射异常中止系统设计型号，而代表阿瑞斯 1 号最后一次迭代的猎户座最大化发射异常中止系统 (MLAS)，只对其发射逃逸系统做了一个小改动，从而使整体高度降低。

3.3.4　星座体系需求文件的作用

美国国家航空航天局在 593 页的《星座体系需求文件》(CARD) 中规定了执行设计参考任务 (DRM) 所需的全部硬件、软件、设施和人员的设计要求。《星座体系需求文件》以结构化形式向任务规划人员和系统工程师提供了顶层设计指导及概述了该体系功能和性能要求。关于乘员运载火箭的一些需求实例见表 3 - 4 所示。

3.3.5　阿瑞斯 1 号火箭第 1 级设计和研制进度

3.3.5.1　设计

阿瑞斯 1 号火箭第 1 级为 1 个 5 段式可重复使用固体火箭助推

器，将以专门配制和成形的固体推进剂聚丁二烯丙烯腈（PBAN）为燃料。第 1 级（见图 3 - 6）上方为前向适配器/级间段，作为阿瑞斯 1 号火箭液体燃料上面级的接口。级间段以上是前向裙体附加结构，存放有用于第 1 级回收的主降落伞和主降落伞支持系统（MPSS）。截锥体位于第 1 级组成部分的顶部，为直径较小的第 1 级和直径较大的上面级提供物理过渡。对原先航天飞机固体火箭助推器的其他改动包括，移除外部贮箱连接点及替换固体火箭助推器内的推进剂药柱。

表 3 - 4　　《星座体系需求文件》对乘员运载火箭的描述和要求[4]

乘员运载火箭描述
乘员运载火箭为乘员探索飞行器的运载器。它由 1 个 5 段式固体火箭助推器第 1 级和低温液氢/液氧燃料的上面级组成，上面级包括结构性贮箱组合体和 1 台 J - 2X 发动机。第 1 级可重复使用，而上面级随乘员探索飞行器在上升过程中分离而被抛掷

乘员运载火箭要求
［CA5916－PO］ 　对于不会导致任务异常中止或失败的紧要危险，乘员运载火箭应为单一容错 　理论阐述：单一容错功能应考虑任务关键性故障，并取决于计划性决策，以确保任务成功，星座计划要规定多个系统满足的容错水平及对各系统的分配；这并不排除超过最低容错水平
［CA1065－PO］ 　乘员运载火箭应将其对任务失败风险的因素限制为对任一任务不大于 1/500 　理论阐述：1/500 指对于任一星座设计参考任务，乘员运载火箭任务失败概率为 0.002（或 0.2%）；该要求由 CxP 70003－ANX01，星座需求、目标、目的、安全目标 CxP－G02 驱动；在传统系统基础上，大幅提高安全性、乘员存活率和整体系统的可靠性
［CA0389－PO］ 　乘员运载火箭应使用由航天飞机固体火箭助推器改进而成的单个 5 段式固体火箭助推器为第 1 级推进系统，单个改进型阿波罗 J - 2X 发动机为第 2 级推进系统 　理论阐述：乘员运载火箭将利用经航天飞机和阿波罗飞行验证的推进系统部件；这些部件支持过逾 100 次航天飞机任务和多次阿波罗登月任务，具有乘员运载火箭设计人员能够充分利用的大量试验/飞行经验数据库；此外，乘员运载火箭设计人员还能够利用已经到位的支持航天飞机运行的地面加工/生产设施、人力资源和工具等

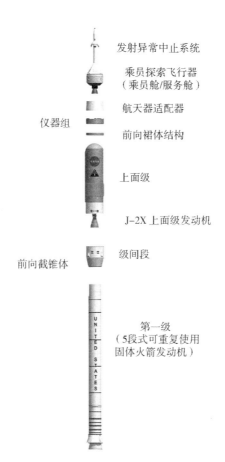

发射异常中止系统

乘员探索飞行器
（乘员舱/服务舱）

航天器适配器

仪器组

前向裙体结构

上面级

J-2X 上面级发动机

级间段

前向截锥体

第一级
（5段式可重复使用
固体火箭发动机）

图 3 - 6　阿瑞斯 1 号火箭分解结构图（图片来源：美国国家航空航天局）

3.3.5.2　研制

阿瑞斯 1 号火箭第 1 级第 5 段模拟器和前向裙体结构于 2007 年 11 月开始制造，并于 2008 年 8 月如期交付给肯尼迪航天中心，为 2009 年 4 月 15 日发射阿瑞斯 1－X 做好了准备。同样完成的还有爆炸冲击试验计划，即在电子设备和反作用控制推力器上施加冲击载荷。

第 1 级的最新进展包括具有里程碑意义的主要设计评审会（MDR），于 2008 年 1 月 14 日至 17 日在犹他州奥格登举行。出席会议的有来自马歇尔空间飞行中心工程部、马歇尔空间飞行中心安全和任务保证、阿瑞斯 1-X 任务管理办公室（MMO）、肯尼迪航天中心地面运行和肯尼迪航天中心地面系统的代表。此次评审的目的是确认第 1 级集成设计满足基线要求，并确认第 1 级已准备好支持阿瑞斯 1-X 的关键设计评审。尽管主要设计评审生成了近 200 项工程行动请求（RFA），但都被认为未对进度产生重大影响或呈现为任何主要技术挑战。

两个月后，委员会对阿瑞斯 1 号火箭减速分系统（DSS）主要设计做了评审并筛选了与减速分系统相关的行动项后结束。减速分系统主要设计评审的结果是委员会批准同意开始制造阿瑞斯 1-X 降落伞，并决定在尤马试验场（YPG）进行主降落伞群坠落试验（CDT）。试验于 2008 年 2 月 9 日进行，评估了阿瑞斯 1 号火箭第 1 级助推器的降落伞回收系统，包括在 5 500 m 高空展开全尺寸原型飞行试验降落伞。不幸的是，有一个降落伞吊带在 3 次试验中出现过一次故障，该次试验失败，但之后试验降落伞仍可用。另外两次试验被认定成功。

3.3.5.3　阿瑞斯 1 号火箭上面级设计和研制进度

（1）设计

马歇尔空间飞行中心正基于航天飞机外部贮箱的内部结构设计阿瑞斯 1 号上面级。上面级最初设计为合并单独的燃料和氧化剂贮箱，由箱间段（在阿波罗登月计划中用过的结构）隔离，但由于质量限制，工程师们转而决定在贮箱之间使用通用隔板。

上面级的上半部分包括航天器适配器（SCA）系统，目的在于与猎户座乘员探索飞行器紧密配合，而下半部分包括推力器系统，为第 1 级和上面级提供滚转控制。液氢和液氧燃料 J-2X 火箭发动机为上面级提供动力，后文详述。

（2）研制

上面级研制和建造的最近进展包括测试脐板方案，并评估其快速断开（QD）能力是否合格，已于 2008 年 1 月在肯尼迪航天中心进行。测试目的是要确定电连接器和气动断开装置的功用，以确保阿瑞斯 1 号发射时火箭和脐板之间有足够的间隙。

3.3.6　阿瑞斯 1 号火箭电子设备

阿瑞斯 1 号火箭的最后一份主要合同于 2007 年 12 月授予位于亚拉巴马州亨茨维尔的波音公司，用于生产、交付和安装仪器组电子设备（IUA），为整个运载火箭提供制导、导航和控制能力。仪器组电子设备的分系统包括 J - 2X 发动机接口、反作用控制系统（RCS）、第 1 级滚转控制系统、液压动力组控制器（HPUC）、数据采集/记录器装置和点火/分离装置。电源系统（EPS）为所有分系统提供电力，系统包含电池、配电和控制元件、直流/交流转换器及布线。电源系统在仪器组电子设备内部，在从发射前移除地面电源时刻起直到任务结束的全过程中确保 28V 直流电压（VDC）的冗余电源。除主要电源系统外，上面级还配有一个独立的电源系统，位于级间段（见图 3 - 7）中，其目的是为第 1 级滚转控制系统（FS-RCS）推力器提供电力。

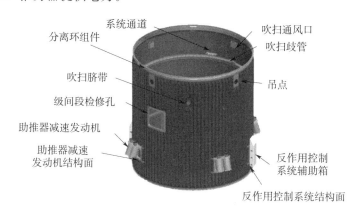

图 3 - 7　阿瑞斯 1 号火箭级间段（图片来源：美国国家航空航天局）

飞行记录仪（DFI）等其他电子分系统将在飞行试验过程中安装。飞行记录仪安装在仪器组电子设备中，包括数据采集装置

(DAU)、电池模块单元（BMU）、遥测系统及各种传感器，作为一个独立的组成部分，其目的是在飞行试验过程中获取和存储数据，使工程师能够分析阿瑞斯 1 号火箭的性能。

电子设备集成产品团队（IPT）负责研制仪器组电子设备，于 2007 年 11 月 27 日至 29 日顺利进行了关键设计评审，生成不到 100 项工程行动请求。同期还举办了第 1 级电子设备模块（FSAM）的主要设计评审会，第 1 级的大部分电子设备箱都置于其中。成功完成第 1 级电子设备模块主要设计评审之后，阿瑞斯 1 号控制委员会正式批准，于 2008 年 1 月开始主体制造。

3.3.7　阿瑞斯 1 号火箭安全系统

为防止阿瑞斯 1 号在发射台上时可燃液氧和液氢积累到危险程度，上面级都配有吹扫系统。吹扫系统确保热调节过的惰性氮气被泵入上面级的封闭隔室中，而在同一时间，多余的氮气通过隔室底部的专用通风口排出。发射台上使用的另一个安全系统是危险气体检测系统（HGDS），用于在发射之前采样、探测和测量上面级隔室中有害气体的浓度。

3.3.8　阿瑞斯 1 号火箭飞行试验

阿瑞斯 1 号火箭正式运行后将采用 5 段式助推器，但因这一型号还未就绪，在首次飞行试验中会使用 4 段式助推器。美国国家航空航天局将第 5 段模型安装在标准 4 段式顶部作为替代，旨在准确复现最终设计的空气动力学、质量和质心属性。自动驾驶仪、制动伞和主降落伞位于助推器上方，由气动壳罩防护，在上面级发动机点火后保护降落伞不受损害。

3.3.9　标称任务剖面

正式运行后，阿瑞斯 1 号火箭典型任务开始于第 1 级助推器将猎户座提升到 50 km 高度，此时第 1 级分离并落到大洋中，以与当前航天飞机固体火箭助推器相同的方式回收。阿瑞斯 1 号火箭上面级接替运送猎户座到 245 km 的椭圆轨道。上面级分离后，猎户座的推进系统为飞船提供动力，到达预定的 300 km 圆轨道。乘员舱和服务舱在那里与国际空间站交会、对接或继续前往月球。但在这类飞行之前必须进行一系列飞行试验。

3.3.10　首次飞行试验：阿瑞斯 1 - X

美国国家航空航天局从过去的经验中已了解到，全面的增量式试验可以降低运载火箭的运行成本。这种"类飞行试验"的理念贯彻于土星研制计划始终，在认证运载器对人类安全之前进行了多次演示论证和验证性飞行试验。

航天飞机计划采用了一种不同的策略，它包含较少的试验，但没有明显降低进度成本，这就是为什么美国国家航空航天局计划重回土星时期的方法，进行一系列渐进式演示论证、验证和飞行试验任务，以证明阿瑞斯 1 号火箭对人类安全。首次试飞将于 2009 年 4 月 15 日进行，发射阿瑞斯 1 号飞行试验火箭（FTV）进入亚轨道研制性飞行试验。

阿瑞斯 1 号飞行试验火箭将于发射前在肯尼迪航天中心集成，质量和结构与实际火箭非常相似，将包含针对此次飞行试验特定目标的飞行和模拟硬件，但并不具备飞行中从地面接收指令的能力。事实上，阿瑞斯 1 号飞行试验火箭上唯一的有效组件是 4 个固体火箭助推器段，第 5 段未装推进剂。

3.3.11　阿瑞斯 1 - X 火箭飞行剖面

阿瑞斯 1 号飞行试验火箭从肯尼迪航天中心升空后，攀升至 250 000 ft（76.2 km）高空，此时飞行马赫数为 4.5，遭受近 800 lb/ft^2（约合 38.30 kN/m^2）的最大压强。飞行 132 s 后第 1 级燃尽，上面级分离，同时，上面级模拟器、猎户座飞行器和发射异常中止系统模拟器与第 1 级分离。模拟器硬件落入大西洋，不再回收，而第 1 级助推器则进行完整的回收序列飞行，硬件被回收并在肯尼迪航天中心接受检查。

美国国家航空航天局希望阿瑞斯 1 - X 飞行能完成若干目标，如演示论证上升飞行控制系统，测试第 1 级降落伞回收系统，确认组装及加工流程，并表征由第 1 级电机性能引起的滚转力矩。

第 2 次飞行试验命名为阿瑞斯 1 - Y，安排在 2012 年，将用 5 段式固体火箭助推器和 1 个高保真的上面级模拟器演示论证飞行控制算法。此次试验还将在高空演示论证发射异常中止系统（LAS），测量和表征 5 段式固体火箭助推器的发射和上升环境，并验证第 1 级分离和回收动力学与性能。如果一切顺利，定名为猎户座 1 号的无人飞行器将在 2013 年初发射，最终将在 2015 年运送第 1 位人类乘员到达国际空间站。

3.4　研制问题

"我希望没有人会误以为我们不遇任何挑战就能够研制出取代航天飞机的系统。美国国家航空航天局一贯能够出色地解决技术难题。我们对解决这个问题也抱有信心。"

———美国国家航空航天局局长迈克尔·格里芬博士，美国联合通讯社，2008 年 1 月 20 日

阿瑞斯 1 号火箭的研制常用星座计划各个办公室中出现的无数次技术接口会议（TIM）的进度来衡量。项目办公室团队会议之后，提出建议并达成技术协议，涉及从肯尼迪航天中心接地装置被动稳定阻尼的力学错综性到缩型扩压器验证试验的微妙复杂性等一系列问题。这些协议直接进入初步设计评审，最终结果是或者接受或者驳回。在后一种情况下，相关议题会接受独立评审，如果关系到系统或硬件产品性能则会进行附加试验。这里记述了一些更棘手的阿瑞斯 1 号火箭设计问题。

3.4.1　推力振荡

工程师们所担忧的最麻烦的性能问题可能就是"推力振荡"（TO）问题，这种现象也被称为"谐振燃烧"。推力振荡是固体火箭发动机（SRM）上的一种常见情况，其特点在于第 1 级飞行过程后段可能会出现突增加速度脉冲。脉冲由固体火箭发动机内部推进剂燃烧产生的涡流引起，振幅各不相同，可能会达到损坏结构的临界点。由于流体扰动，涡流可能与燃烧室的声模重合，从而产生纵向力，可能会反过来增加阿瑞斯 1 号火箭上升入轨期间受到的载荷。根据美国国家航空航天局对阿瑞斯 1 号火箭第 1 级飞行进行的计算机仿真，火箭离地升空时会出现显著的推力振荡，并会越来越剧烈，最终在进入飞行 110 s 时达到峰值。如果一定频率和振幅的推力振荡引起特定的共振，最坏情况下乘员会经受 $4.5 \sim 5.5\ g$ 的振动载荷。这种频率不仅会损害制导、导航和控制及电子设备等关键部件，也完全不适于乘员。

类似的推力振荡效应也出现在航天飞机固体火箭助推器试验和几次航天飞机飞行中，但没有足够信息（飞行记录仪仅装在航天飞机 STS - 1 至 STS - 4 飞行中）能让阿瑞斯 1 号火箭的"老虎队"专家小组准确预计，阿瑞斯 1 号火箭第 1 级振荡的结果会如何影响运载火箭及其乘员。星座计划中的人体系统集成要求将猎户座乘员健康振动的限度，在上升过程中 1 min 内任一轴上的均方根均小于 0.6，说明：

"均方根超过 0.6、持续 1 min 的振动被认为是人类不能忍受的。可以预料，如果振动水平或该振动水平的持续时间增加，内脏可能会损坏。研究中，暴露在该水平的振动中达 1 min 和 3 min 的受试者报告说，他们不得不尽最大努力来完成试验。据报告，疼痛主要出现在胸部、腹部和骨骼肌肉系统中。还观察到血压和呼吸频率有不同程度的影响"。[5]

　　尽管一开始推力振荡问题似乎是潜在的破坏性事件，但阿瑞斯1号火箭"老虎队"对问题分析了1个月后提出，推力振荡可能没有空间媒体分析师们最初报道得那么严重。阿瑞斯项目工程师在试图解决问题的过程中，为阿瑞斯1-X飞行试验火箭加装一批共750件仪器，希望压力传感器、加速度计、转换器和其他仪器能为他们提供有关火箭固体燃料第1级的真实振动数据。数据结果可能会导致阿瑞斯1号火箭和猎户座飞船必须做出代价巨大的改动。可能的补救措施包括冒着发生振荡的危险隔离特定部件，或使用隔振垫。尽管这会增加阿瑞斯1号火箭的质量，但连同其他方法也许能解决问题。例如，一个缓解方案建议，将第1级14 000 lb（约合6 350.3 kg）的回收降落伞包安装在弹簧上以减轻推进剂燃尽时产生的振动，以及在猎户座飞行器的座位上放置减震器。据预测，该缓解方案可将太空舱内的振动减至约 2 g，但这个数字仍然超过保证乘员不会受到伤害并确保航天员能监视显示器和操作控制器所要求的阈值 0.25 g。幸运的是，对美国国家航空航天局来说，考虑到工程师解决推力振荡问题时可用的不同方法的数量，认为该问题不能在计划预算和进度内解决似乎无据可依。

3.4.2　阿瑞斯1号火箭的批评者和支持者

　　对阿瑞斯1号火箭的主要批评声音之一是，已有德尔他4号重型火箭等类似的运载器，所以没有必要生产有效载荷25 t级的运载火箭。批评者认为，利用现有的运载火箭不但更加经济，且由于记录良好，安全裕度也会更大。但美国国家航空航天局通过评估认定阿瑞斯1号比德尔他4号重型火箭的安全性高1倍，从而反击了后一种说法。

　　另一种反对意见集中于两项衍生产品研制计划的选择。一项是研制成本为30亿美元的阿瑞斯1号第1级所用的新型5段式固体火箭助推器；另一项则是研制成本为12亿美元的阿瑞斯1号上面级所用的新型 J－2X 火箭发动机。批评者认为，研制进度不可避免出现的超时、未经验证的飞行技术增加的风险、再加上额外的成本，抵消了使用航天飞机衍生硬件的优点。

困扰空间分析师和航天工程师的另一个问题是目前"杆状"构型的空气动力稳定性技术问题，它会导致压心（CP）前移而重心（CG）后移。航天工程师都知道，这种构型不是最好的设计，因为压心和重心的位置会增加施加在箭体上的机械载荷，而美国国家航空航天局以"风洞研究能解决任何稳定性问题"反驳了这些说法。

虽有推力振荡问题和批评者的意见，2008 年 3 月，美国国家航空航天局机构计划管理委员会（APMC）还是一致支持阿瑞斯项目继续进行，阿瑞斯 1 号运载火箭进入初步设计评审阶段。机构计划管理委员会的批准代表着一个重大的计划性里程碑，因为要获得批准，阿瑞斯 1 号项目必须要满足严格的要求及马歇尔空间飞行中心管理委员会（CMC）和探索系统任务理事会（ESMD）项目管理委员会推荐的规范。

3.5　阿瑞斯 1 号和阿瑞斯 5 号火箭的推进系统

3.5.1　选择火箭发动机

由于极高的工作温度、压力和所涉及的混合比，推进系统通常是所有运载器研制中最具技术挑战性和风险的方面。为降低这类风险，美国国家航空航天局选择了 J－2X 发动机，原因则是来自"探索系统体系研究"最初研究的建议。

探索发射项目办公室指派 J－2X 上面级发动机元件（USEE）团队为阿瑞斯 1 号上面级和阿瑞斯 5 号地球出发级确定推进系统。"探索系统体系研究"论证期间，阿瑞斯 1 号上面级考虑过的备选方案包括：单独一台演变型一次性航天飞机主发动机，两台 J－2S 发动机，或 1 簇 4 台新型膨胀循环发动机。最初决定为阿瑞斯 5 号火箭重新设计不可重复使用型航天飞机主发动机作为芯级，并使用 J - 2S 发动机作为地球出发级，但随后的工程研究确定，这两种发动机会使地球出发级的质量增加，性能却没有显著改进，因此从设计中去除了第 2 台发动机。鉴于需要有效降低研制成本，后续的工程研究最终决定，用 RS - 68 取代航天飞机主发动机作为阿瑞斯 5 号火箭的主发动机。

3.5.2　J - 2 沿革

　　J - 2 发动机是洛克达因公司在 20 世纪 60 年代为土星 1B 火箭和土星 5 号火箭而研制的。其简化型号也由洛克达因公司设计，命名为 J - 2S，由于设计问题从未飞行，且不建议进一步研制。但演变型 J - 2 设计被认为是进一步研究的供选方案，正是其中一个演变型 J - 2 的先进衍生产品形成了最终的 J - 2X 设计（见图 3 - 8）。"探索系统体系研究"专门小组对 J - 2X 的选择受多个因素影响，但最重要的一条可能是通用性问题，这是星座计划的既定目标之一。

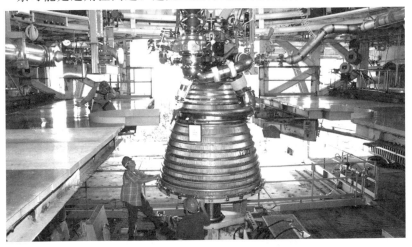

图 3 - 8　安装在斯坦尼斯航天中心 A - 1 试验支架上的一台 J - 2X 发动机。2007 年 11 月至 2008 年 2 月间进行了 J - 2X 电源组件测试。电源组件包括一个气体发生器和最初为阿波罗计划研制的发动机涡轮泵（图片来源：美国国家航空航天局）

2006 年 5 月，通用性评估检查了阿瑞斯 1 号火箭和阿瑞斯 5 号火箭之间的通用性并得出结论：J－2X 与这两种火箭各级和主推进系统的接口应该是相同的。同时考虑到安装过程、共用的传感器和电子设备等其他通用性，评估结论让很多人认为，一项认证计划就能覆盖这两种运载火箭的 J－2X。然而，仅用一次认证不大可能，这归因于两种火箭的性能要求和工作环境不同，有可能会形成不同的发动机规格。这些规格要求的结果是：对于阿瑞斯 1 号月球任务方案，只要求 1 台 J－2X 高空启动（相比阿瑞斯 5 号火箭对 J－2X 高空点火的要求）；燃烧 8 min 使地球出发级/月球着陆舱进入稳定轨道；与猎户座飞船对接后，重新启动 5 min 以实现近地轨道逃逸并转移进入环月轨道。美国国家航空航天局星座任务清单的时间表决定了当前普拉特·惠特尼洛克达因公司的大部分工作是推动制定阿瑞斯 1 号 J－2X 规格。阿瑞斯 5 号 J－2X 继续研制，但更多集中于解决星座体系需求文件中有关 J－2X 从启动直到 95 天后重新启动之间的待机能力带来的一些问题。如此长的待机时间困扰着探索发射项目办公室的工程师，不仅因为他们必须担保用于在轨推进剂管理的低温冷却器及微流星体防护和额外的飞行仪表，还因为 J－2X 发动机要有额外的点火器才能开始第 2 次启动。

每台 J－2X 发动机成本约 2 500 万美元，少于航天飞机主发动机对应的 5 500 万美元。但尽管 J－2X 成本较低，性能却优于航天飞机主发动机。因为不同于航天飞机主发动机在地面上启动，J－2X 具有空中启动和真空启动能力，使阿瑞斯 1 号火箭能按照任务体系的要求直接插入剖面飞行。

3.5.3　J－2X 研制

归功于 J－2X 的继承性，其研制工作在计划上和技术上均进展顺利，在 2006 年到 2007 年初步设计评审期间已实现多个重大里程碑。2006 年，美国国家航空航天局为加快研制 J－2X 成立了上面级元件办公室（USEO），对各个承包商合作伙伴和咨询顾问的经验加以利用，其中一些人有直接参与阿波罗计划和原 J-2 发动机的经验。阿波罗时代的 J-2 工程师被贴切地称为"灰胡子团队"，他们定期召开会议，讨论 J-2 相关的先决问题，并建议试验程序、工程解决方法和可用于 J-2X 研制的经验教训。从航天飞机主发动机和一次性运载火箭项目中吸取的经验教训也被纳入到 J-2X 的设计改进中。这些活动推动了采购策略和彻底的 J-2X 评审，从而限定了发动机的设计和研制方法，确定了项目资源要求，并于 2006 年 6 月出版了建立预算和完成工作说明书必需的规划和设计文件。在这一里程碑之后紧接着是一些支撑试验设备发展的文件，以研制和认证 J-2X 发动机，以及一次初步设计评审，确认发动机要求已充分建立，可以开始制定分系统和方案性发动机设计。

　　J-2X 研制的下一阶段是将现有全部 J-2 硬件从阿波罗和 X-33 计划转移给 J-2X 计划，这发生在 2006 年夏、秋季，包括去除 X-33 的涡轮机械和电源组，拆卸、检查，随后重新分配给位于马歇尔航天飞行中心和斯坦尼斯航天中心（SSC）的 J-2X 计划。虽然 J-2 硬件正被重新分配，马歇尔航天飞行中心的工程师还是完成了对 J-2X 增强型火花点火器（ASI）、一组火花塞、喷注器及点火火炬的试验，它们将用于点燃燃烧室中的液氢和液氧推进剂。另一个里程碑发生在 2006 年 11 月 9 日，斯坦尼斯航天中心里曾用于试验土星 5 号各级和航天飞机主发动机的静止试验支架，为了试验 J-2X 而移交给星座计划。其后不久发生了另一个里程碑式事件：美国国家航空航天局于同月完成了自 1972 年 10 月航天飞机研制以来对其载人飞船的首次系统要求评审。这次系统要求评审评估了猎户座飞行器的各个系统，阿瑞斯 1 号和阿瑞斯 5 号运载火箭及 J-2X 在其最终配置中采用了多种继承性部件。

　　J-2X 设计有几个组成部分已定案，但在编写本书时，J-2X 的研制和试验仍在继续。例如，2007 年 12 月，上面级发动机所用的电源组件（PPA）完成首次试验，接下来是冷流"激冷"试验，随后进行全过程热试车，这将生成关于 J-2X 发动机部件的重要信息。

尚未解决的问题包括气体发生器的设计细节，有关优化燃料和氧化剂涡轮泵的权衡研究，还有某些材料选择问题。随着这些问题被解决，J-2X 将进行一系列发动机部件试验，其中首次试验已于 2007 年秋季在斯坦尼斯航天中心针对电源组进行。如果一切顺利，J-2X 将于 2008 年 8 月接受关键设计评审，2010 年 5 月进行发动机系统测试，2011 年 3 月进行主推进试验样机测试，最终在 2011 年 11 月进入设计认证评审（DCR）。设计认证评审之后，♯1006 发动机样机将于 2013 年随猎户座 3 号一起无人飞行，首次展示 J-2X 能力。

3.5.4　J-2X 运行方案

J-2X 安装到阿瑞斯 1 号火箭上，升空约 126 s 后点火，接着，火箭第一级在 60 km 高度分离。该发动机燃烧 465 s，在这段时间内会消耗 137 363 kg 推进剂，将阿瑞斯 1 号上推到 128 km 高空。随后发动机熄火，猎户座与上面级分离，此时猎户座发动机点火以提供推进动力，将太空舱插入近地轨道，在那里它会与国际空间站或阿瑞斯 5 号的地球出发级交会，如前所述。阿瑞斯 1 号上面级与相连接的 J-2X 发动机随后将离轨，溅落在印度洋上。它们均未设计为可重复使用。

3.5.5　J-2X 工程

J-2X 的涡轮机由基本的动力发生装置组成，如气体发生器、涡轮泵、阀门和供给管路，将利用最初为其"姊妹"发动机 J-2S 研制的硬件制造。运转这类火箭发动机要求涡轮泵输送液氧和液氢进入主燃烧室，燃料和氧化剂在其中混合并在极高压力和温度下燃烧产生气体，经喷管膨胀为气流而产生推力。J-2S 发动机部件作为 1990 年代美国国家航空航天局塞式喷管发动机研制计划的一部分，已经受了大量、严格的测试，该计划负责研制 X-33 单级入轨（SS-TO）可重复使用航天运载器（RLV）的发动机。遗憾的是，X-33 计划已于 2001 年 3 月终止，但所幸其发动机技术在 2006 年转而支持 J－2X 研制计划。

影响 J－2X 性能的关键因素之一是主喷注器部件，它在燃烧室中喷射并混合液氧和液氢，而后点燃混合物，使之燃烧以产生推力。到目前为止，马歇尔航天飞行中心已进行数次缩型喷注器硬件热试车，以研究能最大限度提高 J－2X 性能的设计方案。

最近一次喷注器试验于 2007 年 11 月进行：一个缩型喷注器经受了 15 次热试车，主要工作阶段的时间共计 3 min。另一项重大试验于 2008 年 1 月进行：使用 SSCA－1 试验支架上的电源组组件完成了气体发生器点火装置（GGI）试验，演示验证了点火符合要求，也没有出现异常情况。接下来的数月中又进行了多次试验，并在 2008 年 4 月 3 日进行的第 6 次试验中达到了最高潮：原计划为 550 s，但由于液氧阀故障而在 293 s 时熄火。11 天后进行的第 7 次热点火试验较为成功，实现了全部试验目标。电源组件团队进行热试车的同时，J－2X 其他团队正忙于对氢旋转启动阀门（HSSV）和配套阀门（AV）等其余发动机部件进行初步设计评审，这些部件用于控制氢旋转启动阀门的气动控制组件（PCA）中的阀门位置及吹扫。在编写本书时，J－2X 其他团队正努力使其他发动机系统满足初步设计评审目标，确保在 2010 年如期进行 J－2X 发动机系统的首次集成测试。与此同时，试验还在斯坦尼斯航天中心的 A－1 试验支架上继续进行，目的在于交付最安全和最具成本效益的发动机，以期用在阿瑞斯 1 号和阿瑞斯 5 号火箭上。

3.6　阿瑞斯 5 号火箭

3.6.1　阿瑞斯 5 号火箭概述

对阿瑞斯 5 号火箭的描述见表 3－5 所示，表 3－5 还列出了星座体系需求文件颁布的一些更有针对性的设计要求。阿瑞斯 5 号芯级的制造商为位于美国路易斯安那州的米丘德装配厂（MAF），该芯级直

径 10 m、长 64 m，是有史以来建造的最大的火箭级，几乎相当于同样
由米丘德装配厂制造的土星 5 号火箭第 1 级和第 2 级的总长度。

3.6.2　阿瑞斯 5 号火箭芯级推进

阿瑞斯 5 号芯级将由一簇 5 台普拉特·惠特尼洛克达因公司的
RS-68 火箭发动机提供动力，每台能提供 700 000 lb（约合 3 113.8
kN）的推力。RS-68 发动机是现存最强大的液氧/液氢发动机，将
通过一系列升级、改造以满足美国国家航空航天局的标准，升级过程

表 3-5　星座体系需求文件要求的乘员运载火箭[4]

货物运载火箭描述
货物运载火箭为星座计划提供重载能力。货物运载火箭由 1 个 5 台发动机的芯级、2 个 5 段式固体火箭助推器和由 J-2X 发动机（与乘员运载火箭上面级发动机相同）提供动力的地球出发级组成。地球出发级充当货物运载火箭第 3 级，将月球着陆舱/地球出发级组合交会射入近地交会轨道，组合体将在这里与乘员探索飞行器交会、对接。地球出发级在月球着陆舱为 LSAM 和乘员探索飞行器执行向月轨道射入（TLI）点火后被抛掷
货物运载火箭要求
［CA0487-PO］ 　　货物运载火箭应将其对登月任务失败的风险限制为不大于 1/125 　　理论阐述：1/125 指在任一登月任务中，由货物运载火箭造成的任务失败概率为 0.008（或 0.8%）。该要求由 CxP 70003-ANX01，星座需求、目标、目的、安全目标 CxP-G02 确定，在传统系统基础上，大幅提高了安全性、乘员存活率和整体系统的可靠性
［CA0049-PO］ 　　对于载人月球短期任务和载人月球基地任务，货物运载火箭应从发射场发射月球着陆舱进入地球交会轨道（ERO） 　　理论阐述：货物运载火箭确立为运输月球着陆舱进入地球交会轨道的运载器，具有足够的剩余推进剂以执行月球转移射入点火。向月轨道射入机动发生在乘员探索飞行器与月球着陆舱在地球交会轨道对接之后
［CA0391-PO］ 　　货物运载火箭应利用一对衍生自航天飞机的 5 段式固体火箭助推器，以及采用 5 个改进型 RS-68 发动机作为第 1 级推进的芯级 　　理论阐述：乘员运载火箭将利用经航天飞机和改进型一次性运载火箭（EELV）飞行验证的推进系统部件。这些运载火箭部件支持过逾 100 次航天飞机任务和多次阿波罗登月任务，具有货物运载火箭设计人员能够充分利用的大量试验/飞行经验数据库。此外，货物运载火箭设计人员还能够利用已经到位的支持航天飞机运行的地面加工/生产设施、人力资源和工具

与美国空军合作进行。RS-68 发动机升级（见表 3-6）完成后，美国
国家航空航天局计划用德尔他 4 号火箭进行试飞，这是降低技术风险
的策略。鉴于 RS-68 发动机可靠性低于航天飞机主发动机，风险降低
问题会是需要解决的一个重要问题，特别是因为将来阿瑞斯 5 号可能
要载人。RS-68 的低可靠性是由对比航天飞机主发动机评估任务失败
的研究确定的，使用的软件工具称为"面向飞行的综合可靠性和安全
工具"（FIRST），它给出了 RS-68 与航天飞机主发动机的定量风险评
估比较。这是意料之中的，外推航天飞机主发动机超过 100 万秒的运
行数据与 RS-68 的 39 300 s 试验时间对比，RS-68 的可靠性必然不
符合标准。不过，美国国家航空航天局预计，一旦 RS-68 升级完成且
发动机通过了试验和认证，阿瑞斯 5 号火箭就会充分可靠。

表 3-6　RS-68 的升级潜力

升级	性能改进
增加主喷注器元件密度	改善推进剂混合，提高燃烧效率
更改发动机轴承材料	减少轴承腐蚀和开裂的发生率
歧管涡轮排气管从发动机伸出	减轻对 5 台发动机构型的冲击力
加厚烧蚀材料喷管壁	增加燃烧时间
使用再生式冷却喷管	通过加温燃料提高比冲

3.6.3　阿瑞斯 5 号火箭运行方案

当前月球任务体系将从阿瑞斯 5 号火箭于肯尼迪航天中心
（KSC）发射开始，其有效载荷防护罩之下是牵牛星号着陆器和地球
出发级。阿瑞斯 5 号火箭在轨运行一周后，发射载有猎户座乘员探
索飞行器及其 4 名航天员的阿瑞斯 1 号火箭，随后在近地轨道待机 4
天，两个飞行器交会、对接且地球出发级重新起动，推进猎户座/牵
牛星组合到达月球。

3.6.4　阿瑞斯 5 号火箭研制问题

在编写本书之际，阿瑞斯 5 号火箭仍不具备发射航天员和相应

硬件到达月球所需的运载能力，工程师们正在研究若干方案以填补 11 t 的缺口，满足设计好的 75.1 t 能力并包含余量。工程师们面临的另一个问题是牵牛星着陆器和猎户座乘员飞行器这些飞行部件质量的不确定性，每一个都随升级安装而增加质量。工程师建议的一些方案包括：在阿瑞斯 5 号液氧/液氢芯级上增加第 6 台 RS - 68 发动机，扩展固体燃料助推器的长度，甚或结合这两种解决方案。其他方案包括弃用航天飞机计划中曾用的钢制可重复使用助推器外壳，而使用更轻的、承压更高的复合材料外壳。这个解决方案能将阿瑞斯 5 号火箭以当前构型可产生的期望运载能力提升至 64 t。增加的惰性垫片延长了固体燃料助推器，连同第 6 台发动机使运载能力又增加了 5 t，这会使总运载能力满足设计要求。阿瑞斯 5 号火箭大小必须适合于飞行器装配大楼（VAB）的约束，使"工程师能做出多少改动"的问题更加复杂，即大楼的室内净高代表了阿瑞斯 5 号火箭的高度限制。

3.7　阿瑞斯 5 号火箭组成部分

阿瑞斯 5 号上面级通常称为地球出发级，采用与阿瑞斯 1 号上面级相同的 J - 2X 发动机。在阿瑞斯 5 号任务中，J - 2X 首次点火发生在发射后 325 s，此时高度约 120 km，随后阿瑞斯 5 号第一级与地球出发级和月球着陆舱分离。燃烧共持续 442s，期间 J - 2X 共消耗 131 818 kg 推进剂。之后月球着陆舱和地球出发级进入近地轨道。猎户座乘员飞行器由阿瑞斯 1 号火箭送入近地轨道，当它与地球出发级和月球着陆舱（图 3 - 9）对接时，阿瑞斯 5 号火箭 J - 2X 将第 2 次点火。这些飞行要素紧密配合后，J - 2X 第 2 次点火，持续 442 s，这将提供足够的动力以加速配合好的飞行器达到逃逸速度，使猎户座-地球出发级-牵牛星组合挣脱地球的引力并进入称为向月轨道射入（TLI）的轨迹。配合好的飞行器到达环月轨道后，猎户座-月球着陆器组合体将抛掷地球出发级及其 J - 2X 发动机，并执行机动将这两个飞行器送入环绕太阳运行的轨道。

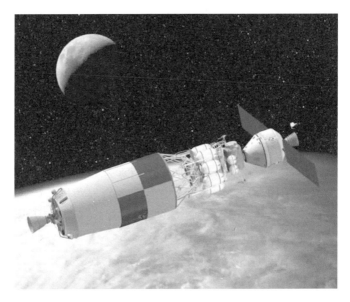

图 3-9　地球出发级和月球着陆舱在近地轨道对接（图片来源：美国波音公司）

3.8　牵牛星号/月球着陆舱

3.8.1　牵牛星号设计历程

在确定牵牛星号构型的过程中，科学家认真研究了许多着陆器方案，它们由星座计划先进项目办公室月球着陆器预备研究（LLPS）形成。预研开始于 2006 年年初，第 1 阶段产生了 37 个着陆器构型，这里描述其中一部分。

马歇尔航天飞行中心（MSFC）提出了一个着陆器方案，其中上升级侧装在垂直着陆器上，设计用作气闸，而圆柱形的表面居住舱位于下降贮箱中央。与马歇尔航天飞行中心的设计形成对照，喷气推进实验室（JPL）提交了一份关于分离式居住舱乘员着陆器的方案，其中最小尺寸下降/上升居住舱包含具有 2 个氢罐的垂直着陆器，能在着陆后转化为居住舱。格伦研究中心（GRC）提出了简化的分离式下降方案，包括垂直下落级着陆器和可重复使用的低温燃料级。相比于其他设计，格伦研究中心方案的目的是只留下一些起落装置和配套系统，因为居住舱可同时作为着陆器和上升飞船使用。

合作完成的 GSFC-JSC-GRC 方案包含新颖的飞船构型设计，提出了关于将乘员和货物从下降级甲板转移到月球表面的创新思路。GSFC-JSC-GRC 着陆器的主要组成部分是最小体积的上升飞船（MAV），它不仅能在月球表面用作睡眠设施和扩展的生活空间，还能用于运送乘员往返于月表。

美国国家航空航天局从各中心制定的众多着陆器构型之中选定了 6 个航天器设计，由一支来自美国国家航空航天局兰利研究中心（LRC）的工程师团队作进一步的评估，任务是为月球着陆器预备研究的第 2 阶段制定 2 个不同的着陆器方案。最终选定的 2 个飞行器分别为"下降辅助分离式居住舱"（Descent Assisted，Split Habitat，DASH）着陆飞船和"货运星水平着陆器"（Cargo Star Horizontal Lander，CSHL），都能用最小体积的加压舱运送 4 名乘员往返于月球表面。

3.8.1.1　DASH 着陆飞船方案

DASH 着陆飞船由 3 个舱组成，第 1 个舱是着陆舱（LM），其中载有乘员和着陆器所有的关键分系统，如推进系统和电子设备，它的推进系统利用 2 台航天飞机主发动机衍生型发动机。第 2 个舱是有效载荷舱（PM），为将运送到月球表面的加压居住舱和基地基础设施等有效载荷提供平台。第 3 个舱是制动舱（RM），充当空间制动级，用于执行环月轨道插入机动，提供下降至月球表面所需 90% 的速度改变量。

在结构上，DASH 着陆飞船的核心部分包括 2 个八角形的桁架平台，与节点配件相连接，飞船所有的主要零部件和分系统都连接在上面。着陆舱的加压运输居住舱构造采用了类似的结构构型，它被连接到上部桁架平台的中央节点上，并用桁架杆件加以稳固，该设计旨在减少向月轨道射入和环月轨道插入点火时施加在运输居住舱上的载荷。运输居住舱的底座有一条贯穿于上部桁架平台的短通道，允许从运输居住舱进入表面居住舱。由连接到表面居住舱一侧的可充气气闸通往月球表面，或在紧急情况下，经由运输居住舱的低冲击性对接系统（LIDS）舱口通往月球表面。

3.8.1.2　货运星水平着陆器

货运星水平着陆器旨将货物和乘员运到月球基地。货运星水平着陆器的大小适合4名乘员在月球停留7天，它围绕一个位于下降级（DS）的大型中央货舱而设计，用于月球表面操作的加压表面居住舱存放在货舱中。上升级（AS）与表面居住舱由一条通道相连，包括卧式圆筒及与猎户座对接用的中央低冲击性对接系统机构。通道允许上升级和表面居住舱在着陆之后互相到访。

3.8.2　牵牛星号的当前迭代设计

航天员登陆月球所用的飞行器仍在设计过程中，但该飞行器的当前迭代（见图3-10），命名为711-A，可能非常接近最终设计。

图3-10　牵牛星号在月球表面上的艺术想象图（图片来源：美国国家航空航天局）

尽管很多熟悉阿波罗计划的人指出，牵牛星号与阿波罗号登月舱（LM）具有一些共同特征，如单独的下降和上升级，但牵牛星号的规模和技术将让它成为一个非常不同的飞行器（见表 3 - 7）。

表 3 - 7　牵牛星与阿波罗登月舱

特点	阿波罗登月舱	牵牛星
乘员人数/个	2	4
表面停留时间/天	3	7（短期任务） ≥210（基地任务）
着陆地点能力	近侧，近赤道	全月
级数	2	2
贮箱宽度/m	4.22	7.5
着陆支架宽度/m	9.45	14.8
乘员舱加压容积/m³	6.65	31.8
上升级质量/kg	4 805	10 809
上升级发动机	偏二甲肼/四氧化二氮	液氧/甲烷
上升发动机推力/kN	15.6	44.5
下降级质量/kg	11 666	35 055
下降发动机推力/kN	44.1	4×66.7

3.8.3　运行特性

月球着陆舱的设计要求述于表 3 - 8 中，还列出了一些月球着陆舱必须承担的星座体系需求文件中的任务关键性作用。

表 3 - 8　星座体系需求文件对月球着陆舱的描述和要求[4]

月球着陆舱描述

月球着陆舱运输货物进入近月轨道，将乘员和货物从近月轨道运输至月球表面后再返回。月球着陆舱拟支持月球设计参考任务。月球着陆舱可以载人或者不载人。不载人构型运输大量货物以支持扩展的月球基地任务，但不具有从月球表面上升的能力。没有上升能力的不载人/货物月球着陆舱型号，可用于存储补给品，或在货物交付任务完成时存放废物。月球着陆舱能够使用其下降级，将其自身和乘员探索飞行器插入近月轨道，并运送乘员或货物到达月球表面。对于载人月球短期任务构型，月球着陆舱在最多 7 天内充当乘员的休息场所，并使用上升级将他们送回近月轨道。下降级作为上升级发射平台，后被丢弃在月球表面。上升级在乘员探索飞行器从近月轨道上进行向地轨道射入（TEI）之前被抛掷

续表

月球着陆舱要求

[CA0504－PO]

　　月球着陆舱应将其对任务失败风险限制为一次载人月球短期任务不大于 1/75

　　理论阐述：1/75 指在任一载人月球短期任务过程中，由月球着陆舱造成的任务失败概率为 0.013（或 1.3％）。该要求由 CxP 70003－ANX01，星座计划规划，附件 1：星座需求、目标和目的（NGO）安全目标 CxP－G02 等确定，在传统系统基础上，大幅提高了安全性、乘员存活率和整体系统的可靠性

[CA0062－PO]

　　在每次载人月球任务中，月球着陆舱应从月球表面返回至少 100 kg 的有效载荷进入月球交会轨道（LRO）

　　理论阐述：月球着陆舱返回质量必须包括探索系统任务指挥部指定的 100 kg 有效载荷，以及乘员和乘员设备。该要求适用于每次载人月球任务，也是限定月球着陆舱上升级的尺寸所需

[CA5236－PO]

　　对于载人月球短期和月球基地任务，月球着陆舱应在向月轨道射入后执行异常中止直到登月

　　理论阐述：星座体系将在全任务阶段具有异常中止能力。月球着陆舱应在几个阶段中支持异常中止，开始于月球着陆舱－地球出发级分离之后，此时月球着陆舱成为主动飞行器，结束于月球着陆舱着陆月球。在月外惯性飞行中，月球着陆舱与乘员探索飞行器对接时可提供异常中止能力。在环月轨道解除对接后，月球着陆舱将支持在月球动力下降过程中异常中止。异常中止机会在月球着陆时结束，过渡到提前返回的机会

[CA3200－PO]

　　月球着陆舱应采用可改变推力的液氢/液氧下降级推进系统

　　理论阐述：CxP 70007 中所述的运行方案，星座设计参考任务和运行方案文件，使月球着陆舱可以执行多种功能，包括环月轨道插入（LOI）、月球下降和月球登陆。为执行这些功能，月球着陆舱下降级推进系统要能灵活改变发动机推力，以控制推进剂用量和发动机性能。液氢/液氧推进系统可改变推力并提供所需的速度改变效率，同时系统质量控制在运载火箭能力之内

　　在最后一次迭代中，牵牛星号能运送 4 名乘员往返于月球表面，为乘员提供全球到达能力，允许航天员在任务中随时返回地球，且能够使 20 t 任务专用货物着陆。为提供这些能力，牵牛星号有用于短期飞行、载货和载人基地任务的演变型，参数见表 3－9 中所列。

表 3 - 9　牵牛星号演变型参数

着陆器性能	
乘员人数/个	4
近地轨道待机时间/天	14
发射护罩直径/m	8.4
着陆器设计直径/m	7.5
表面停留时间/天	7（短期任务），180（基地任务）
发动机	轴向 5，侧向 2
载人着陆器质量（发射）/kg	45 586
载人着陆器质量（向月轨道射入时刻）/kg	45 586
到达表面的乘员着陆器有效载荷/kg	500
乘员着陆器甲板高度/m	6.97
货物着陆器质量（发射）/kg	53 600
货物着陆器质量（向月轨道射入时刻）	不适用
到达表面的货物着陆器有效载荷/kg	1 4631
货物着陆器高度/m	6.97
乘员着陆器环月轨道的速度改变能力/（m/s）	891
货物着陆器环月轨道的速度改变能力/（m/s）	889
乘员下降推进速度改变能力/（m/s）	2 030
货物下降推进速度改变能力/（m/s）	2 030
TCM 速度改变能力（反作用系统）/（m/s）	2
下降轨道插入能力（反作用系统）/（m/s）	19.4
下降和着陆的反作用控制能力/（m/s）	11
上升速度改变能力/（m/s）	1 881
上升反作用控制系统速度改变能力/（m/s）	30
飞船方案参数	
上升舱	
直径/m	2.35
质量（向月轨道射入时刻）/kg	6 128
主发动机推进剂	四氧化二氮/甲肼

续表

主发动机数量/类型	1/衍生型 OME/RS18 压馈发动机
可使用的推进剂质量/kg	3 007
主发动机比冲（100%）/s	320
主发动机推力（100%）/kN	24.47（5 500 lb）
反作用控制系统推进剂	四氧化二氮/甲肼
反作用控制系统发动机数量/类型/N	16/444.8（100 lb）
反作用控制系统发动机比冲（100%）/s	300
气闸	
加压容积/m³	7.5
直径/m	1.75
高度/m	3.58
乘员人数/个	2+
下降舱（载人）	
质量（向月轨道射入时刻）/kg	38 002
主发动机推进剂	液氧/液氢
可使用的推进剂质量/kg	25 035
主发动机数量/类型	1/衍生型 RL－10
主发动机比冲（100%）/s	448
主发动机推力（100%）/kN	82.96（18 650 lb）
反作用控制系统推进剂	四氧化二氮/甲肼
反作用控制系统发动机数量/类型/N	16/444.8（100 lb）
反作用控制系统发动机比冲（100%）/s	300

3.8.4　牵牛星号运行方案

　　阿瑞斯 5 号火箭搭载装在地球出发级顶部的牵牛星号发射到近地轨道。一旦接合，牵牛星号和地球出发级必须在近地轨道度过长达 95 天的等待期，等待将由阿瑞斯 1 号火箭发射的猎户座中的 4 名乘员。随后，猎户座将与牵牛星号交会，这两个飞行器依靠异体同构的低冲击性对接系统（LIDS）接合，该系统最初为 X - 38 计划研制。接着，地球出发级将执行一次向月轨道射入（TLI）点火，将牵牛星-猎户座组合体送入地球-月球轨道。向月轨道射入点火完成后，地球出发级被丢弃。当牵牛星-猎户座构型到达月球时，牵牛星号将执行环月轨道插入点火，且在近月轨道（LLO）待机一段时间后，乘员将转移到牵牛星号上并降落到月球表面（见图 3 - 11）。

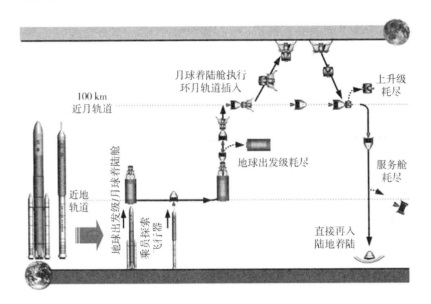

图 3 - 11　牵牛星号运行方案（图片来源：美国国家航空航天局）

　　在 7 天短期飞行任务或持续时间更长的基地任务之后，乘员登上牵牛星号的上升级，发射进入近月轨道与猎户座交会。牵牛星号从月球表面起飞后，必须执行一系列机动才能与等待在 100 km 圆形停泊轨道上的猎户座交会。牵牛星号上升剖面的第 1 阶段开头是一段 100 m 的垂直上升[2]，持续约 10 s。垂直上升阶段之后是单轴旋转（SAR）机动，改变牵牛星号的旋转、姿态、角速度和角加速度，为下一阶段做准备。下一阶段称为动力显式制导（PEG）阶段，能将牵牛星号送入期望轨道[6-8]。主发动机熄火（MECO）后，牵牛星号惯性飞行约 10 min，然后才开始一系列的点火和机动，最终与猎户座交会。为计算牵牛星号的点火和机动，工程师使用名为火箭轨迹仿真优化（SORT）的景深（DoF）模拟和建模软件，该软件最初用于确定和优化航天飞机的上升阶段。任务规划人员使用的另一种工具是飞行分析系统（FAS），它由几个相互关联的模块构成，可以考虑的因素包括照明和地面航迹，及它们对航天器的影响。

任务规划人员使用这些工具能完善牵牛星号的交会机动，这发生在轨道插入后最初 10 min 惯性飞行之后。因为牵牛星号不太可能仅在轨运行一圈就与猎户座交会，任务规化人员已分别计算出运行单圈和两圈交会的序列。

3.8.4.1　单圈交会机动

惯性飞行阶段结束后，牵牛星号将执行轨道修正组合机动，以期在自身和猎户座之间的第 1 个最接近点处形成轨道高度差。当牵牛星号在其轨道上位于距离月球最远的点时末段起初（TPI）点火，这一时机和速度变化量应仔细规划，将牵牛星号以指定的轨道转移角置于猎户座附近。为优化转移角，乘员要在转移过程中执行额外的中途修正点火，以一系列小制动机动结束，减慢牵牛星号接近猎户座的速度。单圈交会序列事件和时机列于表 3-10 中。

表 3-10　牵牛星-猎户座单圈交会序列[9]

轨迹事件	阶段经历时间 （dd：hh：mm：ss）	平移机动 速度改变量大小/（m/s）	最远偏移/ 最接近点/km
起飞	00：00：00：00		74/15
插入	00：00：07：01		75/15
轨道修正组合	00：00：17：01	1	101/74
末段起始	00：01：03：01	21	100/100
末段结束	00：01：45：34	8	100/100
对接	00：03：03：00		100/100

3.8.4.2　两圈交会机动

对于两圈机动，前两个阶段与单圈交会相同。牵牛星号惯性飞行到其轨道上距离月球中心最远的一个点，然后执行轨道修正组合机动，在牵牛星号和猎户座之间的第 1 个最接近点处形成轨道高度差。接下来的机动术语为共椭圆机动，在规定高度将牵牛星号送入拦截猎户座的弹道。共椭圆机动之后，牵牛星号惯性飞行 30 min，而后开始末段起始点火，这一惯性飞行段将使牵牛星号到达猎户座附近。与单圈交会机动相同，双圈机动允许乘员在转移过程中执行中途修正点火。两圈交会机动总结在表 3 - 11 中。

表 3 - 11　牵牛星-猎户座两圈机动序列[9]

轨迹事件	阶段经历时间 （dd：hh：mm：ss）	点火速度改变量/（m/s）	最远偏移/最接近点/km
起飞	00：00：00：00		
插入	00：00：07：01		75/15
轨道修正组合	00：01：03：01	14	75/74
共椭圆机动	00：02：00：01	1	75/75
末段起始	00：02：40：01	8	101/74
末段结束	00：03：22：34	8	101/100
对接	00：04：40：00		101/100

3.8.4.3　发射窗口

假设发射场位于北纬 26°，牵牛星号的发射窗口约每 2h 将出现一次，但由于猎户座轨道存在摄动，所需的速度改变量会有所不同。然而，当任务规划人员计算发射窗口时，他们不仅需要考虑纬度和轨道摄动，还要考虑上升平面窗口和交会位相窗口等因素[9]。

从根本上说，平面窗口是一个时间范围，在此期间，牵牛星号可以发射，且能在环月轨道上追赶猎户座，而位相窗口是一个角度范围（定义为航天器上升发动机熄火时），在此期间航天器可以发射且便于与轨道飞行器交会。从表 3 - 10 和表 3 - 11 中可以看出，单圈或双圈交会序列中都没有调相机动，这意味着没有与这些序列相关联的交会位相窗口，而这反过来又代表着牵牛星号必须按时发射。如果牵牛星号没有准时发射，乘员有 30 s 到 40 s 的时间选择实现位相窗口，但他们只能以增加速度改变量约 10～20 m/s 为条件。考虑到猎户座轨道周期为 2 h 以及牵牛星号位于北纬 26°，在速度总改变量方面的最佳发射窗口将每 2 h 出现一次。

除细化月球发射窗口外，任务规划人员还分析了影响上升性能的变量，如推力重力比、轨道近月点和轨道远月点，力图优化和完善牵牛星号的轨迹和飞行力学设计。例如，为研究近月点影响，任务规划人员选择了 15.24 km 为最低安全高度近月点[3]，然后基于轨道插入时近月点的变动计算出速度改变量的变化。远月点也用类似的方法计算，然后对照结果。比较后发现，改变近月点对上升性能的影响为每千米 ΔV 显著改变了 2.4 m/s，而改变远月点的代价仅为每千米 0.22 m/s。

3.8.5 异常中止方法

"星座体系应为乘员提供迅速返回能力，即在决定返回后的 120 h 之内从月球表面回到地球表面。"

——星座体系需求文件 CA0352 - HQ

星座体系需求文件要求乘员有办法在任务标称终点前离开任意月球着陆地点，这通常被称为"随时返回"能力。本节描述这一能力和乘员在非标称事件情况下可用的其他异常中止方案。

3.8.5.1 随时返回

在 1 次标称 7 天的短期飞行任务中，牵牛星号有可能随时需要从月球起飞并与猎户座交会，这一方案困扰着任务规划人员，因为在牵牛星号月球表面停留期间，猎户座不会直接经过其发射地点上空。另一个问题是牵牛星号可能正在月球表面的任何地方。将牵牛星号插入正确的轨道以交会猎户座的一个方法是，在上升过程中操纵飞船，从而实现猎户座轨道要求的倾角，但这种方法假定猎户座轨道不受月球引力场的摄动影响。

3.8.5.2　动力下降起动异常中止后交会

如果牵牛星号动力下降到月球表面的过程中出现系统故障，有两个方案可供乘员选择。如果系统故障发生在动力下降后段，最好先着陆牵牛星号再从月球表面发射，而不是异常中止。在前一种情况下，乘员要等待 2 h，这使他们有足够的时间来分析故障、执行系统重构并让猎户座绕月运行一周，然后才进行标称上升和交会。但如果系统故障发生在动力下降前段，此时具备下降推进系统入轨能力，则最好中止飞行而不是继续下降，这称为动力下降起动（PDI）异常中止，这时乘员有以下 3 种方案可供选择。

（1）异常中止方案 1：在动力下降起始时进行异常中止

如果在动力下降起始的开始时刻之前调用异常中止，上升舱（AM）将与下降舱（DM）分离，并继续留在下降轨道插入（DOI）后的轨道上，开始惯性飞行阶段。在此期间，乘员准备执行 5 次点火的交会机动序列，这在上升舱到达异常中止后的第 1 个远月点时开始。上升舱一旦到达其第 1 个远月点即调用异常中止，随后执行高度机动，在上升舱和猎户座之间形成所需的高度差，从而把上升舱提升到更安全的近月点高度。绕轨道半周后，上升舱执行第 2 次点火，将飞船调整为合适的角度准备拦截猎户座。绕轨道一周后，上升舱执行共椭圆机动，将上升舱送入拦截猎户座的弹道中。第 4 次点火即为末段起始，让上升舱接近猎户座，在此之后执行一系列小制动机动，以减慢上升舱接近猎户座的速度准备对接（见表 3 - 12）。

表 3 - 12　动力下降起始异常中止序列[9]

轨迹事件	阶段经历时间 (dd：hh：mm：ss)	点火速度改变量/（m/s）	结果近月/远月点/km
动力下降起始	00：00：00：00		101/15
动力下降起 始异常中止	00：00：00：00		101/15
插入	00：00：00：00	0	101/15
高度机动	00：00：59：08	17	101/90

续表

轨迹事件	阶段经历时间 （dd：hh：mm：ss）	点火速度改变量/（m/s）	结果近月/远月点/km
调相机动	00：01：59：29	29	235/90
共椭圆机动	00：04：03：07	32	90/84
末段起始	00：05：05：47	4	105/83
末段结束	00：05：54：57	4	106/98
对接	00：07：00：00		106/98

（2）异常中止方案 2：在动力下降起始 120 s 后异常中止

另一种可能发生的情况是，在动力下降起始点火后调用异常中止。在这种情况下，上升舱将与下降舱分离，而乘员执行一次插入点火约 340 s，使上升舱返回到下降轨道插入后的 15 km×100 km 轨道上。返回该轨道后，上升舱在第 1 个远月点执行高度机动，并在下一个近月点，即运行一周半后使上升舱和猎户座之间形成所需的高度差。上升舱在近月点执行调相点火，为其一周后的共椭圆点火做准备。2h（即在轨一周）后，上升舱执行共椭圆机动，1h 后，执行末段起始机动和必要的制动机动使上升舱进入稳定轨道，准备与猎户座交会（见表 3-13）。

表 3-13　动力下降起始 120 s 后异常中止[9]

轨迹事件	阶段经历时间 （dd：hh：mm：ss）	点火速度改变量/（m/s）	结果近月/远月点/km
动力下降起始	00：00：00：00		101/15
动力下降起始异常中止	00：00：02：00		18/1 400
插入	00：00：05：40	812	101/15
高度机动	00：01：01：44	17	101/90
调相机动	00：02：02：05	24	213/90
共椭圆机动	00：04：04：40	28	90/84
末段起始	00：05：07：14	4	105/83
末段结束	00：05：56：24	4	106/98
对接	00：07：00：00		106/98

（3）异常中止方案 3：在动力下降起始 258 s 后异常中止

任务规划人员考察的另一个异常中止个案是动力下降起始燃烧 258 s 后异常中止，这种情况要求上升舱在执行约 691 s 的插入燃烧前与下降舱分离，使上升舱返回到下降轨道插入后的 15 km×100 km 轨道上。与先前的异常中止方案相同的是，上升舱在插入后的第 1 个远月点执行高度机动，在下一个近月点使上升舱和猎户座之间形成所需的高度差。绕轨道半周后，上升舱执行调相点火，为共椭圆机动做准备。在一周后的近月点上执行共椭圆机动，上升舱进入与猎户座共椭圆的轨道上。末段起始燃烧后，上升舱到达猎户座附近，准备交会（见表 3 - 14）。

表 3 - 14　动力下降起始 258 s 后异常中止[9]

轨迹事件	阶段经历时间 （dd：hh：mm：ss）	点火速度改变量/（m/s）	结果近月/远月点/km
动力下降起始	00：00：00：00		101/15
动力下降起始异常中止	00：00：04：18		5/1 700
插入	00：00：11：31	1 848	101/15
高度机动	00：01：07：46	17	101/90
调相机动	00：02：08：06	3	116/90
共椭圆机动	00：04：07：53	7	91/84
末段起始	00：05：10：33	4	106/84
末段结束	00：05：59：44	4	106/98
对接	00：07：00：00		106/98

上述异常中止方案表明，异常中止开始之前动力下降启动完成的部分越多，上升舱返回环月轨道所要求的速度改变量也就越大。另一个特点是完成与猎户座交会所要求的时间长度，可能在绕轨道 4 周（7 h）到 5 周（9 h）之间。

3.9　阿瑞斯 5 号火箭进展

　　阿瑞斯 5 号火箭还要再过数年才能开始执行月球任务。然而，由于设计和研制新的重型运载火箭系统需要经历漫长的过程，阿瑞斯 5 号团队已经忙于设计和分析工作，参加各种评审和学术论坛，并制定安全性、可靠性、成本和技术性能指标。例如，2006 年夏季，一台可重复使用固体火箭助推器配备了 117 个仪器通道，并在 ATK 发射系统试验设备上经受了 2 min 的静态点火试验。

　　在最近的专门小组讨论、新闻发布会和座谈会上，已经有一轮接一轮的呼声要求选举后增加美国国家航空航天局资金，以缩短美国近两年在载人航天能力上的差距，或借由一个希望渺茫的提案完全消除差距，即保留一架航天飞机且每 6 个月左右飞行一次。而接连出现的数字是 2009 财年追加了 10 亿美元，接下来 2010 财年又追加 10 亿美元，合计能让美国国家航空航天局把"猎户座"飞船的首次正式飞行从 2015 年 3 月提前到 2013 年 9 月。增加资金的另一个理由是，依靠预付给美国国家航空航天局的前期成本，可以更快解决推力振荡等问题，且凭借航天飞机的每年两次飞行，否认与航天飞机能力丧失相关的失业问题。如果保留一架航天飞机的方案得以批准，则只需保留飞行器装配大楼（VAB）的一个隔间、一条活动履带和一个发射台，并建议拆用剩余轨道器的零件。

参 考 文 献

[1] Advanced Transportation System Studies Technical Area 2 (TA--2). Heavy Lift Launch Vehicle Development Contract. NAS8—39208, DR 4, Final Report. Lockheed Martin Missiles & Space for the Launch Systems Concepts Office of the George C. Marshall Space Flight Center, July 1995.

[2] Bennett F V. Lunar Descent and Ascent Trajectories, MSC Internal Note No. 70 - FM - 80. Marshall Space Flight Center, Houston, TX, April 21, 1970.

[3] Bennett F V, Price T G. Study of Powered Descent Trajectories for Manned Lunar Landing. NASA TN D - 2426. NASA, Washington, D. C. August 1964.

[4] NASA. Constellation Architecture Requirements Document. NASA CxP 70000. Baseline. NASA, Washington, D. C. December 21, 2006.

[5] NASA. Exploration Systems Architecture Study: Final Report. NASA - TM - 2005 - 214062. NASA, Washington, D. C. November 2005.

[6] Ives D G. Shuttle Powered Explicit Guidance Miscellaneous Papers. JSC - 28774. Aero - science & Flight Mechanics Division, November 1999.

[7] Jaggers R F. Shuttle Powered Explicit Guidance (PEG) Algorithm. JSC - 26122. Rockwell Space Operations Company, November 1992.

[8] McHenry R L, Brand T J, Long A D, Cockrell B F, Thibodeau J R. Space Shuttle ascent guidance, navigation and control. Journal of the Astronautical Sciences, XXVII (1), January/March 1979.

[9]　　Sostaric R R, Merriam R S. Lunar ascent and rendezvous trajectory design. 31st Annual AAS Guidance and Control Conference, Breckenridge, Colorado, February 1—6, 2008, AAS 08. American Astronautical Society, Breckenridge, CO.

第4章 乘员探索飞行器设计

> 人类进入太空的目的，就是想看看这里是否适合人类居住，他们的家庭和孩子最终是否可以跟随他们一起来到这里。大部分聪明的年轻人感觉生活受到局限，所以他们不满足于现状。月球为他们提供了一片新天地，简洁而又优美。
>
> ——1969年《经济学人》关于月球着陆的评论

2010年9月，航天飞机即将退役[①]，运输航天员往返国际空间站、月球，乃至火星的重任将交给猎户座乘员探索飞行器，该飞行器计划于2013年发射。

猎户座飞行器（见图4-1）由洛克希德·马丁公司制造，包括4个功能舱。位于阿瑞斯1号运载火箭的顶部是飞行器适配器（SA），用于飞行器与阿瑞斯1号运载火箭结构转接。飞行器适配器上面是非加压服务舱（SM），为加压的乘员舱（CM）/猎户座飞行器提供推力和电力，乘员舱用于运送航天员或者货物。猎户座飞船上面是发射中止系统（LAS），在发射期间作为航天员紧急逃生系统。尽管这种模块化设计早在阿波罗计划中就得到了应用，但猎户座飞船构型充分利用了21世纪的所有技术。

本章介绍了每个功能舱的设计和开发过程。考虑到设计和开发新的载人飞船具有复杂性，所以本章只介绍必要的、与猎户座飞行器直接相关的问题。为此，在介绍猎户座飞行器的设计和开发之前，有必要了解关于确定猎户座飞行器设计承包商的一些工作。

[①] 美国航天飞机最后一次飞行由亚特兰蒂斯号完成，于美国东部时间2011年7月8日上午11：29发射，运行12天18 h28 min后，于美国东部时间2011年7月21日上午5：57成功返回地面。

图 4-1　猎户座飞行器分解图，展示发射中止系统、乘员舱、服务舱和飞船适配器（图片来源：美国国家航空航天局）

4.1　乘员探索飞行器承包商研究工作

2004 年 9 月 4 日，在肖恩·欧基夫（Sean O'Keefe）[①] 的带领下，美国国家航空航天局公布了承担乘员探索飞行器前 6 个月研究工作的公司（见表 4-1～表 4-2）。美国国家航空航天局的最初计划是在 6 个月后，将公司数量削减到两家，由这两家公司负责设计、开发乘员探索飞行器，并在 2008 年的无人飞行试验中进行验证。之后根据无人飞行试验的完成情况，美国国家航空航天局选择其中一家公司作为主承包商，负责开发、测试、人员评估和装配一艘满足美国国家航空航天局需求的乘员探索飞行器。

----

① 2001 年 11 月被提名为美国国家航空航天局局长，2005 年 2 月离职担任路易斯安那州立大学的主校区校长。

表 4 - 1　为乘员探索飞行器开发研究挑选出的承包商

承包商	地址	承包基价/美元
安德鲁斯空间公司	华盛顿州西雅图	2 999 988
德雷帕（Draper）实验室	马萨诸塞州坎布里奇	2 988 083
洛克希德·马丁公司	科罗拉多州丹佛	2 999 742
诺斯罗普·格鲁曼公司（Northrop Grumman Corp.）	加利福尼亚州埃尔塞贡多	2 958 753
轨道科学公司	弗吉尼亚州杜勒斯	2 998 952
谢弗（Schafer）	马萨诸塞州切姆斯福德	2 999 179
波音公司	加利福尼亚州亨廷顿海滩	2 998 203
转型空间公司（t－Space）	加利福尼亚州门洛帕克	2 999 732

表 4 - 2　各承包商的乘员探索飞行器设计和任务规划概要

承包商	乘员探索飞行器方案	直径/m	结构质量/kg	航天员人数	返回飞行器外形
安德鲁斯空公司	MM＋CM＋SM	4.50	2 639	6	阿波罗
德雷帕实验室	整体	5.00	8 000	6	联盟号
洛克希德·马丁公司	MM＋CM＋SM	4.20	20 000	4	航空航天器
诺斯罗普·格鲁曼公司	MM＋CM＋SM	5.00	21 000	4	联盟号
轨道科学公司	完整	5.00		4	阿波罗
谢弗	完整			4	发现者号
波音公司	MM＋CM＋SM	4.50	20 000	4	阿波罗
转型空间公司	完整	4.20	5 000	4	发现者号
美国国家航空航天局	完整			6	阿波罗

4.1.1　安德鲁斯空间公司的乘员探索飞行器

安德鲁斯空间公司成立于 1999 年，只有 30 名员工。公司由杰森·安德鲁斯（Jason Andrews）和玛丽安·琼（Marian Joh）这对夫妇管理。与拥有上百万员工的波音、洛克希德等公司几十亿美元的收入相比，安德鲁斯公司的收入只有几百万美元。

安德鲁斯空间公司的乘员探索飞行器（见图 4 - 2）采用了阿波罗乘员返回舱的外形，（与之衔接的）前端是圆柱形的任务舱，尾部是轨道转移飞行器（OTV），用于推进。太空舱直径4.5 m，能容纳4名航天员执行月球任务，6名航天员往返国际空间站。估计开发成本为61.91亿美元，单位成本为2.24亿美元。

图 4 - 2　安德鲁斯空间公司乘员探索飞行器建议模型（图片来源：安德鲁斯空间公司）

4.1.2　德雷珀实验室

德雷珀实验室将利用火星任务的基础转向月球着陆任务，这一工作方法得到了不一样的中期和最终评估结果。

德雷珀实验室的中期方案设想乘员探索飞行器是一个完整的双锥体结构，直径5 m，体积22 m^3，能容纳4名航天员。而最终报告结果显示，德雷珀实验室的乘员探索飞行器是一个矮胖的弹道舱，体积12.8 m^3，能容纳5名航天员。该飞船的一个设计缺陷是没有安装气闸舱，需要在航天员执行舱外活动（EVA）之前对乘员舱进行减压。但是乘员探索飞行器高重复利用能力的模块化分系统弥补了这个缺陷。

4.1.3　洛克希德·马丁公司

洛克希德·马丁公司曾获得12亿美元制造 X - 33 超声速飞机，

以取代航天飞机，但是由于检测到 X - 33 的试验燃料贮箱发生破裂，导致该项目取消。

　　洛克希德·马丁公司是美国领先的航天器制造商，拥有丰富的航空航天器研制经验，所以提出将乘员探索飞行器设计成升力体结构的建议也就不足为怪了。洛克希德·马丁公司称，飞行器返回地球期间，采用飞机外形设计的乘员探索飞行器要比阿波罗和联盟号等分舱式飞船更容易驾驶。但是洛克希德·马丁公司重申其观点时遭到了美国国家航空航天局拒绝，美国国家航空航天局要求公司按照弹道舱的外形（如图 4 - 3 所示）重新设计飞行器，因为这种设计可以比俄罗斯航天局使用的联盟号飞船能容纳更多的航天员。

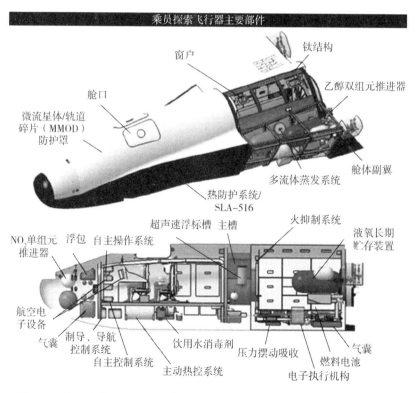

图 4 - 3　洛克希德·马丁公司建议的乘员探索飞行器剖面图（图片来源：洛克希德·马丁公司）

4.1.4 诺斯罗普·格鲁曼公司

起初，诺斯罗普·格鲁曼公司提出了由服务舱、返回舱和居住舱 3 个舱组成的乘员探索飞行器方案，但是该配置主要用于 L_1 点（地—月拉格朗日平衡点）月球探索体系。而 L1 点并不是美国国家航空航天局的首选，所以诺斯罗普·格鲁曼公司重新选择了与阿波罗飞船类似的构型方案。

4.1.5 轨道科学公司

轨道科学公司（OSC）曾牵头设计了 X - 34 轨道空天飞机（OSP），具备航天器设计经验，但是后来该项目被取消。

轨道科学公司采用阿波罗飞船的分舱设计方案，乘员探索飞行器由乘员舱、空间探索舱（SEM）和发射中止系统组成。乘员舱预计花费 1.33 亿美元，可以将 4 名航天员发射到地球或月球轨道，并返回地球。空间探索舱为乘员舱提供电力和推力，可以将乘员舱或月球着陆器从近地轨道（LEO）送至月球轨道，并返回地球。发射中止系统由牵引火箭系统（tractor rocket system）组成，航天员可以在 60 km 高度内中止发射。

4.1.6 谢弗

谢弗的乘员探索飞行器设想能够支持 4 名航天员在太空中停留17 天。该飞船全部可重复使用，并携带高效推进剂，可提供3.07 km/s的加速度，直接从月球表面完成进入飞向地球的轨道（TEI）。飞船可以在"任意时间中止"并返回地球；除航天员外，飞船最多还可以带回 500 kg 有效载荷。

4.1.7 波音公司

波音公司质量为 26 t 的乘员探索飞行器由与阿波罗飞船类型的舱、质量为 14.5 t 的服务舱和加压任务舱（MM）组成，能够容纳 4

名航天员。对于单程的地球轨道发射任务，任务舱将在发射时安装在乘员探索飞行器下方。而对于月球着陆任务，将分别发射任务舱和月球着陆器，任务舱将与乘员探索飞行器在轨对接。在后一种任务模式中，任务舱将作为月球表面舱。

4.1.8　转型空间公司

转型空间公司（t/Space，Transformational Space）和伯特·鲁坦（Burt Rutan）比例复合材料公司（Scaled Composites）提出了乘员转移飞行器（CXV）/发现者号方案，该方案是美国空军日冕舱的放大版。鲁坦团队根据日冕舱超过 400 次返回地球的数据，很好地了解了日冕舱的航空动力学和飞行特点，所以他们能够设计出极其安全的通用飞船。

乘员转移飞行器/发现者号的目的只有一个：运送航天员往返近地轨道。其外形特征使飞船在穿越大气层下降过程中，在任何气动载荷或方向上都能自动修正姿态，大大提高了航天员的安全性。此外，由于飞船在中心线上抵消了一小部分重心（CG），所以下降负荷低于 4 倍重力加速度（g）。航天员在国际空间站或月球表面执行了 6 个月任务后，身体虚弱，对于他们来说这是重要的考虑因素。对发射和返回过程中的重力方向问题的考虑越来越多，转型空间公司设计了一个悬浮的半刚性吊床解决该问题，吊床能够在 2 s 内旋转180°，从而保证航天员正确定向。

2004 年 10 月 4 日，比例复合材料公司的第 1 代系统（Tier One System）第 1 次完成了民用亚轨道飞行，赢得了公众的喝彩。最终报告显示，转型空间公司是美国国家航空航天局选中的两家公司中的一家，获得了一份 300 万美元的演示合同。在 2005 年 5～6 月进行了 3 次成功的小尺寸助推器试验性空投，证明了唯一的空中发射体系结构的功效。成功演示了他们的技术后，转型空间公司向美国国家航空航天局表示，他们在 2008 年夏天能够演示无人飞行，在2009 年将实现载人飞行。这一日程将弥补 2010 年航天飞机退役和乘员探索飞行器试验性飞行的时间空缺。此外，转型空间公司每次运送 4 名航天员入轨的成本估计为 0.2 亿美元，这个数字比美国国家航空航天局研制乘员探索飞行器的预算低 10%。不幸的是，美国国家航空航天局决定继续研制自己的乘员探索飞行器。

4.1.9 承包商研究工作结果

按照美国国家航空航天局局长肖恩·欧基夫的计划，乘员探索飞行器的开发工作包括两个独立的阶段。第 1 阶段由具备安全开发飞船的承包商完成乘员探索飞行器的设计和验证工作，包括被称作航天器技术飞行应用（FAST）的亚轨道或轨道竞标飞行。这是一次竞争，目的是确定哪家承包商的飞行器性能最好。在第 1 阶段结束时，将选定一家承包商，并开始第 2 阶段工作。第 2 阶段包括最终设计和制造。不幸的是，对于希望短时间内看到重返月球的人来说，欧基夫的计划和承包商研究工作提出的建议没能实现。

2005 年 4 月 13 日，新一届美国国家航空航天局局长迈克尔·格里芬（Mike Griffin）走马上任。格里芬上任后的第 1 个举动是取得白宫的支持，拒绝所有承包商的建议，取而代之的是利用美国国家航空航天局最好的判断力构建重返月球所需的要素。格里芬此举的一个原因是开发时间表无法接受，承包商提出的建议将使美国国家航空航天局在航天飞机退役后，乘员探索飞行器投入使用前存在 5 年的断档期。因此，在 2005 年 6 月 13 日，美国国家航空航天局宣布由洛克希德·马丁公司、诺斯罗普·格鲁曼公司的团队和波音公司负责制造乘员探索飞行器，并将由乘员运载火箭（即：阿瑞斯火箭）发射至近地轨道。阿瑞斯由航天飞机改进而来，是 1 个 2 级火箭，第 1 级是 1 台航天飞机可重复使用的固体火箭助推器，上面级使用液氧（LOX）/液氢（LH$_2$）作为推进剂，由航天飞机主发动机提供动力。2005 年 7 月 12 日，美国国家航空航天局授权了两份为期 8 个月的合同，每份合同价值 2 800 万美元，其中一份合同授权给洛克希德·马丁公司，另一份授权给诺斯罗普·格鲁曼公司的团队和波音公司。合同期间，3 家公司将设计乘员探索飞行器，证明（各自的）成本管理、进度管理和风险管理能力。

美国国家航空航天局在 2005 年 7 月宣布的结果令很多航天观察员感到困惑。许多人不理解为什么航天局选择 2 家提出升级阿波罗飞船设计建议的公司，而不选择鲁坦公司鲁棒性和通用性都好的乘员转移飞行器/发现者号方案。此外，承包商提出的许多建议吸取了上亿美元研究费用的教训，这些费用不仅来自美国空军和航空航天企业，还有来自美国国家航空航天局自己的费用。美国国家航空航天局却忽略了其他承包商的设计，选择由两家大型航空航天企业竞争，其中一家（洛克希德·马丁公司）虽然有制造无人火箭的经验，但是从来没有制造过载人飞船！

4.1.10　乘员探索飞行器合同

仅仅一年后，2006 年 8 月 31 日，美国国家航空航天局宣布将设计开发乘员探索飞行器的合同授权给洛克希德·马丁公司。第 1 笔合同款项共计 39 亿美元，包括 2013 年前乘员探索飞行器的设计、制造和测试费用。到 2013 年，洛克希德·马丁公司需要制造 2 艘飞船。第 2 笔 35 亿美元的款项将用于 2009 年至 2019 年制造更多的飞船。8 月 31 日还是个值得关注的日子，美国国家航空航天局在这天宣布将乘员探索飞行器命名为猎户座。

美国国家航空航天局的决定有悖于许多空间分析人员的预测，分析人员预测洛克希德·马丁公司可能会因为 X - 33 任务的失败（译者注：X - 33 是为开发可重复使用的运载火箭而设计的试验火箭飞机，在试验过程中，其复合液氢贮箱多次出现故障）而丢掉 9.12 亿美元的合同。然而，由于 X - 33 项目为洛克希德·马丁公司在航天器设计领域提供了最新的研究和开发经验，所以这次任务失败可能反而帮助了洛克希德·马丁公司赢得竞标。《航空航天日报与防务报告》总结称，洛克希德·马丁公司依靠其出众的技术方法和更低更实际的成本预算赢得了合同。其他企业分析人员推测，洛克希德·马丁公司在华盛顿设有办事处，借助"老男孩网络"的优势，拥有前五角大楼和美国国家航空航天局雇员，这些影响了美国国家航空航天局的决定。其他观察员推测将合同授权给洛克希德·马丁公司是为了打破格鲁曼-波音公司在载人飞船设计制造领域的垄断。无需多说，洛克希德·马丁公司获得了月球项目。洛克希德·马丁公司负责空间探索的副总裁约翰·卡拉斯（John Karas）说："非常高兴，非常荣幸被选为承包商。"

4.2　猎户座的定义和设计

4.2.1　"探索系统体系研究"的作用

美国国家航空航天局特许的"探索系统体系研究"的一个作用是评估并制定猎户座飞行器的需求。研究工作在 2005 年 5 月至 7 月间展开，小组向美国国家航空航天局呈递了对于猎户座飞行器设计的分析和建议，以及飞船制造过程中可能用到的技术和工程方法概述。"探索系统体系研究"还向美国国家航空航天局提供了关于飞行器尺寸、布局、系统和分系统设计的建议。

4.2.2　乘员探索飞行器设计概述

乘员探索飞行器，即猎户座的设计工作以整个任务的目标、要求和约束为指导，就星座计划来说，猎户座将运送 4 名航天员登陆月球并安全返回地球。关于猎户座的设计要求和约束在星座体系需求文件第 3 章中有介绍。例如，表 4-3 说明了星座体系需求文件对猎户座飞行器的介绍。

表 4 - 3　星座体系需求文件对乘员探索飞行器的介绍和要求[1]

乘员探索飞行器介绍

乘员探索飞行器由乘员舱、服务舱、发射中止系统和飞船适配器组成，负责运送航天员和货物往返地球轨道。乘员探索飞行器将用在星座计划的各个阶段。起初，乘员探索飞行器将送送航天员和货物往返国际空间站，并以不载人配置运送加压的货物往返国际空间站。随后将运送航天员和货物往返月球轨道开展短期和长期任务

乘员探索飞行器要求

[CA0056－PO]

乘员探索飞行器需要将航天员和货物从月球交会轨道（LRO）送回地面

解释：星座设计基准任务和运行方案（CDRaMOC）表明，乘员探索飞行器是运送航天员和货物返回地面的星座系统（Constellation System）。乘员探索飞行器的推进系统和推进剂用于从月球交会轨道完成进入飞向地球的轨道和后续的轨道修正机动。返回地球大气时需要热防护装置，返回地面时需要着陆系统

[CA0091－PO]

乘员探索飞行器需要从地面运送航天员到月球目标轨道（LDO）开展载人月球任务

解释：乘员探索飞行器用乘员运载火箭发射。根据 CxP 70007 星座设计基准任务和运行方案，乘员探索飞行器指用于从发射场运送航天员和货物到地球交会轨道（ERO），再从地球交会轨道运送至月球目标轨道的星座系统

[CA5312－PO]

乘员探索飞行器需要从地面运送加压货物到国际空间站

解释：该要求包含在 CxP 70007 星座设计参考任务和运行方案中。在星座系统中，乘员探索飞行器被指定运送航天员和货物到国际空间站。乘员探索飞行器的设计必须考虑航天员和货物的安全，确保在乘员运载火箭顶部的乘员探索飞行器能够安全到达国际空间站，并与国际空间站对接

[CA3203－PO]

乘员探索飞行器需要将航天员和加压货物从国际空间站运回地面

解释：根据 CxP 70007 "星座设计参考任务和运行方案"，乘员探索飞行器作为 "星座系统" 将运送航天员和货物返回地面。乘员探索飞行器的设计需要确保航天员和货物安全返回地面

　　星座体系需求文件为任务规划人员和工程师在制定最佳飞船设计，满足整体任务目标过程中提供了参考。这一过程形成了满足任务要求的设计方案，通常该过程通过两家承包商竞争完成。一旦选定一家承包商做进一步开发，在方案设计之前要开展折衷研究，以评估可行性和成本。在这个阶段，将制造飞船模型以确定飞船分系统、质量和尺寸。最后，比较了多个方案设计后，将重新设计或选定一个基线用于进一步开发。下一节将详细说明这些步骤。

4.2.3　形成飞行器方案

形成飞行器方案要求在设计过程中不仅要熟悉星座体系需求文件的要求，还要熟悉飞船设计中一般性的要求和约束，如表4-4所示。

表4-4　飞行器设计要求和约束[2]

要求和约束	所需信息
时间框架	项目起始时间
发射模式	能力、发射环境和发射场
主要机动	加速度
分离段	轨道类型和周期
目标段	国际空间站用途
着陆地点	位置
航天员	数量
表面持续时间	连续的、不连续的
任务周期	运送次数、任务活动
返回模式	国际空间站用途、着陆地点

接下来，设计团队考虑有哪些设计驱动要素，通常按照4个任务阶段分类，即：地球上升阶段、空间转移阶段、下降和上升阶段、返回地球阶段。例如，地球上升阶段工程师需要考虑的一个设计要素是在发射期间航天员的朝向和应急出口类型，而在地-月转移阶段，设计团队需要考虑火箭级选择、辐射防护和交会对接规定等要素。以设计要素和星座体系要求文件对乘员探索飞行器的需求（见表4-5）为指南，团队开始设计飞行器。

表4-5　乘员探索飞行器要求

支持4名航天员离开并返回地球	根据合同研究结果，质量控制在15～18 t
通过测试验证最大展开可能性	星座运载火箭到达近地轨道的综合能力
地球出发级到达月球轨道的综合能力	月球着陆舱整合实现月面任务目标
最大化利用现有技术	乘员探索飞行器与发射系统间的接口要求
每个飞行阶段的中止能力	开放式系统结构

4.3 猎户座权衡研究

在确定猎户座最终设计之前，要开展大量权衡研究以确定最恰当的外模线（OML）外形、最有效的气闸舱设计和设计中需要包含多少辐射防护等要素。

4.3.1 乘员舱外形

虽然任务规划人员和设计人员已经有了关于乘员舱应如何制造的想法，但是很明显，确定飞船体积仍然很必要。飞船的体积不仅要满足国际空间站和月球任务要求，还要满足火星设计基准任务（DRM）要求。工程师还需要评估的要素包括：从一般到非一般再到极端飞行条件下的加速度和进入热载荷，以便精确预测航天员的生命力，满足美国国家航空航天局的载人要求。

在飞船外形方面，工程师关注的一个方面是单稳态，该特性将确保简单的中止技术，飞船可以在不使用反作用控制系统（RCS）的情况下达到稳定的再入冲角。联盟号飞船就是一艘单稳态飞船。考虑到重心的位置距离热防护系统很近，所以美国国家航空航天局工程师尝试提高重心的位置，使乘员舱实现单稳态。

但是由于任务体系结构要求在美国本土着陆，所以单稳态飞船只是全部返回问题的一部分。尽管如此，还是一致认为在美国本土着陆是一项相对容易的工作，很明显，如果着陆足够精确，对航天员和回收团队都有好处。为了达到这样的精度，工程师需要完成一定量的权衡研究，确保猎户座飞船达到某一升阻比（L/D）。

与细长体飞船、升力体飞行器，如 X-38 和带翼飞船的优缺点比较后，最终确定"猎户座"飞船采用钝头体外形。虽然对带翼体和升力体飞行器进行了许多研究，但是这类飞行器的外形在返回时会急剧变热，并且由于需要安装机翼、尾翼和控制表面而会增加质量，所以否定了这类飞行器。带翼体飞行器被否定后，工程师只能对细长体和舱式飞船从正反两面进行评估。工程师评估了进入时的热特性、气动稳定性、航天员负载方向和末端减速配置的性能与运行差异。出于分析的目的，工程师在每一类飞船中选择一种具有代表性的飞船：舱式飞船选择了阿波罗飞船形状的乘员探索飞行器，细长体飞船从之前美国国家航空航天局研究的飞船中选择了一种双锥体飞船。

一旦工程师们确定了试验飞行器后，下一步就是确定开展哪些权衡试验。正如前面所提到的，再入负载情况非常重要，不仅对飞船减速产生影响，而且与航天员承受的负载有关。所以对两种飞船分别计算了空气动力学负载，不仅对再入期间的空气动力学负载进行了计算，对上升和中止期间的空气动力学负载也进行了计算。钝头体的一个显著优势是负载方向，因为合理的航天员朝向是后背与热防护系统平行，这样能够承受较高的加速度。而对于双锥体而言，航天员朝向（即负载方向）在发射和进入时不同，在上升阶段，航天员坐直，承受较小的负载。飞船外形必须要满足 NASA - STD - 3000 第 3 册提出的严格要求和限制，该文件逐条列举了飞船载人系统的要求和限制。NASA - STD - 3000 中对航天员的负载限制进行了详细说明：在任何正常和非正常上升或进入期间，航天员所承受的负载不能超过最大允许值。

4.3.2　空气动力学稳定性

猎户座飞船的外形权衡研究表明，钝头体比细长双锥体具有更好的单稳态和加速度方向特性，除此之外，工程师们还希望了解双锥体的空气动力学稳定性。

空气动力学稳定性权衡研究对猎户座飞船的设计进行评估，猎户座飞船的设计与重心位置有关。重心位置不仅影响飞船的稳定性，而且对热效率和热负载有重要影响，热效率和热负载根本上影响着热防护系统（TPS）的选择和飞船质量。工程师利用计算流体力学（CFD）、改进的牛顿动力学理论和风洞分析，对两种飞船的升阻比进行评估，确定飞船配平是如何影响重心位置的。与双锥体有关的问题是只有一个重心位置可以实现单稳态，而在实际配置航天员和内部系统时是无法实现的。另一个问题是在整个飞行阶段，双锥体的前缘线并不接近中心线，这一特性使钝头体具有非常高的稳定性。

4.3.3　弹道式进入

虽然钝头体的设计赢得了前两项折衷研究的评估，但是工程师还需要在没有主动制导、导航和控制（GN&C）以及电源系统的情况下，对两种飞船弹道式再入的能力进行研究。对于弹道式再入来说，具有高被动稳定性的航天器要比具有低被动稳定性的强，因为该特性能够使航天器从非正常姿态调整到正常姿态。为了确定被动稳定性，工程师模拟了上升中止、近地轨道再入和月球返回过程中最坏情况的热负载。每个过程中，要求飞船的负载值不能超过 NASA - STD - 3000 中给出的最大值。经过模拟发现，虽然两种飞船都具有高度的单稳态特性，并且都具有从非正常姿态进行调整的能力，但是钝头体的设计具有性能上的优势。

钝头体的设计最终能够胜出，不仅是因为其具有可接受的上升和再入弹道式中止负载等级，还因为该设计是经过验证的成熟的技术，具有最优的航天员乘坐方式，容易与运载火箭装配，并且相对双锥体而言，具有较少的设计挑战。由于时间是外形选择的一个主要因素，所以钝头体相比双锥体具有明显的优势。

4.4　设计过程

虽然大部分航天器设计人员更喜欢具有创新性的方案，但在实际情况下，航天器设计面临的最大限制是预算和时间，这两个限制都不希望采用非常规的技术。在星座计划中，时间和预算都受到限制，设计人员必须采用成熟的技术。

设计过程中首先要确定的一个内容是采用分离的部件实现每个

功能，还是采用一个集成单元实现所有功能。航天飞机系统是一个集成单元的例子，是有史以来集成度最高的航天器。虽然功能分解通常有助于解决修复问题并简化开发过程，但是集成单元能够降低整体质量和体积，所以项目管理者、任务规划人员和工程师需要认真考虑两个过程的优缺点。

4.4.1　发射

关于航天器发射，设计团队需要考虑是采用舱段式构型还是采用完全可再用的构型。采用舱段式航天器需要丢弃推进剂贮箱等不再需要的部件，采用可再用的航天器不需要丢弃任何部件。对于猎户座飞船，工程师们决定采用舱段式结构，除了乘员探索飞行器外，还包括服务舱。

4.4.2　航天员居住舱

航天员居住舱需要考虑飞船的冗余设计、居住空间、生命保障系统设计等因素。

4.4.3　推进系统

推进系统类型也是要考虑的因素。液氢和液氧的效率高，但是很难长期储存，而自燃燃料虽然效率较低，但是更可靠。飞船可能采用多种推进方式，设计人员需要确定是否根据不同的推进类型采用不同的推进剂。

4.4.4　空气动力学

虽然太空的近真空环境不需要航天器具有空气动力学特性，但是这一特性在再入地球大气层时显得尤为重要，该特性不仅能够提高飞船的稳定性，而且能降低飞船表面产生的热负载。无论选择哪种外形，工程师们必须考虑的一个重要标准是升阻比（L/D），该参数描述了飞船穿过大气时的机动能力。最普遍的外形是阿波罗和联盟号飞船采用的钝头体设计。

4.4.5　着陆模式

着陆模式在很大程度上由飞船外形决定。比如采用钝头体设计的联盟号飞船，由于无法产生足够的升力而不能在跑道上着陆。选择着陆模式时，设计人员主要考虑 4 个因素。首先考虑着陆是否带推力，是采用降落伞、翼伞、机翼还是升力体进行着陆；之后要确定是垂直下降还是滑翔；然后确定飞船在下降期间的机动能力；最后确定着陆地点和碰撞减缓方式。

4.4.6　进一步开发

"定量和定性评估设计标准"是描述如何选择进一步开发设计方案的最佳方式。因为这些标准可能比其他标准更重要，为每个方案分配了一个标准权重因子，并赋予一个权值。例如：由于猎户座开发时间紧，并且这样大尺寸的热防护系统从来没有得到验证，必须进行开发，所以采用大规模烧蚀材料热防护系统具有高权重。类似地，由于需要测试新的分系统，设计修订可能增加项目成本，拖延飞行测试时间，所以猎户座的发射中止系统也具有高权重。

4.5　猎户座飞船变体

"探索系统体系研究"受特许制定和设计猎户座飞船。在开始设计过程之前，探索系统体系研究起草了基本规则和假设，包括基本的设计要求，如要求猎户座飞船最多能够容纳 6 名航天员，压强为 14.7 psi（1 psi≈6.89 kPa）。其他假设包括对接系统、自动交会和对接能力、每年执行 2 次载人飞行和 3 次无人加压飞行。为了满足不同的任务要求，有必要设计一些猎户座飞船变体。一旦制定了基本规则和假设，便开始展开详细分系统和不同猎户座飞船的布局设计。为了保持对猎户座飞船不同配置的跟踪，每个探索系统体系研究组根据飞船功能设计一个模块。

4.5.1　模块 1A 和 1B

模块 1A（见表 4-6）总质量 22 900 kg，包括 3 名航天员、400 kg 货物、8 300 kg 推进剂和 1 544 m/s 加速度的运载能力。模块 1A 将被用于运送 3~6 名航天员和货物前往国际空间站。模块 1B 是模块 1A 配置的复制版本，但是移除了所有与航天员有关的设备。模块 1B 的主要任务是运送 3 500 kg 重的加压舱前往国际空间站并将等重货物带回地球。

4.5.2　货物运输航天器

货物运输航天器（见表 4-6）用未加压的货物箱来代替乘员舱，该货物箱能够运输 6 000 kg 货物，之后将通过离轨机动丢弃到海洋中。

表 4-6　飞船配置概要

	模块 1A 国际空间站 航天员	模块 1B 国际空间站 加压的货物	货物运输航天器 国际空间站 为加压的货物	模块 2 月球 航天员	模块 3 火星 航天员[①]
乘员人数	3	0	0	4	6
发射中止 系统[②]要求	4 218	无	无	4 218	4 218
货物容量[③]	400	3 500	6 000	最小值	最小值
乘员舱/kg	9 342	11 381	12 200	9 506	待定
服务舱/kg	13 558	11 519	6 912	13 647	待定
服务推进系统 ΔV /（m/s）	1 544	1 098	330	1 724	待定
EOR-LOR[④] 直径 5.5 m 总质量/kg	22 900	22 900	19 112	23 153	待定

注：①对模块 3 没有详细的设计，没有计算质量预算。
　　②发射中止系统。
　　③货物容量等于飞船的总容量，包括飞行保障设备（FSE）和支持结构。
　　④地球轨道交会—月球轨道交会。

4.5.3　基线模块 2

模块 2 的配置（见表 4 - 6）被指定为基线设计。在此方案中，通过以航天飞机为原型的重型货物运载火箭（CaLV）将地球出发级和无人月球着陆舱发射到地月转移轨道并停留在地球停泊轨道。在 30 天内，通过乘员运载火箭发射模块 2 乘员探索飞行器，乘员探索飞行器将与月球着陆舱和地月转移轨道上的地球出发级交会对接。一旦连接在一起，整个飞行器将通过地球出发级进入月球轨道，之后地球出发级将被丢弃。通过月球着陆舱完成制动机动到达月球轨道后，4 名航天员将转移到月球着陆舱并下降到月球表面，乘员探索飞行器静止在月球轨道。航天员完成月球表面任务后，就通过月球着陆舱上升级上升，与乘员探索飞行器交会对接。与月球着陆舱分离后，乘员探索飞行器将点火进入地球射入轨道。最后，到达地球时，精确调整再入角和位置，乘员舱将与服务舱分离。着陆过程中，乘员探索飞行器将打开降落伞下降，并打开气囊缓冲（见图 4 - 4）。

图 4 - 4　猎户座飞船打开气囊着陆（图片来源：美国国家航空航天局）

4.5.4　模块 3

模块 3（见表 4-6）并不是月球任务架构的一部分，是供火星任务参考而设计的，该模块也是探索系统体系研究项目所考虑的。模块 3 的配置将运送 6 名航天员到达火星运输器（MTV）并返回地球。火星任务架构要求乘员探索飞行器首先进入近地轨道，之后进行机动到达较高轨道与火星运输器对接，随后在 30 个月的火星任务期间，乘员探索飞行器关闭电源保持静止模式。从火星返回时，航天员进入乘员探索飞行器，与火星运输器分离，利用服务舱完成在轨定向，地面确认点火工作，建立关键的进入通道，之后服务舱与乘员舱分离。

4.5.5　猎户座飞船的设计演变

猎户座飞船模块 2 的配置经历了 4 个设计周期，从第 1 周期开始，以直径 5 m 的阿波罗飞船设计为基线。为 6 名航天员提供了 22.3 m^3 的加压空间，尽管这个空间几乎不够所有设备和货物使用一次。设计中还包括 5 g/cm^2 的补充辐射防护层。

由于第 1 周期猎户座飞船居住空间的限制，第 2 周期设计了直径为 5.5 m 的飞船，提供 39 m^3 的加压空间。该设计的净居住空间为 19.4 m^3，居住空间的增加非常重要，对于航天员站立和穿/脱舱外航天服（EVA suits）来说是必要的。

空间问题基本解决后，第 3 周期关注于减小侧壁角度，增加猎户座飞船在进入地球过程中的单稳态特性。虽然这增加了内部空间，但同时也增加了猎户座飞船的质量，改变了合适的重心位置。补救办法是降低补充辐射防护层的厚度。

决定改变任务架构、移除月球表面直接任务属性后，执行第 4 周期任务。在第 4 周期中，猎户座飞船设计用于双发射地球轨道交会-月球轨道交会模式，在近地轨道与地球出发级和月球着陆舱交会。月球着陆舱下降到月球表面过程中，飞船停留在月球轨道。虽然猎户座飞船的内部空间几乎是阿波罗飞船指令舱的 3 倍，但是最后结果与阿波罗飞船指令舱相似。表 4 - 7 给出了猎户座飞船 4 个设计周期的发展以及与阿波罗飞船尺寸的比较。

表 4 - 7　乘员探索飞行器设计周期发展

结构	直径/m	侧壁角度 外模线空间/m³	外模线空间/m³	加压空间/m³
阿波罗	3.9	32.5	15.8	10.4
第 1 周期	5.0	30.0	36.5	22.3
第 2 周期	5.5	25.0	56.7	39.0
第 3 周期	5.5	20.0	63.5	39.5
第 4 周期	5.5	32.5	45.9	30.6

4.6　猎户座飞船的系统和分系统

本部分介绍了猎户座飞船的系统和 4 个功能舱分系统，以及星座体系需求文件的要求。考虑到设计和开发新的载人飞船的复杂性，所以大部分仅针对乘员探索飞行器进行介绍。

4.6.1　猎户座乘员探索飞行器

4.6.1.1　飞船概述

星座计划要求猎户座飞船完成载人和不载人任务，但是考虑到计划的主要目的是载人登月，所以本部分主要针对月球变体进行介绍。

在介绍猎户座飞船系统和月球乘员探索飞行器变体的分系统之前，首先回顾飞船的任务属性。猎户座飞船与服务舱、月球着陆舱和地球出发级共同运送 4 名航天员到达月球轨道并返回地球。猎户座飞船除了为航天员提供居住空间和生命支持系统外，还要具备对接和转移航天员至月球着陆舱的能力，以及再入和着陆能力。在返回地球的过程中，如果在水上着陆，则展开水上漂浮系统；如果在陆地着陆，则展开降落伞和 Kevlar 气囊。猎户座飞船回收后，对其进行翻新并为下一次任务做好准备。

4.6.1.2　飞船外形

　　猎户座飞船的外形主要是考虑成本、设计速度和安全性 3 个因素而设计的，最终确定选用钝头体外形。选择钝头体的主要优点是熟悉其空气动力学特性，这要归因于阿波罗飞船的经验，工程师对上升、进入和中止负载非常熟悉，从而缩短了设计时间，降低了成本。然而，选用钝头体外形仅仅是利用了阿波罗飞船的设计方案，因为猎户座飞船要提供更大的居住空间，并且利用最新的电子设备和生命保障技术（见表 4-8）。

表 4-8　猎户座乘员探索飞行器

配置摘要			
直径/m	5	乘员舱总速度增量/（m/s）	50
加压空间/m³	19.6	反作用控制系统发动机推力/N	444.82
居住空间/m³	10.22	月球返回负载/kg	99.79
每个乘员舱的居住空间/m³	2.56	乘员舱推进剂	GOX/GCH$_4$

质量性能摘要	
干质量/kg	7 907
推进剂质量/kg	175
氧/氮质量/水/kg	128
乘员舱着陆质量/kg	7 352
总起飞质量/kg	8 502

4.6.1.3　飞船材料

　　猎户座飞船加压舱结构的面板采用铝-2024 蜂窝夹层板，蜂窝的核心部分采用铝-5052，混合材料使飞船能够承受国际空间站任务要求的 14.7 psia（1 psia＝6.8948 kPa）的内舱压力。为了完成交会对接，猎户座飞船装有 5 扇双层石英玻璃窗，2 扇朝前，2 扇在侧面，还有 1 扇安装在进/出舱口内侧。

　　猎户座飞船的外模线由石墨环氧树脂/双马来酰亚胺树脂（BMI）复合蒙皮板构成，该结构提供了飞船的空气动力学外形，并作为热防护系统的附件。

4.6.1.4　飞船的热防护系统

猎户座飞船的热防护系统必须在航天员上升、上升中止、在轨操作和再入过程中使其与热环境隔离。在确定热防护系统的材料时，工程师需要考虑的一个重要因素是不同进入轨迹下热防护系统的加热速率，这影响着材料的使用位置和厚度。猎户座飞船热防护系统的热材料通过权衡研究性能、质量和成本来确定。所考虑的材料包括碳-碳、碳-酚醛树脂、酚醛浸渍碳烧蚀材料（PICA）、PhenCarb-28、铝增强隔热栅-8（AETB-8）和高级可再用表面绝缘材料（ARSI）。

波音公司负责开发热防护系统，经过深思熟虑，选择了酚醛浸渍碳烧蚀材料。该材料在星尘探测器上首次使用。星尘探测器于1999年2月7日发射，研究了Wild 2彗星的化学成分。2006年1月15日，星尘探测器以46 510 km/h的速度成功再入地球大气，是有史以来再入大气速度最大的人造物体。虽然猎户座飞船不会以这样快的速度再入大气，但是需要克服超过5倍于（5 000 ℉）从国际空间站返回时的温度。为了在再入期间保护猎户座飞船免受高热流损害，最有效的防护措施是采用烧蚀材料热防护系统。猎户座飞船进入大气后，极高的温度会导致热防护系统材料产生化学分解，即高温分解。而酚醛浸渍碳烧蚀材料是经过多次浸渍的热解碳，在融化并最终升华之前会被烧焦并产生低温边界层，从而保护飞船。

2008年1月，猎户座飞船热防护系统原型在美国国家航空航天局的肯尼迪航天中心（KSC）进行了测试。该原型（见图4-5）作为制造验证单元（MDU），直径与猎户座飞船从月球返回再入地球大气时实际使用的热防护系统相同。目前该制造验证单元被放在卡纳维拉尔角空军基地的N号机库（Hangar N），正在接受数月的无损激光扫描和X射线评估测试，测试结果将用于制造实际的热防护系统。热防护系统将由近200块酚醛浸渍碳烧蚀材料块组成，与拼贴在航天飞机上的材料一样，这些材料块具有易碎的特点。但是与航天飞机不同的是，猎户座飞船上的烧蚀材料热防护系统只使用一次。

图 4 - 5　在乘员探索飞行器热防护系统高级开发项目的赞助下，猎户座飞船的热防护系统正在美国国家航空航天局的约翰逊航天中心的电弧喷射设备下生产。照片显示的是利用美国国家航空航天局艾姆斯实验室的热交互设备进行电弧喷射测试。测试完成后，灼热的材料将作为原型（图片来源：美国国家航空航天局）

4.6.1.5　飞船推进

　　猎户座飞船的推进系统由反作用控制系统构成，包括大量部件，如反作用控制系统贮箱、反作用控制系统加压系统、反作用控制系统主推力器、反作用控制系统备份推力器和贮箱等。反作用控制系统能够使猎户座飞船在大气层外进行机动，在再入大气期间进行定向；还可以在月球返回过程中帮助航天员抵消旋转，抑制俯仰和倾斜不稳定性。在动力损失的情况下，猎户座飞船可以使用完全独立的备份反作用控制系统。

　　反作用控制系统采用双组元气态氧（GOX）和液态乙醇推进系统。气态氧混合物还用于生命保障系统，被储存在飞船底部的 4 个圆柱体石墨复合材料制成的因科镍合金（Inconel）贮箱中，而液态乙醇被高压气氦（GHe）系统加压储存在 2 个类似的贮箱中。12 台 445 N 推力器利用气态氧和乙醇混合物成对地控制俯仰、旋转和倾斜方向（见图 4 - 6）。

图 4 - 6　构成猎户座飞船的反作用控制系统和燃料箱（图片来源：美国国家航空航天局）

4.6.1.6　飞船电源

猎户座飞船的电源分系统作为主电源，由 3 块可充电的锂离子主蓄电池、28 V 直流（VDC）电源总线、电源控制单元（PCUs）和备用电池组成，提供电力分配和能量存储功能。

之所以选择锂离子蓄电池，是因为其具有高能量、充电记忆性好、容量大、自放电小等优点。在服务舱从分离到着陆的 2.25 h 内，3 块主电池每小时可提供 13.5 kW 电能。如果需要更多能量，还有 1 块电池作为冗余可以在 45 min 内为 28 V 直流电源提供 500 W 电能。

锂离子蓄电池与安装在服务舱上的 2 个"米老鼠"（Mickey Mouse）太阳电池阵共同为猎户座飞船的电源分配系统供电。电源分配系统由复杂的跳线、支架、扎线、主次配线和电子线路组成，蓄电池和太阳电池阵产生的电能通过该系统实现对 28 V 直流电源总线的分配。

　　分布式总线从电源分配电能时,电源控制单元利用复杂的开关、电流传感器和总线接口监控太阳电池阵和蓄电池中的电流,确保电能按照负载需要进行分配。

4.6.1.7　飞船通信

　　电子分系统指挥和控制（C&C）猎户座飞船的所有操作,该系统由指令、控制和数据处理（CCDH）,制导和导航,通信以及布线和仪器组成。

　　指令、控制和数据处理系统的任务是处理飞行器的重要数据,并为航天员将数据显示在多功能液晶显示器（LCDs）和控制面板上。指令、控制和数据处理系统包括 2 组手动平移/旋转/推力控制器,必要时航天员可以手动控制飞船。

　　制导和导航系统为航天员提供飞船在轨姿态、制导和导航处理信息。系统的核心部分是全球定位系统（GPS）/惯性导航系统（INS）、2 个星跟踪器、视频制导敏感器和 2 个三维扫描激光探测与测距（LADAR）单元。

　　猎户座飞船的通信组件包括 S 频段/搜索和救援卫星辅助跟踪（SARSAT）系统、超高频（UHF）通信系统、信息存储单元和高速率 Ka 频段通信系统。

4.6.1.8　猎户座飞船的电子设备

　　猎户座飞船装有最先进的飞行控制系统,该系统由 3 台公文包大小的霍尼韦尔（Honeywell）飞行控制计算机组成。在 2 台控制计算机完全失灵的情况下,可以由第 3 台控制计算机控制飞船飞行。最坏情况下,如果电源失效,猎户座飞船携带的应急系统可以通过独立的电池为飞船供电,帮助航天员安全返回。与战斗机驾驶舱相同的是,猎户座飞船的控制系统在很大程度上依赖于敏感器的整合,自动化将航天飞行员从敏感器整合工作中解放出来,使其可以关注任务本身。由于许多航天飞行员使用过 F - 15 和 F - 22 等先进的驾

驶舱，所以采用该系统也是情理之中的事。在猎户座飞船驾驶舱中，
4 块桌面监控器大小的屏幕使航天飞行员可以改变显示信息，就好像
是一个旋转面板。在上升入轨期间，屏幕的操作与普通客机类似：1
块屏幕显示仿真地平信息，1 块屏幕显示速度信息，1 块显示高度信
息，最后 1 块显示生命保障状态和通信信息。猎户座飞船一旦入轨，
屏幕转为显示交会对接信息，如飞船的飞行路径、距离和接近国际
空间站的速度信息。

4.6.1.9　环控生保系统

　　猎户座飞船的环控生保系统（ECLSS）包括所有维持生命和为
航天员提供居住环境所必需的项目。除了氮气和氧气存储设备外，
环控生保系统还要保证猎户座飞船内的空气无污染，具备火灾探测
和扑救能力。

　　氮气存储在圆柱体石墨复合材料制成的因科镍合金-718
（Inconel－718）贮箱中，可以保证 4 名航天员将近 2 周的使用；氧
气存储在 4 个主反作用控制系统氧气贮箱中。二氧化碳和水分去除
系统（CMRS）用于调节空气，确保二氧化碳水平在规定范围，环
境温度催化氧化（ATCO）系统用于污染物控制。火灾探测和扑救
系统由标准的飞行器烟雾探测器和固定的卤化物火灾扑救设备组成，
与国际空间站上使用的相同。其他环控生保系统组件包括舱通风扇、
通风管路和冷凝水分离器，大部分都采用了现有的航天飞机技术或
国际空间站系统。

　　饮用水存储在 4 个球形金属波纹管贮箱中，每个贮箱可存储
53 kg 饮用水。这些贮箱同样与航天飞机上使用的类似。应急舱外活
动要求航天员穿上舱外活动航天服，对船舱进行加压，环控生保系
统包括必要的连接设备和辅助设备。

4.6.1.10　主动热控系统

　　在运行期间，猎户座飞船的硬件将产生大量热量。由于在微重
力环境下液体流动和热转移过程不同（与在地球上相比），所以工程

师设计了特殊的设备将额外的热量辐射到空间中。为了确保航天员拥有舒适的环境，美国国家航空航天局格伦研究中心（GRC）与喷气推进实验室（JPL）和戈达德航天飞行中心（GSFC）合作开发了主动热控系统（ATCS）。主动热控系统能够控制飞船温度，由带散热器和液体蒸发器系统的丙二醇（propylene glycol）/水液体回路组成。液体回路作为排热系统，使用冷板收集设备产生的多余热量，同时用热交换器调节空气温度。

　　为了处理高热负载，主动热控系统包括 1 个双液体蒸发器系统，通过煮沸蒸发器内的水或氟利昂－R－134A 的方式工作。通过产生并排出蒸汽的方式冷却排热回路中围绕蒸发器壁流动的液体。使用双液体系统的原因是水在主动热控系统液体回路温度和不到30 000 m高度压力（从地面到 30 000 m 高度）下不会沸腾，所以要使用氟利昂-R-134A。

4.6.1.11　航天员生活区

　　猎户座飞船相比阿波罗飞船提供了更大的居住空间，航天员的住处相当舒适（见图 4－7）。厨房等许多设施都与航天飞机上的一

图 4－7　航天员住处剖视图（图片来源：美国国家航空航天局）

样，所以飞往月球的航天员也可以吃到冷冻干燥的辐照包装食品。洗手间采用联盟号式的设计，由隐私帘、应急废物收集袋和美国国家航空航天局所谓的舒适的用户接口构成，几乎没有什么改进！考虑到洗手间设施的简朴，航天员可能在发射前要进行适当的营养调停对策（nutritional intervention strategies），以限制去洗手间的次数！

4.6.1.12　非推进剂物品

猎户座飞船的非推进剂物品包括氧气、氮气、饮用水、FES 水和氟利昂。氧气不仅用于航天员呼吸，还用于应急舱外活动消耗和快速或爆发性降压时对全舱进行重新加压。绕月飞行过程中，氧气的预算（质量）为 64 kg，包括舱泄漏和应急所需的氧气。氮气用于舱内空气、废物管理和二氧化碳再生系统（Carbon Dioxide Regeneration System）。绕月飞行过程中，氮气的预算质量为 32 kg。

饮用水不仅用于饮用，还用于应急舱外活动和猎户座飞船的水蒸发器系统。任务规划人员估计每名航天员每天将消耗 3.5 kg 水，用于食物准备、卫生和饮用。

4.6.1.13　降落伞和着陆系统

在星座计划中，猎户座飞船返回地球的基线是在陆地着陆。最初确定在陆地着陆的原因是为了降低飞船热防护系统的损坏。然而在 2006 年夏天，经过对陆地着陆和水上着陆的安全性和成本进行审查后，决定将基线改为水上着陆，地点是圣地亚哥西北部的圣克莱门特岛。但是，由于装有部分包裹气囊系统（Wraparound Partial Airbag System），所以在非正常/中止应急情况下，猎户座飞船也可以在陆地着陆，该气囊系统由 4 个位于舱脚趾位置的圆柱体气囊组成。

猎户座飞船的降落伞系统（Parachute System）被封装在飞船的压力容器和外模线之间，靠近对接机构，由 2 个直径 11 m 的减速伞（见图 4 - 8）和 3 个直径 34 m 的圆形主伞（见图 4 - 9）组成。在 3

图 4-8　猎户座飞船展开减速伞（图片来源：美国国家航空航天局）

图 4-9　猎户座飞船展开 3 个降落伞（图片来源：美国国家航空航天局）

个主伞全部展开的情况下，降落伞系统可保证 8 m/s 的着陆速度；只展开 2 个主伞的情况下，可保证 8.5 m/s 的着陆速度。该系统与民用降落伞的自动打开装置（AOD）很像，利用敏感器探测动态压力自动展开。针对猎户座飞船的减速系统，动态压力设置为 7 000 m 高度，400 km/h 下降速度。减速伞在 3 300 m 高度时将下降速度减至 200 km/h，这也是主系统的展开高度。

如果是陆地着陆，猎户座飞船装有4个Kevlar充气气囊。在飞船下降过程中，气囊在圆锥形后罩底部展开。2块板被丢弃，气囊充气，包围热防护系统的低垂部分，在着陆时衰减能量。猎户座飞船一旦着陆，气囊开始以特定压力排气，控制损毁速度。

弗吉尼亚州汉普顿的美国国家航空航天局兰利研究中心正在利用着陆和撞击研究（LandIR）设备开展试验性测试（图4-10），评估不同气囊设计的效果和着陆时吸收撞击的能力。阿波罗飞船航天员之前使用该设备在模拟月球舱中训练月面下降。该设备由1个73 m高的门式起重机架结构和连接3个A字形结构的横道组成，A字形结构用来支撑释放坠落试验物（DTAs）的桥梁。在阿波罗飞船使

图4-10　兰利研究中心的着陆和撞击研究设备被用于评估猎户座飞船的气囊、减速火箭和被动能量吸收抗压构件等着陆和衰减系统。门式起重机架结构高73 m，钢桁架结构，有时被描述为"乐高"建造模型。3个A字形结构连接在一起，A字形结构由1个倾斜的73 m高的腿、1个水平组件和1个与地面接触、向另一侧以同样角度倾斜的腿组成。在门式起重机架的顶部，用横道连接3个A字形结构，并且在一端有一个桥梁。桥梁上装有绞车，用于将试验样品拉回到坠落高度，然后释放进行试验（图片来源：美国国家航空航天局）

用后 40 年，着陆和撞击研究设备已经变形用于模拟装有和未装有气囊的坠落试验物从距沙地或黏土表面 10 m 高度坠落的情况，其模拟了猎户座飞船的着陆地点，如加利福尼亚干燥的河床。试验过程中使用了 2 个坠落试验物，一个是一半尺寸大小，装有金属外壳；另一个是全尺寸大小，装有碰撞吸收气囊。

　　一半尺寸大小的模型用于研究模型性能、土地碰撞特性、培训试验人员，这些模型没有安装气囊衰减系统。全尺寸气囊坠落模型装有 3 个或 4 个气囊，由于这些气囊的质量不到猎户座飞船实际使用的气囊的一半，所以全尺寸模型将安装 6 个气囊。2006 年 12 月至 2007 年 6 月，进行了 20 次坠落试验，目前，气囊的概念性设计由内气囊、孔口整件和外部排气气囊组成。

　　气囊模型的概念性设计来源于试验坠落的单相机、单视点摄影制图分析。这种分析涉及定位气囊上的摄影制图目标，然后使用高速（每秒 1 000 帧）视频相机从坠落轨迹的多个角度拍摄坠落过程。为了精确确定最初碰撞效果、姿态变化和第 1 次弹跳，试验人员通过视频画面一帧一帧向前跟踪，标记每个摄影制图目标的位置。之后这个信息经过软件处理，来确定准确的碰撞时间、水平和垂直轨迹的角度、平面外的运动，以及气囊碰撞地面时的位移和速度变化情况。一开始先在低高度进行垂直试验，没有引入俯仰角和偏航角，进而在较高高度进行钟摆式的坠落试验，具有相当大的俯仰角和偏航角。

4.6.1.14　猎户座飞船的质量问题

　　在整个设计过程中，猎户座飞船受到质量问题的困扰。任务规划人员和飞行器工程师面临的一个让人头疼的问题是，如何使飞行器的质量降到最小。减小质量的一个方法是不载货（non－cargo），通常只包括人员、人员供应品和残余推进剂。因为猎户座飞船的设计按照航天员 100 kg 质量计算，这就要消耗 95％的质量预算，而到目前为止，美国国家航空航天局的历史上还没有出现过这么重的航天员，所以最简单的降低质量的方法是从人员入手。另一个降低质量的方法是从航天员供应品入手，供应品包括航天员偏爱的娱乐器材和卫生保健供应品。执行月球飞行的航天员需要轻装上阵，每人只允许携带 5 kg 的娱乐器材。除了牙齿和外科用品外，任务规划人员还需要考虑卫生套件、航天员穿衣、家务供应品和操作用品，操作用品包括克服零重力环境的物品、发射中止时紧急出舱设备、双筒望远镜、航天员救生设备和 44 kg 的救生筏。此外，人员供应品还包括 20 kg 的舱外活动航天服和备用品，以及航天员开展修复工作所需的工具箱。

　　不幸的是，仅通过简单地要求航天员减少携带娱乐器材的方法无法解决猎户座飞船的质量问题。为了节省质量，工程师审查降低飞船陆地着陆系统质量的可行性。水上着陆是可行的最佳着陆方式，这样不需要携带 680 kg 的着陆气囊到达月球再返回地球。但是一些工程师称如果将水上着陆作为基线，暴露的盐水可能会危害飞船的完整性，降低猎户座飞船的复用性。最终，为了有效节省质量，基线由陆地着陆改为水上着陆。

4.6.2　服务舱

4.6.2.1　飞船

　　服务舱（见表 4 - 9）的功能是为猎户座飞船提供机动能力，产生电能和排热。飞船（见图 4 - 11）装有 66.7 kN 服务推进系统（Service Propulsion System）和反作用控制系统，反作用控制系统包括 24 台 445 N 助推器，用于与月球着陆舱在地球轨道交会对接。飞行过程中，服务舱还将覆盖并保护猎户座飞船的热防护系统。

表 4 - 9　服务舱

配置摘要			
结构配置	3 个环/6 根梁	反作用控制系统助推器推力/N	444.82
推进配置	2×2 串联进给	太阳电池阵面积/m²	10.99
服务舱推进剂	MMH/N₂O₄	太阳电池阵功率/kW	9.15
服务舱速度增量/（m/s）	1855.01	散热器面积/m²	9.46
主发动机推力/N	33 361.67	散热器功率/kW	6.3

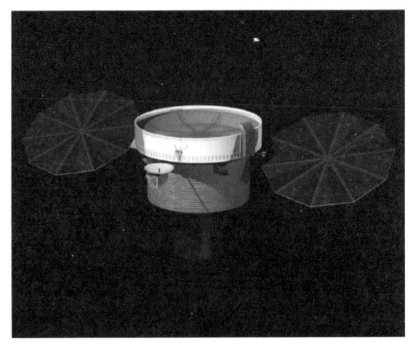

图 4 - 11　猎户座飞船通过 2 个可展开的单万向轴太阳电池阵为航天员提供电力（图片来源：美国国家航空航天局）

4.6.2.2　功率

从地球轨道射入（EOI）到猎户座飞船-服务舱分离期间，通过 2 个可展开的、单万向轴太阳电池阵为猎户座飞船提供电力，太阳电池阵使用最新的聚光光伏（PV）电池。选择太阳电池阵的原因是为了满足猎户座飞船在月球轨道飞行的 180 天内保持空闲的要求，这期间如果使用燃料电池或者其他电力产生方式过于冒险。

在太阳电池阵没有以正确的角度指向太阳，导致太阳电池阵功率降级或者损失等情况下，电源管理和分配（PMAD）系统确保猎户座飞船能够得到充足的电力。电力以 28 V 直流方式分配给服务舱负载，猎户座飞船的功率分配也使用类似的系统。

4.6.2.3　结构

服务舱与阿波罗飞船的服务舱设计类似，采用半硬壳式非增压结构。该结构上装有猎户座飞船的电子设备、推进系统部件和登月舱接口，采用石墨环氧树脂/双马来酰亚胺树脂复合材料和铝合金材料。此外，服务舱还包括用于热控制的隔热层。

4.6.2.4　推进

完整的服务推进系统/反作用控制系统构成了服务舱的推进系统，服务推进系统/反作用控制系统使用加压传输的液态氧和液态甲烷（LCH_4）。选择液态甲烷的原因是其具有高比冲（I_{SP}）、无毒害等特性，并且与月球着陆舱使用的推进剂相同，适合原位资源利用（ISRU）。推进系统用于主要的转移机动和飞船姿态控制，较小的转移机动由 24 台加压传输的氧气/甲烷反作用控制系统助推器完成。服务推进系统和反作用控制系统所使用的推进剂被存储在 4 个圆柱体贮箱中，贮箱采用 2090 铝锂合金作衬层，用石墨环氧树脂材料包裹。氧气和甲烷存储在由可变密度多层绝缘（MLI）材料制成的贮箱中。推进剂贮箱通过存储在贮箱中的气氦加压，贮箱以因科镍合金-718 为衬层，由石墨环氧树脂复合材料制成。随着推进剂的消耗，通过将气氦输送到氧气/甲烷贮箱来维持贮箱内的压力。

4.6.2.5　电子设备

服务舱的电子分系统与猎户座飞船的功能类似。指令、控制和数据处理包括用于从其他服务舱部件收集和传送状态数据的接口单元，这些数据之后被传送给猎户座飞船的指令、控制和数据处理系统。

4.6.2.6　主动热控系统

除了固定在服务舱体上的散热器板以外，服务舱的主动热控系统由一个丙二醇液体单回路和装在猎户座飞船上的散热器组成。

4.6.2.7　其他组件

由于猎户座飞船和服务舱是紧密配合的，所以服务舱包括 1 个飞船接口和若干集成管线,这样 2 个飞船可以共用电源系统。同时,为了实现分离,服务舱还装有火工分离机构。

4.6.2.8　非货物品

服务舱主要的非货物品是残余推进剂,包括加速机动后存储在贮箱中的氧气和甲烷。氧气和甲烷以低温液体的形式被动存储在贮箱中,意味着没有试图阻止推进剂汽化。因此,随着热量渗入推进剂贮箱,残余的低温推进剂缓慢汽化,这就是排出所有残余推进剂的方法,由加压系统自动完成。

4.6.2.9　推进剂和 ΔV 机动

按照 4 次 ΔV 机动计算服务舱的推进剂,第 1 次是在近地轨道与月球着陆舱交会对接。在这次机动中,运载火箭的上面级将猎户座飞船送到 55 km×185 km 的椭圆轨道,而月球着陆舱和地球出发级位于 296 km 的圆轨道上。为了实现猎户座飞船与月球着陆舱的交会,需要进行加速机动。

第 2 次机动包括 2 次位置保持机动,每次在近月球轨道(LLO)进行,此时航天员位于月球表面。第 1 次位置保持机动只是为了保持在近月球轨道运行,需要的加速度最小,而如果航天员必须中止月球表面任务,第 2 次机动是为了应急飞行变化。

从近月球轨道进入飞向地球的轨道的机动是猎户座飞船的第 3 次机动,需要较大的加速度。并且要有足够的推进剂,以满足在最坏情况下随时从极轨道返回的需要。由于飞行变化需要根据出发路线调整飞行器的速度,所以需要非常大的 ΔV 。

服务舱与猎户座飞船分离是最后一次机动,需要的 ΔV 最小,仅为 10 m/s。反作用控制系统点火完成后,丢弃服务舱的点火过程可能被认为是第 5 次机动。

4.6.3　飞船适配器

飞船适配器(见表 4 - 10)是纯铝制结构,表面覆盖着白色的硅树脂热控涂层。底部是安装接头，与第 1 级（FS）和上升期间补偿压力的排气孔连接。

表 4 - 10 飞船适配器

长度/m	3.31
基本直径/m	5.03
最大直径/m	5.50
质量/kg	581

4.6.4 发射中止系统

发射中止系统用于异常情况下（见图 4 - 12），使猎户座飞船与运载火箭第 1 级脱离。与其他任务组件相比，发射中止系统的设计相对简单，与阿波罗飞船的发射逃逸系统（LES）有很多共同点。发射中止系统（见表 4 - 11）包含 1 台主动牵引机，牵引机在姿态控制发动机下方使用了 1 个鸭翼。鸭翼的下方是 4 台投弃发动机，位

图 4 - 12 猎户座飞船发射异常中止系统（图片来源：美国国家航空航天局）

于级间系统的顶部。级间系统下方是中止发动机，由 4 个暴露的回流喷嘴组成。与中止发动机尾部相连的是圆锥形适配器，适配器的另一端与推进保护盖（BPC）相连。第 2 级点火后，发射中止系统被丢弃，之后的所有应急中止操作由服务舱推进系统完成。

表 4 - 11　发射中止系统摘要

配置摘要					
中止发动机		姿态控制发动机		投弃发动机	
喷嘴数量	4	喷嘴数量	8	喷嘴数量	4
喷嘴倾角	300	喷嘴倾角	900	喷嘴倾角	350
比冲 I_{SP}（海平面）	250 s	比冲 I_{SP}（真空）	227 s	比冲 I_{SP}（真空）	221 s
推力（飞船轴合计）	506 408 lb	推力（每个喷嘴）	2 500 lb	推力（每个喷嘴）	9 668 lb
点火时间	2.0 s	点火时间	20 s	点火时间	1.5 s

性能摘要	
系统推力/重力比（T/W）	2.0 s 时为 15
发射台中止高度/ft	＞4 000
发射台中止航程/ft	＞3 500
3 s 后标准分离距离/ft	＞1 500
3 s 后最大动力情况下的中止分离距离/ft	＞600
发射中止系统发射时总重/lb	12 977

质量性能摘要	
干重/lb	8 148
总发射质量/lb	13 616
推进剂/lb	5 468

注：改编自轨道科学公司。1 lb＝0.4535924 kg，1 ft＝0.3048 m。

4.7　猎户座飞船的中止模式

［CA0466－PO］

　　从中止系统被安装到发射台到实现任务目标为止，乘员探索飞行器都可以执行中止操作

　　解释：中止操作是空间系统载人等级要求 8705.2 NASA 程序要求（NPR）的一部分，即航天员安全性程序策略。乘员探索飞行器要求覆盖从中止系统被安装到发射台到与国际空间站对接或月球着陆舱着陆为止所有飞行阶段。乘员探索飞行器需要支持月球着陆舱下降中止和之后的再对接操作。目标实现后，其他操作由返回能力完成

　　星座体系需求文件要求在任务期间不应有不可用的生存中止模式，还要求中止模式不应使猎户座飞船着陆在距离纽芬兰圣约翰斯国际机场或爱尔兰香农 250 km 以外的北大西洋地区，即北大西洋发射场中止禁区（DAEZ）。由于猎户座飞船的中止模式由运载能力相对较低的阿瑞斯 1 号火箭完成，所以工程师需要谨慎分析推进剂的装载量。工程师还必须考虑 ΔV 能力，这将关系到航天员中止到达轨道（ATO）而不是着陆在北大西洋或者美国本土。

　　为了确定中止能力，工程师评估了 2 种推进剂装载量，一种是最大化目标中止着陆（max－TAL），另一种是应急入轨最大化（max－ATO）。针对每种推进剂装载量，工程师计算出 5 个中止推力量级：7 500 lbf，8 300 lbf，10 000 lbf，10 800 lbf 和 10 980 lbf（1 lbf＝4.448222 N），每个量级是主发动机和辅助发动机推力等级不同组合的结果。计算过程中，比冲保持 323 s 不变。之后，受北大西洋发射场中止禁区要求的影响，工程师确定了 3 种与系统设计有关的中止模式，第 1 种称为非定向中止溅落（UAS）模式。

　　非定向中止溅落模式（见表 4－12）将在美国或加拿大大西洋沿岸进行水上回收。服务舱的反作用控制系统点火使猎户座飞船与阿瑞斯运载火箭的上面级分离，之后航天员启动猎户座飞船的助推器

在再入期间控制飞船的倾斜角，避免航天员承受过大的 ΔV 。

第 2 种中止模式称为定向中止着陆（TAL）模式，要求航天员首先利用服务舱的反作用控制系统与阿瑞斯 1 号运载火箭的上面级分离，然后启动 OME 控制着陆区域距离爱尔兰香农 250 km 以内。只有服务舱推进系统满足加速度要求，保持 121 200 m 的最小高度，避免再入期间过热，这种模式（见表 4 - 12）才可用。

中止到达轨道模式利用服务舱的反作用控制系统使猎户座飞船与阿瑞斯 1 号运载火箭的上面级分离，利用 OME 提升远地点高度至大约 160 km，然后猎户座飞船滑行至远地点，进行 1 次插入点火进入稳定轨道。提升高度是热控限制因素要求的。

3 种模式中，令人最满意的是中止到达轨道模式，因为这种模式可以延续任务，至少航天员可以着陆在美国本土，确保安全回收。

通过隐式模拟优化轨迹（OTIS）软件将轨迹序列分为轨迹阶段，然后针对 3 种中止模式建立特定参数的模型，对 3 种中止模式进行分析。例如，每种中止模式共有的阶段是"中止开始阶段"。考虑到飞船配置和环境等约束条件，工程师利用 OTIS 软件确定最早中止时间等参数。一旦考虑了这些约束条件，OTIS 软件将考虑其他可能影响中止过程的参数，如高度、纬度和经度、速度、相对飞行角度和方位角。实际上，从发动机点火到中止开始为止的每个轨迹阶段中，OTIS 软件都可以计算许多变量，为工程师精确建立参考轨迹模型提供了可能。

利用 OTIS 软件分析 3 种中止模式的最终结果是为工程师提供推力/重力比、推进剂装载量和其他可能影响猎户座飞船性能的参数。此外，还根据发动机配置为工程师提供清晰明确的中止窗口，并证明中止模式的重叠部分充分，与星座计划要求一致。

表 4 - 12　猎户座飞船的中止模式

中止模式	阶段	描述
非定向中止溅落（UAS）	中止开始	中止在 t_0 时刻开始； 　猎户座飞船根据 t_0 时刻乘员运载火箭的插值调整状态； 猎户座飞船滑行至再入接口
	再入	乘员舱与服务舱在再入接口分离； 　根据马赫数从压缩的空气动力学数据库中插入最初俯仰角； 　乘员舱再入大气。优化倾斜角以便中止开始过程尽早开始，同时着陆在圣约翰斯国际机场 250 km 范围内
定向中止着陆（TAL）	中止开始	中止在 t_0 时刻开始； 　猎户座飞船根据 t_0 时刻乘员运载火箭的插值调整状态
	分离	乘员舱与服务舱分离，并漂移 15 s
	主发动机点火	主发动机和辅助发动机点火使着陆点位于定向中止着陆回收区域之内，同时保持高度不小于 121 200 m
	再入接口	猎户座飞船滑行至 90 900 m 高的再入接口
	再入	猎户座飞船再入大气，在 15 150 m 高度展开降落伞，着陆在定向中止着陆回收区域附近
中止到达轨道（ATO）	中止开始	中止在 t_0 时刻开始； 　猎户座飞船根据 t_0 时刻乘员运载火箭的插值调整状态
	分离	乘员舱与服务舱分离，并漂移 15 s
	主发动机点火	主发动机和辅助发动机点火使猎户座飞船的远地点高度提升至 160 km
	滑行至远地点	猎户座飞船滑行至接近远地点
	圆化	猎户座飞船利用主发动机使轨道圆化

注：改编自 Falck R D, Gefert L P. 乘员探索飞行器上升中止轨迹分析和优化。NASA/TM－2007－214996. 俄亥俄州克利夫兰格伦研究中心。

4.8　风险评估

2006 年 7 月，系统和软件联合（SSC）风险评估团队利用改进的德尔菲（Delphi）技术生成了猎户座飞船的风险预测报告。德尔菲技术是由兰德（RAND）公司于 20 世纪 40 年代首创的，技术以在德尔菲流传的预测未来的古希腊神谕命名，具有匿名、受控反馈和统计回答的特点。为了生成风险评估报告，系统和软件联合团队分 3 步进行。首先向专家组发放问卷，专家的回答经过迭代和风险分类后，利用电子会议系统（EMS）组织专家召开面对面会议。

遭到质疑的专家是美国国家航空航天局职员，如安全联合主管布赖恩·奥康纳（Bryan O'Connor）和美国国家航空航天局风险分析师比尔·西里洛（Bill Cirillo）。其他专家不是美国国家航空航天局的职员，如洛克希德·马丁公司的高级运载火箭项目领导约翰·卡拉（John Kara）、前美国国家航空航天局资深专家，现在 Kistler 航天公司项目经理乔治·米勒（George Mueller）。这些专家收到 1 份问卷，要求他们提出有关猎户座飞船的导航系统、环控生保系统、推进系统和其他关键系统的意见。经过专家间反复地提问和回答，通过电子会议系统召开面对面会议后，系统和软件联合风险评估团队确定了 9 类风险，包括系统复杂度风险、系统架构风险、再入故障模式，以及集成、测试和验证问题。之后，系统和软件联合团队针对每一类风险提出 14 个问题。例如：第 6 个问题是，由于零件、材料和部件选择导致的风险是什么；第 8 个问题是，与发射相关的风险是什么等。然后生成一个表格，列出每个问题和每类风险所涉及的所有风险，最终确定了大约 600 种风险，许多属于系统设计开发类风险（大于 150 种）、集成、测试和验证类风险（大于 100 种）和程序工程问题类风险（大于 90 种）。与航天员相关的主要风险包括不恰当的热防护系统和辐射防护风险、不恰当的自动交会对接风险、发射中止系统开发不足、猎户座飞船系统可靠性不够、美国国家航空航天局决策制定文化问题和固体火箭故障风险等。

由于系统和软件联合团队的评估，许多风险得到了解决，飞船不断得到完善。同样地，由于服务舱的重新设计，飞船质量减小了450 kg，猎户座飞船的在轨质量问题也逐步得到完善。此外，还在不断研究其他节省质量的方法，如采用模块化的散热器，改变热防护系统材料等。为了给工程师更多的时间制定出一些节省质量的方法，猎户座飞船项目的初步设计评审（PDR）从 2008 年 9 月延至11 月。

作为美国新的空间探索计划的核心，猎户座飞船任务提供了就业机会。尽管飞船的外表与航天飞机相比略显粗陋，但是猎户座飞船其他方面的效果都很好。虽然飞船的第 1 次任务是运送 6 名航天员到国际空间站，并作为救生船停留 6 个月，但是猎户座飞船的设计所关注的是运送 4 名航天员到达月球的任务，该任务将通过这里介绍的严格的设计和开发过程实现。

参 考 文 献

[1]   NASA. Constellation Architecture Requirements Document. NASA CxP 70000. Baseline. NASA, Washington, D. C. December 21, 2006.

[2]   Petro A. Transfer, entry, landing, and ascent vehicles. In: W. J. Larson and L. K. Pranke (eds.), Human Spaceflight: Mission Analysis and Design. pp. 392-393. McGraw-Hill, Columbus, OH, 2000.

[3]   NASA. Man-Systems Integration Standards. NASA-STD-3000. NASA Johnson Space Center, Houston, TX, 1995.

[4]   Riehl J P, Paris S W, Sjauw W K. Comparisons of Implicit Integration Methods for Solving Aerospace Trajectory Optimization Problems. AIAA 2006-6033. American Institute of Aeronautics and Astronautics, Washington, D. C. August 21－24, 2006.

第 5 章　月球基地

2020 年，美国国家航空航天局航天员重返月球时，首批任务将不再超过 7 天。为了开展长期的月面任务，月球设施必须支持月面建设、维护、运输、航天员保障、通信和导航等操作所需的基本功能。本章介绍了月球基地的设备和设施，讨论了在月球表面建立人类永久居住地所需的主要部件的设计细节。

5.1　月球环境

工程师目前正在制定居住舱方案，居住舱为航天员在月面开展长期任务提供必要的保护和保障。在设计开发过程中，工程师必须考虑不适合居住的月球环境所带来的挑战。考虑到月球表面崎岖不平，并且具有许多地球所没有的特点，首先应该了解月球的环境。

5.1.1　地形

高原、月海和火山坑是月球主要的地形特点。月面最古老的部分是高原，经过数百万年陨石的撞击，其表面变得崎岖不平。提到月地，地球上可以看见的月球表面 66％是高原，整个月球表面 83％是高原。相比之下，月球表面 17％是月海，或称做低谷，由于岩浆的冲刷，月海表面非常平坦[9]。

5.1.2　地质

月球上的岩石可分为玄武火山岩、原始岩、角砾岩和冲击熔岩。玄武火山岩在月海中被发现，富含铁和钛。原始岩在高原上被发现，包含钾、磷和辉石。大部分角砾岩在火山坑中被发现，是微流星体撞击溅起碎石或冲击熔岩的结果。

　　除了不同种类的月球岩石外，各种岩石碎片和火山灰构成了月表土。虽然月表土也常被归为月壤，但是月壤仅仅指厘米级以下的月表土。月表土通常包含大量铁，而月壤主要由陨硫铁凝集物组成[9]。

5.1.3　重力

　　月球上的重力仅是地球上的六分之一，所以设计的结构在月球上所能承受的重力是在地球上的 6 倍。基于这个原因，为了最大化利用这个条件进行设计月球结构，建议以质量为标准，而不是以重力为标准进行设计[3]。

5.1.4　温度

　　随着月球从白天到夜晚，表面温度从 107℃ 下降至 −153℃，这种温度变化是由于月球大气稀薄、太阳吸收辐射所导致的（见表 5 - 1）。

表 5 - 1　月球表面温度估值[9]

	极地阴影区火山坑	极地其他地区	赤道正面	赤道背面	赤道正、背面交界	中纬度典型地区
平均温度/℃	−233	−53	−19	−17	−18	−53～−18
月变化幅度/℃	无	−263	−133	−133	−133	−163

5.1.5　大气

　　月球周围环绕着稀薄的大气，几乎是高真空的。这意味着工程师只需关注居住舱所用材料的稳定性即可，无需考虑大气压力环境下的风荷载。

5.1.6　辐射

　　月球表面存在电磁辐射和电离辐射。因为电磁辐射提供了太阳能源，所以对月球居住者是有帮助的。然而，电离辐射由质子、电

子和重核组成，可能会渗入材料几毫米甚至几米深，对在月面居住
的航天员造成一系列损害[5]。

电离辐射包括银河宇宙辐射（GCR）、太阳宇宙射线（SCRs）
和太阳风。太阳风由从太阳射出的带电中性离子和电子流组成，
速度为 300～700 km/h。由于大部分太阳风粒子能量较低，所以损
害也很有限。但是太阳宇宙射线包含高能量的重核，可能会造成
较大损害。损害最大的是由高能重核组成的银河宇宙辐射，具有
强烈的穿透性，足以威胁防护工作做得不充分的航天员的生命[15]。

5.1.7　流星体

穿透居住舱或航天服的流星体会使居住舱或航天服急剧失压，
使航天员面临体液沸腾和减压病（DCS）的风险。为了避免此类情
况的发生，美国国家航空航天局对流星体可能撞击的时间进行了预
测。用于预测流星体撞击的模型目前被收录在 NASA – 4527 技术备
忘录中[1]，该模型由马歇尔航天飞行中心（MSFC）开发，根据流星
体的运行高度、直径、密度和质量来预测流星体通量。根据该模型
的预测，直径大于 $1×10^{-4}$ cm 的流星体通量为 1 088.42 次/m^2/年，
直径大于 700 cm 的流星体通量为 $1.611 42×10^{-18}$ 次/m^2/年。

5.1.8　月尘

"我在梯子脚下。虽然月面颗粒看上去非常细，近看就像粉末一
样，但是登月舱支架只进入月面约 1 英寸或 2 英寸（1 英寸＝2.54
厘米）；在这里着陆非常合适。我现在要离开登月舱。这是人的一小
步，却是人类的一大步。月球表面满是细碎的粉末，可以轻松用脚
趾挑起。粉末附在表层，就像炭粉，一踩上去就散到鞋子两边，可
能只有八分之一英寸，但是我可以看到脚印和鞋底在粉末状的表面
留下的形状。"

——尼尔·阿姆斯特朗首次对月尘的表述

阿波罗飞船航天员发现月表覆盖着一层不稳定的细碎颗粒。由

于其高度粗糙的特点，不仅对航天员的健康，还会对设备造成一系列风险。大量证据表明，暴露在含有像月球表面这样直径小于10 μm的粒子的大气中，会对肺和心血管造成急性和慢性影响。研究证明，长期暴露在尘土中可能会导致良性的肺病。月球粗糙的表面，可能对居住在此的航天员产生类似的损害，所以太空医生关注月尘也就不足为奇了[18]。

5.1.9　地震

由于板块构造很少，所以月球地震的可能性非常低。月球内部因地震释放出的能量大约比地球上低 7 级，所以可以认为月球地震是稳定的。阿波罗飞船航天员将地震仪留在了月球表面，在 8 年的时间里，没有记录到重大的地震。

5.1.10　基地位置

美国国家航空航天局月球基地的位置还有待确定，但是前面提到的月表特点将影响最佳位置的确定。根据目前的了解，极有可能设在月球的一个极区。选择极区的原因有 5 个：第一，有充足的阳光，可以减少对能量存储的担心；第二，极区环境相对温和，与赤道地区年温度变化范围在 250℃相比，极区年温度变化不超过50℃；第三，月球南极存在氢气，氢气是制造推进剂重要的自然资源；第四，极区具有最复杂的地质特点，对科学研究来说，自然是理想的地点；最后，与其他位置相比，着陆在南极所需的燃料更少，更划算。

目前，最具竞争力的位置是位于南极附近的沙克尔顿火山坑（Shackleton Crater）。该火山坑直径约 19 km，以南极探险者欧内斯特·沙克尔顿（Ernest Shackleton）的名字命名。尽管火山坑地形崎岖，高度与麦金利峰（Mount McKinley）相当，深度是美国科罗拉多大峡谷（the Grand Canyon）的 4 倍，但这里是探险者的天堂。任务规划人员称，沙克尔顿火山坑是理想的地点，这里阳光充足，太阳电池板可以为基地提供稳定的电流。最近的雷达数据证实，该火山坑有 35 亿年历史，不像新形成的火山坑那样多石、陡峭。

5. 1. 11　月球设施

美国国家航空航天局目前计划通过无人货运飞行的方式运送最多 3 个大型居住舱，直接建立月球基地并使其快速运转起来。相比通过每次飞行运送小的居住舱模块和硬件制造月球基地，这样有助于航天员更快获得科学回报。

首次月球飞行还需要 10 年以上的时间，目前还无法得知居住舱的确切样子。唯一了解的情况是，阿瑞斯 5 号运载火箭将运送居住舱到达月球表面。因为需要考虑运载火箭的整流罩体积和货物月球着陆器（CLL）形状的问题，所以美国国家航空航天局的最终设计将受几何形状和质量的限制。这导致无法运送 1 个完整的居住舱到达月球表面，取而代之的是分别运送居住舱的部件。

虽然美国国家航空航天局正在评估居住舱模块方案，但是到目前为止，还没有月球居住舱或者月球基地的设计基线。因此本部分的目的是根据轨道科学公司先进计划组（APG）所开展的工作介绍月球居住舱的设计过程、任务规划人员和工程师所面临的挑战。

5. 1. 12　月球居住舱方案

按照总统发表的"空间探索远景"，轨道科学公司先进计划组根据与美国国家航空航天局签订的合同要求将开发月球探索结构，作为概念探索和改进（CE&R）计划的一部分。该计划对与未来美国国家航空航天局空间探索有关的需求提供了可行的建议。作为月球探索结构（第 8 章介绍）的一部分，轨道科学公司开发了月球居住舱方案。

轨道科学公司首先需要解决的问题是制定最优的月球舱外形，为此对不同模块的几何尺寸做了权衡研究（见表 5-2）。权衡研究根据质量、居住舱体积和防护罩厚度等要素对 7 种不同配置方案进行了评估（见表 5-2）。

表 5－2　居住舱几何尺寸分析①[4]

方案	外形	总体积/m^3	居住空间/m^3	分组	防护罩厚度/cm	防护罩质量/kg
1A	基线	132.1	92.7	全部	0.919	3 300
1B	基线、不同厚度	132.1	92.7	通道 舱口区域 圆柱体 圆顶末端	0.841 0.978 0.267 0.612	1 954
2A	扩展的基线	161.9	92.7	全部	0.848	3 429
2B	扩展的基线，不同厚度	161.9	92.7	通道 舱口区域 圆柱体 圆顶末端	0.765 0.932 0.254 0.584	1 973
3A	球体	142.5	79.8	全部	0.574	2 059
3B	球体、不同厚度	142.5	79.8	通道 舱口区域 球体	0.650 0.495 0.152	803
4A	环体	90.13	81.1	全部	0.432	1 346
4B	环体、不同厚度	90.13	81.1	通道 舱口区域 环体	0.493 0.419 0.152	637
5A	超环体	159.5	91.2	全部	0.866	3 683
5B	超环体，不同厚度	159.5	91.2	通道 舱口区域 外壁 内壁 圆顶末端	0.782 0.965 0.198 0.152 0.152	995
6A	0.707②	158.4	91.2	全部	0.605	2 266
6B	0.707③，不同厚度	158.4	91.2	通道 舱口区域 圆柱体 圆顶末端	0.546 0.630 0.152 0.152	755
7A	热狗形(Hotdog)	124.8	79.5	全部	0.566	1 857
7B	热狗形(Hotdog)不同厚度	125	79.5	通道 舱口区域 圆柱体 圆顶末端	0.483 0.577 0.229 0.152	1 857

注：①改编自 Bodkin 等著作。

②外形为 0.707，原文如此。

③同②。

　　由于权衡研究使用的金属密度问题，辐射防护受到限制，所以没有考虑这个标准。制造限制假设使用 8091 铝锂合金材料，厚度采用最小规格，为 0.152 cm。确定模块设计方案后，对每个模块的几何尺寸在两种方案下进行评估。

　　A 方案中，每个模块的最大受力位置具有统一的厚度；B 方案中，在模块的不同区域对厚度进行优化，因此在受力较小的位置，厚度较小。根据对 A 方案和 B 方案的分析，优化材料厚度可以节省质量。通过权衡体积和质量来确定最佳的模块，选择最大居住空间和单位体积质量最小的模块。例如，很明显 1B 方案的居住空间最大，同时在不同厚度情况下单位体积的质量也最大，而热狗方案在所有不同厚度情况下，单位体积的质量最小，但是居住空间最小。最终，权衡研究建议 6B 方案是最佳方案，总体积为 158.4 m^3，居住空间为 91.2 m^3[4]。

5.1.12.1　居住舱功能

　　轨道科学公司团队的下一步工作是明确居住舱的功能。功能性是规定居住舱设计约束条件的标准，同时也是说明在基地开发的不同阶段所能做的工作的标准。最初建议基地由 4 个居住模块组成（见表 5 - 3）。

5.1.12.2　辐射防护

　　明确了居住舱的几何尺寸和功能后，轨道科学公司的工作转向辐射防护。保护月球基地免受辐射损害是一项关键技术，它关系着每名航天员的安全。许多人认为阿波罗飞船航天员没有做太多防护也很好，但是与增加 6 个月的时间相比，阿波罗飞船的任务时间显得太短了。

　　有效保护航天员免受太空辐射损害的材料以原子核、原子和分子截面为基础，而原子和分子截面取决于单位体积电子的密度和电子密度，也就是说最有效的辐射防护材料是电子密度最高的材料。在所有原子中，氢原子的电子密度最高，具有最有效的热防护特点。

表 5 - 3 居住舱功能[4]

居住舱	居住舱功能	居住舱系统
乘员居住舱	支持 4 名航天员 航天员住处 厨房和进餐 卫生 洗衣房 保健	环控生保系统 管理 电源管理 热控 通信
居住科学舱	科学 运动	电源管理 热控 通信
居住保持舱	防尘 维护 存储 卫生	电源管理 热控 通信
居住后勤舱	存储 维护	电源管理 热控 通信

氢原子的另一个优点是能够使辐射粒子破碎,因为氢原子不会破裂成其他原子,所以不会产生穿过防护材料原子核的中等粒子碎片。然而,虽然氢原子含量很高的材料具有优良的防护特性,但是对于居住舱建造来说,材料不必具有较高的结构完整性。例如,具有较高氢原子含量的氢化锂,就常用作核反应器材料,具有保护月面航天员所需的防护性能。但是,这种材料无法满足多功能需求,所以没有用于制造居住舱。

目前,美国国家航空航天局用铝作为辐射防护材料,由于其电子密度较低,所以防护性能不好。最近工程师对聚合物的兴趣越来越高,铝即将退出舞台。因为聚合物的氢原子含量较高,并且存在许多材料变体,所以工程师可能会选择这一多功能材料作为辐射防护材料。

在所有聚合物中,聚乙烯(PE)的固有氢含量最高,所以选择了聚乙烯。重要的是,聚乙烯中没有大的原子核,这将大大降低防护材料破碎与辐射离子碰撞的风险。

聚乙烯与其他具有防护性能的材料进行比较研究后证明，聚乙烯与环氧树脂结合后，其防护性能与其他具有防护性能的材料差不多。

5.1.12.3　聚乙烯和 RFX1

聚乙烯与环氧树脂结合具有优良的辐射防护性能，并且比单独使用聚乙烯作为防护材料的辐射防护性能更好，但是并不完全符合居住舱设计师的严格标准。目前，美国国家航空航天局马歇尔航天飞行中心太空辐射防护项目的科学家 Nasser Barghouty 和美国国家航空航天局研究人员 Raj Kaul（见图 5 - 1）开发了一种以聚乙烯为基础的材料，称为 RFX1。RFX1 比铝更轻，更坚固，为居住舱设计师提供了一种具有优良防护性能的材料。事实上，与铝相比，RFX1 防护太阳粒子事件的效率提高了 50%，防护银河宇宙辐

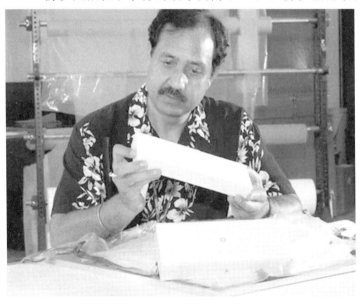

图 5 - 1　美国国家航空航天局研究人员 Raj Kaul 检查 RFX1 辐射"块"，RFX1 可能作为登月航天员的辐射防护材料（图片来源：美国国家航空航天局）

射的效率提高了 15%。虽然 RFX1 在航天业还属于一种新材料，但是它已经被用在军用直升机的护甲上，显然是防护微陨石冲击的最好选择。

RFX1 是一种纤维，可以用模具做成特定飞行器部件的形状。它的另一个优点是比铝等较重的材料产生更少的二次辐射或二次排放。当太空辐射粒子与防护罩内的原子发生碰撞时会产生二次辐射，小的核反应会破坏分子结构。虽然大部分人认为铅是最好的辐射防护材料，但事实并不是这样，铅能吸收大量辐射，但是也会产生大量二次辐射损害。

尽管工程师拥有关于太空辐射源和生物辐射反应的精确信息，但是为月球任务设计合适的防护罩仍是一个复杂的过程。目前有关这些参数的信息还不可用，所以在没有数据的情况下，美国国家航空航天局工程师参考了最坏情况——1956 年 2 月的太阳粒子事件，这次事件是有史以来记录的最危险的辐射。工程师分析了需要多少聚乙烯才能减轻这一事件的危害。经过计算得出，需要 19.05 cm 厚的聚乙烯才能保护航天员，但是如此厚的聚乙烯会使居住舱的质量增加 6 804 kg，所以仅增加聚乙烯的方案随即没有通过。取而代之的是，工程师研究更多地利用当地资源提供辐射防护能力，结果是 50.8 cm 厚的月表土可以减轻 1956 年 2 月的太阳粒子事件的危害。然而，出于小心无大错的考虑，工程师设计了可以保护航天员免受 4 倍于 1956 年 2 月的太阳粒子事件危害的居住舱，最终导致需要 203 cm 厚的月表土防护层。

5.1.13　发射清单

轨道科学公司的团队已经解决了居住舱功能、几何尺寸和辐射防护问题，下一个问题是如何将居住舱模块送到月球表面。虽然距离首次月球任务还有近 10 年时间，但是美国国家航空航天局已经发布了一份月球发射清单，将从 2017 年开始发射月球表面设施。第一个发射的设施是居住保持舱（HMM），之后是乘员居住舱（HCM）、居住后勤舱（HLM），最后是居住科学舱（HSM）。由于居住保持舱为长期停留（约 14 天）提供了居住空间，所以将作为首批 4 名航天员的基地，随着增加其他模块，居住空间和月球基地的功能也随之慢慢增加，从而实现更长时间的停留[4]。

5.1.14　模块布局

以美国国家航空航天局的月球发射清单为指南，轨道科学公司的团队开展了另一项权衡研究工作：进入居住舱的最佳方式。首先，团队通过了一系列地面规则。每个结构应该包括 4 个气闸，在其中一个气闸出现故障时，航天员可以进入其他模块。轨道科学公司的团队还确定了每个结构的货物集装箱（CC）应该尽可能多的接口数。

地面规则通过后，通过权衡研究对 5 个模块结构的关键特点进行了评估（见表 5-4）。例如，由于直线设计会阻碍模块唯一的出口/入口，出于安全考虑，这种设计没有通过。

按照权衡研究的结果，最通用、安全、合理的设计是交错结构，因为其最有效地利用了可用区域，允许的气闸数最大。

5.1.15　居住舱表面电源

下一步是制定月球基地的主份和备份电源系统。电源故障可能会导致任务失败，对航天员造成危害，所以在正常和紧急情况下，月面电源系统保持供电非常必要。

恶劣的空间环境对工程系统和分系统并不利，所以需要冗余系统。在考虑备份电源系统类型之前，工程师要确定需要多大功率，使用哪种类型的电源，电源安装在哪里。

起初本想在居住舱的墙上安装太阳电池，但由于在利用月表土进行辐射防护时，月表土会积累在太阳电池上，所以该方案没有被采纳。取而代之的是，轨道科学公司决定主电源使用核电装置，并将其埋在距离航天员活动区域 1 km 远的地方，以降低辐照[3-4]。备

表 5 - 4　月球基地配置评估[4]

结构	特点	评估结果
正方形结构	4 个气闸，布局简单； 最多允许对接 8 个货物集装箱居住舱； 最多允许对接 3 个货物集装箱气闸； 　1 个气闸出现故障时，通过可用气闸只能从居住舱进入 1 个其他居住舱； 1 个居住舱出现故障时，只能进入其他模块	1 个气闸或居住舱出现故障时，不能为航天员提供多条出路； 不予考虑
直线结构	布局最简单，4 个气闸，设计采用 1 个气闸门用于进入/出居住舱； 最多允许对接 9 个货物集装箱居住舱； 最多允许对接 8 个货物集装箱气闸； 　1 个气闸/居住舱出现故障时，不能进入其他居住舱	1 个气闸或居住舱出现故障时，不能为航天员提供多条出路； 不予考虑
直角三角形结构	布局复杂，5 个气闸，设计采用 1 个气闸门用于进入/出居住舱； 最多允许对接 6 个货物集装箱居住舱； 最多允许对接 5 个货物集装箱气闸； 　大部分情况下，1 个气闸出现故障时，允许通过可用气闸从居住舱进入多个居住舱	1 个气闸或居住舱出现故障时，大部分情况可以不受限制地进入其他居住舱
星形结构	布局复杂，4 个气闸，设计采用 1 个气闸门用于进入/出居住舱； 最多允许对接 5 个货物集装箱居住舱； 最多允许对接 5 个货物集装箱气闸； 　大部分情况下，1 个气闸出现故障时，允许通过其他气闸进入多个居住舱； 　在所有情况下，1 个居住舱出现故障时，只要有 1 个气闸可用，就可以进入其他居住舱	1 个居住舱出现故障时，进入其他居住舱不受限制； 有益
交错结构	布局复杂，4 个气闸，设计采用 1 个气闸门用于进入/出居住舱； 最多允许对接 6 个货物集装箱居住舱； 最多允许对接 5 个货物集装箱气闸； 　大部分情况下，1 个气闸出现故障时，允许通过其他气闸进入多个居住舱； 　在所有情况下，1 个居住舱出现故障时，只要有 1 个气闸可用，就可以进入其他居住舱	最佳结构

份反应器由电池组成，第 1 年将作为初始电源运转。电池出现故障时，居住舱将由可再生燃料电池（RFC）和太阳电池阵联合供电。如果 2 个系统都出现了故障，第 3 级冗余能够保证每个居住舱获得足够的应急电力，供航天员穿上航天服并撤离居住舱。在核电系统和电池系统中，通过一系列 5 km 长的电缆和功率节点向月面设施供电，电池系统还供月面移动设施充电使用。

5.2　月球生命保障

在月面执行长期任务的最大挑战是确保长时间满足基本的生命保障需求。月球距离地球遥远，加之具有挑战性的表面环境和下降的重力等级，这些都对设计生命保障方法提出了前所未有的挑战。在长期的生命保障系统和分系统领域，克服混合挑战的经验还很有限，到目前为止，仅限于潜艇、国际空间站、航天飞机和地球生物圈经历过这样的挑战。

月球环控生保系统将通过评估任务周期、航天员身材和组成、航天员任务、每日活动安排和全部任务时间表等任务参数来选择。考虑了这些因素后，继续通过权衡研究来确定系统的复用等级，即开环系统和闭环系统。

开环系统不具备复用特点，必须不断补充，而闭环系统中，每种资源都是可回收的。由于星座计划的任务属性不同，所以不可能所有任务都选择同一种系统。例如，由于开环系统具有简单、可靠性高、质量利用率高等特点，所以短期任务倾向于选择开环系统；由于额外的分系统需要回收资源，所以增加了质量的闭环系统更适合于长期任务。为了确定 2 种环控生保系统的优缺点，权衡研究结果显示，由于节省了质量，闭环系统每年可减少 3 次任务。然而，首次任务为 14 天，由于开环系统的质量利用率较高，所以最合适的环控生保系统是开环系统。因此，在最初的 14 天任务中，货物集装箱将用于运送充足的氧气和氮气。随着任务时间逐渐变长，闭环系统将添加到基地，但是由于这些系统的效率已经达到 100%，所以被认为是部分闭环系统。

无论哪种系统都必须为航天员提供充足的空气，满足表 5-5 中给出的参数。

表 5-5　太空居住空气要求典型值[16]

空气参数	正常值
总压力/kPa	99.9～102.7
氧分压/kPa	19.5～23.1
氮分压/kPa	79
二氧化碳分压/kPa	0.4
温度/℃	18.3～23.9
相对湿度	30%～70%
通风速度/（m/s）	0.076～0.203

5.2.1　人员生命保障需求

航天员主要的消耗品（通常称为输入）包括氧气、水和食物，主要的输出包括二氧化碳、尿和排泄物。为了确定输入和输出量，任务规划人员对供给周期进行了计算，因为无论何种生命保障系统或环境，空气、水和食物的供给周期最终决定了生命保障系统的设计。考虑到供给周期的影响，根据之前的太空飞行经验调查每名航天员每天的输入和输出非常有用，可以获得直观的人员生命保障消耗质量需求（见表 5-6）。

5.2.2　居住舱空气问题注意事项

表 5-6 中的数据为任务规划人员和工程师提供了输入和输出需求基线，这些信息将确保月球居住舱中的空气满足航天员舒适的要求。

表 5 - 6　人员每天的输入和输出需求

生命保障系统输入		生命保障系统输出	
输入	平均值/kg	输出	平均值/kg
氧气	0.84	二氧化碳	1.00
食物固体	0.62	呼吸和汗液	2.28
食物中的水	1.15	准备食物，隐形水量	0.036
准备食物用水	0.76	尿	1.4
饮水	1.62	排泄物中的水	0.091
新陈代谢用水	0.35	排泄物固体	0.018
洗手/脸用水	4.09	排汗	1.4
淋浴用水	2.73	卫生用水	12.58
小便冲洗	0.49	洗衣用水 液体 "隐形"水	11.90 0.60

注：根据平均新陈代谢速率 136.7 W/人和呼吸系数 0.87 而得到数值[12]。

　　因为航天员每天将产生 1.0 kg 二氧化碳，所以最重要的注意事项是二氧化碳的移除方式必须与环控生保系统的设计相结合。然而，除了移除二氧化碳外，工程师还要确保产生氧气。其他参数还包括工作压力和空气混合率。从工程角度看，最好保持居住舱处于较低工作压力下，这样不仅可以减少月面舱外活动前调整呼吸的时间，还可以降低紧急情况下的泄漏率。然而，总工作压力越低，保持氧分压（PPO_2）所需的氧气浓度就越高。如果氧分压过低，航天员将面临缺氧的危险。缺氧是由于保障生理机能的氧气不充足引起的，航天员缺氧可能会导致产生幻觉、麻痹、丧失记忆甚至死亡。解决办法是向系统中增加更多氧气，但这又增加了空气的可燃性。显然，如果失火，工程师的目标是降低火焰蔓延的速率，但这只能通过降低氧气含量解决！

　　轨道科学公司通过更多的权衡研究解决了氧气问题，结论是空气中的氧气/氮气以 35/65 比例混合可以获得可接受的火焰蔓延速率。

5.2.3　居住舱的温度和湿度

如前面所提到的，月球基地将承受极端温度，所以对工程师来说，居住舱内的温度调节是另外一个重大挑战。在封闭的空间内进行温度调节，保证居住舱内的温度稳定受多种因素影响。工程师不仅要考虑内外温差，还要考虑人员新陈代谢和设备产生的热量，同时要在电路不会短路的情况下，保证湿度处在人员和植物可容忍的水平！

5.2.4　能量消耗

空气问题解决后，下一个问题是航天员的能量消耗问题。能量消耗影响着消耗品的总量，消耗品要么来自地球，要么就地生产。虽然表 5-6 中给出的输入和输出基线值很有帮助，但是工程师还需要了解航天员在执行月面行走等日常活动中所需的能量。例如，表 5-7 中给出了航天员在执行 1 天舱外活动时的能量消耗。

表 5-7 对休息和包括必要的实验室工作在内的 10 h 舱内活动（IVA）等其他日常工作量也进行了类似计算。通过计算结果，营养学家可以算出每名航天员每天所需的食物。在月面时，航天员的能量供给包括 50% ~ 55% 的糖、20% 的脂肪和 20% ~ 25% 的蛋白质[6]。

如果任务规划人员想要残忍一点，他们可以设计一种与长期停留在国际空间站的航天员所吃的食物类似的包装食品，每名航天员每天的供应量为 1.83 kg。然而，为了保持航天员的精神状态，必须为他们提供不同的食物，特别是航天员要居住在距离家园 400 000 km 远的地方。美国国家航空航天局的营养学家非常慷慨，计划依靠粮食作物中的糖和沙拉为每名航天员每天提供 3.6 ~ 3.82 kg 的食物[14]。

表 5 - 7 10 小时月球舱外活动的能量消耗[7]

日常活动	每天时间花费/h	能量消耗/ (kcal/kg/min)	日常活动,能量消耗/kcal
下班			
睡觉	8	0.015	511
准备食物/进食	2	0.04	341
个人卫生	1	0.03	128
阅读/坐	1	0.022	94
料理内务	1	0.06	256
锻炼	1	0.115	490
下班总计	14		1 820
上班			
行走	3	0.07	895
站立	2	0.03	256
跪	2	0.025	213
蹲伏	2	0.04	314
挖掘	1	0.12	511
上班总计	10		2 216
下班+上班总计	24		4 036

5.2.5 环控生保系统技术选择

前面的部分解决了工程师在设计居住舱环控生保系统时遇到的与人员有关的问题。为了确保居住舱内的空气得到控制和保持,工程师有 2 个技术选择来管理饮用水和废水,为航天员提供充足的食物。第 1 种是理化/闭环技术,利用风扇、过滤器和化学分离方法;第 2 种是生物再生技术,利用植物等生物体实现[19]。由于理化技术好理解、简洁、容易保持,所以历史上的空间任务都使用这种闭环方法。然而,这种方法可用是因为近 30 年的任务都是在地球附近,存储和运输障碍，以及再补给问题并不是关键问题。但是航天员居住在月球没有成本来补充库存。为了克服这些问题，月球居住舱大型的生命保障系统将采用理化/生物再生混合设计[13]，下一部分将介绍该系统。

5.2.6 理化/生物再生环控生保系统设计

5.2.6.1 空气调节

空气调节和监测系统由若干分系统组成，这些分系统负责控制压强、温度、湿度和通风。通常利用控制算法、与阀门连接的压强传感器数据、调节器和加热器实现压强控制。利用水冷却循环实现温度控制，过去常用于转移内部和外部热量。通过将空气温度降低到露点以下，然后从气流中分离出浓缩水的方法进行除湿。居住舱的通风利用风扇、隔离阀和管道实现。

为了实现月球居住舱闭环系统中的功能，需要空气再生系统（ARS）。空气再生系统由一些独立的空气环路组成，这些环路使居住舱内的气压循环流通。空气再生系统确保湿度在规定等级以内，二氧化碳和一氧化碳保持在无毒等级。其他空气再生系统的功能包括移除二氧化碳和产生氧气。这些功能要么通过理化方法，要么通过生物再生过程实现。

与空气再生系统共同工作的是大气再生压力控制系统（ARPCS）。大气再生压力控制系统确保气压、氧分压和氮分压在规定等级以内。大气再生压力控制系统中，氧气和氮气供应系统受气压控制系统控制，气压控制系统通过管理单向阀、进气阀、减压阀、供给阀、传感器、控制开关和反馈系统控制气体释放。

大气再生压力控制系统还在压力快速下降时发挥重要作用。一旦居住舱内的压力低于或高于规定等级，或者氧分压低于或高于正常值，主警报将响起，同时大气再生压力控制系统面板上的红色警示灯亮起。距离大气再生压力控制系统面板最近的航天员要做出应急响应，全面了解居住舱的过压位置和失效的减压阀位置。例如，如果出现过压情况，航天员需要激活居住舱减压开关，发动机会控制阀门通过排气的方式降低压力。相反地，如果出现低压情况，航天员需要激活负压力减压阀，使外界压力进入居住舱。

除了空气再生系统和大气再生压力控制系统外，居住舱还装有主动热控系统，该环控生保系统部件负责排热。主动热控系统通过管理冷板网络、冷却环路、液体热交换器和其他各种散热系统将热量排出居住舱。由于居住舱装有大量产生热量的电子设备和系统，所以航天员需要小心操作，避免散热系统过载。如果没有产生过多热量，而又超出了散热系统的能力范围，居住舱将激活闪蒸器，在短时间内排出过多的热量。

5.2.6.2　理化过程

典型的理化过程是用氢氧化锂（LiOH）移除二氧化碳。氢氧化锂更多的是作为潜艇和闭路呼吸器的净化系统，与二氧化碳结合生成碳酸氢锂，从而移除二氧化碳[10]。在封闭的居住舱内，氢氧化锂也被用于降低二氧化碳浓度，同时再生成氧气。这个理化过程通过化学反应实现，就像萨巴捷过程，利用催化甲烷使二氧化碳和氢气在高温环境下生成水蒸气。水蒸气通过冷凝热交换器进行回收，生成的水再通过电解生成氧气。

5.2.6.3　生物再生过程

生物再生过程通常被称为生物生命保障系统（BLSSs）。生物生命保障系统通过其他生物再生过程整合二氧化碳吸收、二氧化碳减少和氧气生成过程来生产食物和处理废物。生物再生过程的主要部分是植物和藻类等光合作用生物体生产食物和氧气，同时移除居住舱内的二氧化碳。但是生物再生系统并不是一个独立的系统，它需要理化分系统支持某些生物功能，如温度和湿度。此外，为了将生物质转化成可食用的食物，将废水等废物转化成有用的资源，还需要利用其他理化分系统[8]。

植物种植看上去似乎是一个高雅的生物再生过程，但是光能、二氧化碳和水等输入需求非常重要。换句话说，藻类也可以进行光合作用，吸收二氧化碳并释放氧气。但是藻类与大部分植物不同，它们独有的单分子结构使其比其他植物将光能转化成生物质的效率更高。考虑到藻类的所有优点，开展了一些研究来确定最适合月球生物生命保障系统的藻类。经过研究发现，最有希望采用的 2 类藻类是绿藻类和蓝藻类，如蓝藻、螺旋藻和组囊藻。目前研究的重点是螺旋藻，因为其具有高光合作用特质，其生长只需要很少的副产品，也就是说可能会将螺旋藻作为营养食物来源[2]。

5.2.6.4　月球上的供水问题

为了保证航天员得到充足的水，能用的选择很有限。第 1 个选择是再补给，但显然这不仅非常昂贵，而且这也是让后勤最头疼的问题。

第 2 个选择是采用理化过程，利用水冷凝系统回收周围环境蒸发的水。包括尿液在内，回收的水将被用于产生氧气或简单回收作为饮用水。从尿液中提取水需要多做一些工作，首先需要用离心机分离、在低压环境下蒸发、冷凝，最后进行高温催化反应，移除有机物。

另一种选择是采用前面提到的萨巴捷过程，或者采用过滤系统，废水首先经过特殊的过滤膜过滤，然后通过部分氧化和离子交换获得饮用水。

还有一种系统是汽相催化脱氨（VPCAR）系统，该系统利用刮膜式旋转盘（WFRD）移除污垢，蒸馏废水。该系统中，氧化和还原反应器对蒸馏物进行处理，氧化有机成分，将氮化合物还原成氮气。汽相催化脱氨是一个高度集成的系统，可以回收 98% 的水，所以很可能用于月球居住舱的环控生保系统。

生物再生水利用生物反应器氧化有机化合物获得。该过程中，废水首先流入植物区被藻类吸收并排出。空气调节器、人工气候室冷凝器和干燥室对排出的水进行冷凝，然后利用焚烧装置燃烧不能食用的生物质，来提取净化水。最后，利用离子交换层和光致氧化消除剩余的污垢。与气相催化脱氨系统相同，生物再生方案也可以回收 98% 的水。

5.2.6.5　食物

对于长期任务来说，不会考虑食物再补给，原因有两个。第一，供应食物需要额外的发射任务，增加了月球居住舱的成本；第二，居住舱需要分出一部分区域用于存储食物并封装合成的废物。所以藻类、植物和动物系统等食物生产方法将在 6 个月的任务期间为航天员提供食物。

最有效的食物生产系统是藻类系统，因为藻类生长速度快，能制造氧气，并且某些藻类还可以食用，尽管航天员不会把食用看作优点！如果航天员拒绝将"藻类作为食物来源"，藻类也可以用作植物肥料或者作为植物的食物来源。将藻类作为植物的食物来源非常重要，因为植物最有可能满足航天员的大部分营养需求。谨慎选择植物将确保航天员能够获得大部分日常所需的蛋白质、糖、脂肪、矿物质和维生素，此外，作为附加利益，植物还能产生氧气，净化水。

还有建议称，为航天员提供动物作为食物来源，但是由于需要居住舱系统提供额外的能量、质量和空间，还需要增加居住舱的复杂度，所以在任务之初这是不可能的。然而一旦基地建立起来，那些为系统带来稳定的和质量小、繁殖期短的动物可能会作为航天员额外的食物来源。

5.2.6.6　废物

国际空间站的废物通常简单地存储在奋进号飞船中，直到装满飞船，届时飞船将离轨再入地球大气。不幸的是，在月面居住的航天员没有如此方便的方法可用，但是有其他选择来处理不同种类的废物。

5.2.6.7　中水处理

刷洗餐具、淋浴和小便都会产生中水，对于中水的处理，可以将其通过一个离子交换层（IEB），从而消除矿物含量。之后通过藻类栽培间内的微藻进行处理和净化，微藻还可用于处理航天员呼出的二氧化碳并制造氧气。

5.2.6.8　黑水处理

厨房垃圾和人类排泄物中的水称为"黑水"，黑水需要比中水更加积极地处理。处理过程分为多个阶段：首先利用蛋白水解细菌通过厌氧将黑水转化成氢气、二氧化碳、脂肪酸、矿物质和中水；然后利用光异养生物（一种利用光能制造食物的细菌）设备对产物进行处理，该设备利用深红红螺菌清除末端产物，最终产生更多的水，这一阶段产生的水仍需要进一步处理；下一阶段将废物生物中的铵盐转化成硝酸盐，硝酸盐可以作为植物的氮元素来源；最后，将光异养生物设备产生的水送到藻类栽培间进行与中水同样的处理。

5.2.6.9　污染物处理注意事项

居住舱一个重要的设计内容是为基地保持卫生、安全提供节能的净化方法。例如，和平号空间站上的航天员发现，细菌突变菌株会腐蚀橡胶密封圈，阿波罗飞船航天员受到月尘的困扰，不仅覆盖了舱外活动航天服，还覆盖了登月舱内层。因为航天员会将样品带回居住舱，所以需要开发相关的包装、散装和消毒方法。

在编写本书时，环控生保系统的空气、水和废物环路是封闭的，但是营养需求没有完全满足，也就是说需要通过航天员轮换和后勤任务为航天员提供营养补给品。

5.2.7　火灾探测和扑救

整个居住舱的烟雾、火灾探测和扑救通过离子探测组件实现，离子探测组件为性能监测通用计算机（GPC）提供烟雾浓度等级信息。一旦通用计算机探测到烟雾浓度异常，主报警器的红灯将亮起并拉响居住舱内警报。一旦探测到火灾，航天员将尝试隔离火情，并使用卤代烷（哈龙）1301等专门设备进行扑救。一旦火情无法隔离，航天员需要疏散到安全避难所，并降低居住舱压力来扑灭大火。

大火扑灭后，航天员再次回到居住舱，在加压之前对有毒物品进行检查。包括火灾响应在内的航天员应急科目训练将在第 6 章介绍。

5.3　可展开的居住舱结构

根据轨道科学公司等提供的信息，美国国家航空航天局已经开始开发居住舱模块方案。目前最受赞同的是使用充气结构。

除了具有易于压缩、运输成本低等优点外，充气结构还可以提供较大的居住空间，并且在近地轨道恶劣的环境下得到了验证。2006 年 7 月和 2007 年由比奇洛航天公司发射的起源 1 号和起源 2 号（见图 5 - 2）技术验证飞行器就是在太空使用充气结构最成功的代表。

图 5 - 2　比奇洛航天公司（Bigelow Aerospace）的起源 2 号充气居住舱经过巴扎半岛（图片来源：比奇洛航天公司）

充气设计最初是在美国国家航空航天局的运输居住舱项目中提出的，建议用作国际空间站航天员的住所。充气模块在航天飞机的货舱内部时，直径为 4.3 m，一旦展开后，直径可达 8.2 m，为航天员提供 340 m³ 的空间。运输居住舱（见图 5 - 3）的最初设计是一个特有的混合结构，包括节省质量的充气结构和承重硬结构。充气外壳由奈克斯泰尔（Nextel）公司设计的多层连续隔离层组成，用于阻挡空间碎片和微流星体 7 倍于子弹速度的碰撞。

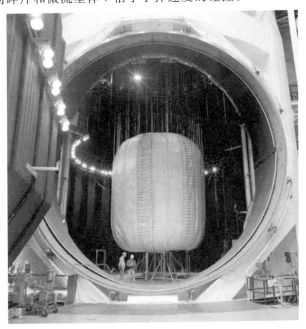

图 5 - 3　一个运输居住舱模块正在接受测试（图片来源：美国国家航空航天局）

不幸的是，由于国际空间站 48 亿美元的财政赤字，国会于 2001 年拒绝了美国国家航空航天局运输居住舱设计研究以外的经费。美国国家航空航天局放弃运输居住舱技术后，罗伯特·T·比奇洛的比奇洛航天公司决定对该技术进行改进。2004 年末，比奇洛航天公司在埃灵顿空军基地附近购买了一幢建筑，在约翰逊航天中心结构工程部员工的帮助下，将这幢建筑变成了一个可充气产品。比格洛航天公司为某些运输居住舱技术和原材料申请了专利，还与约翰逊航天中心可充气模块的专家达成了人员交流协议（Interpersonal Act

Agreements)，允许 Jason Raboin、Chris Johnson、Gary Spexarth 和 Glenn Miller 等专家在比奇洛航天公司任职。比奇洛航天公司工作的顶点是发射了起源 1 号和起源 2 号飞行器，证明了多目标居住舱太空结构的可行性。比奇洛航天公司成功发射起源 1 号和起源 2 号飞行器后，设想充气太空结构在直接发射至月球表面之前可以独自拥有在轨装配充气太空结构的轨道设施。美国国家航空航天局看到了比奇洛航天公司所取得的成就，并鼓励其开发充气结构，未来应用于月球居住舱。

在比奇洛航天公司开发出用于月球任务的充气结构之前，美国国家航空航天局一直在寻找其他充气结构。目前，美国国家航空航天局、国家科学基金会和弗雷德里卡的 ILC 多佛公司正在联合研究可行的充气结构作为航天员的长期居住舱。2008 年 1 月，在南极洲麦克默多站建造了一个月球居住舱充气结构，用来测试居住舱在类似月面的极端环境下的完整性。该居住舱（见图 5 - 4）重不到

图 5 - 4　2007 年 11 月 14 日，美国国家航空航天局、国家科学基金会和 ILC 多佛公司公开展示将运抵南极洲的充气居住舱（图片来源：美国国家航空航天局）

500 kg,由管状的充气结构、隔离毯、电源和照明系统、加热器、加压系统以及防护地板组成。居住舱部署在南极洲,工程师将有机会研究表皮土覆盖居住舱墙壁的方法,进而研究辐射防护和尘土减缓策略的功效。

虽然"充气"一词不会使人联想到前沿的太空飞行技术,但是考虑到充气结构的优点,很可能这一居住舱设计将作为航天员最终返回月球时的选择。届时,比奇洛航天公司等私人公司将在居住舱的建造和部署中发挥至关重要的作用。

5.4 月球通信和导航能力

5.4.1 通信和导航概述

基地通信和导航（C&N）将通过具有定期直接到达地球（DTE）能力的中继和月球通信终端（LCTs）实现。该系统的一个部分是月球中继卫星（LRS）,月球中继卫星将通过月球通信终端为基地和月球其他地区提供通信、跟踪和授时服务。

5.4.2 运行方案

在执行月面任务期间,基地信息将通过月球通信终端发给其他月球用户,或者通过直接到达地球或月球中继卫星发给地球。月球中继卫星和月球通信终端除了提供地球、月球轨道和月面用户之间的完整路径外,还提供上行和下行语音、视频、单向和双向测距等服务（见表 5 - 8）。

5.4.3 下降和着陆导航能力

在基地附近装有基于自主着陆和危险规避技术（ALHAT）的设施,该设施由被动光学系统和最后 300 m 下降过程中在微光着陆条件下使用的闪光灯组成。基于自主着陆和危险规避技术的设施将

表 5 - 8　基地通信传输模型

描述	系统	数据速率		
		低速率/(Mbit/s)	高速率/(Mbit/s)	总速率/(Mbit/s)
传向地球最大速率总和	月球中继卫星和地面系统	3.9	151.0	154.9
来自地球的最大速率总和	月球中继卫星和地面系统	1.1	66.0	67.1
从月球表面到月球中继卫星的上行最大速率总和	月球中继卫星和月球通信终端	6.4	216.0	222.4
从月球中继卫星到月球表面的下行最大速率总和	月球中继卫星和月球通信终端	6.1	141.0	147.1
月球表面的最大速率总和	月球通信终端	8.7	143.0	151.7

注：改编自 2007 年 11 月 15 日美国国家航空航天局召开的月球通信和导航架构技术交流会。

帮助航天员保持精确的动力下降轨迹，并使着陆点误差限制在 1 m 以内。

5.4.4　月面移动导航能力

在月球表面增加的 6 个月时间中，航天员将行走至距基地 500 km 远的地方，到达直接到达地球能力或月球通信终端覆盖范围以外的（月球）背面。为了确保航天员能够找到返回基地的路，航天员需要每隔几分钟就地设立固定地标，并利用月球中继卫星（见表 5 - 9）提供的单向和双向 S 频段多普勒信息实现星跟踪。

在接近基地时，航天员将利用月球通信终端进行导航。月球通信终端系统的测量范围为 5.8 km，与月球中继卫星或地球通信的上行链路速率为 200 Mbit/s。航天员还将使用手机和月球局域网（LLAN），以支持在驾驶月球车时使用便携的固定基站无线电（FBR）进行导航。

表 5 - 9　月球中继卫星

描述	当前最佳估计质量/kg	总质量/kg	正常功率/W
月球中继卫星	1 033.5	1 124.2	683.6
通信：来自月球表面的 2 条 100 Mbit/s 的高速率链路	79.4	81.8	494
电子设备	91.6	113.3	189.6
结构机构	180.5	205.6	0
电源系统：平均功率 1 040 W，2 个单轴太阳电池阵，面积为 4.7² （译者注：文中未给单位）	72.6	94.8	0
推进系统：压力输送胼	21.8	23.5	0
推进剂管理系统	72.9	83.9	0
推进剂	467.3	467.3	0
热控系统：热管散热器系统，胼加热器	47.3	54	0

5.4.5　放射性授时结构

每次在执行月球任务时，时间都是重要的因素。为了保证航天员按照时间表执行任务，将由地球上的任务控制系统保持时间的精确性。任务控制系统发送一条导航信息给月球中继卫星，月球中继卫星将收到的导航信息与原子时间和频率标准进行比较后，转发给月面转发器，月面转发器解调导航信息并转发给在月面工作的航天员。

5.4.6　月面通信系统

月球通信中心为航天员提供有线和无线连接，使航天员可以与其他居住舱和执行月面行走的月球车等主要月面部件进行通信。月球通信中心可以提供视线内的通信或者通过月球中继卫星提供视线外的通信。此外，还可以提供单向和双向测距，以及月面部件的多普勒跟踪等服务。月球通信中心可以同时为 15 个用户提供服务，总带宽为 80 Mbit/s，通信范围至少为 5.6 km。月球通信中心采用了一系列通信设备，包括固定无线电、月球车移动无线电和舱外活动航天服无线电等。在居住舱内，航天员可用的带宽为 100 Mbit/s，用于下行和上行传输与当前操作有关的大型数据。

5.4.7　月面无线网状网

由于多名航天员在基地工作，所以将有多条通信传输链路同时工作。由于需要在不同网络之间切换，所以这为航天员执行月面舱外活动时的通信提出了挑战。在地球上，自动保持网络间链路连接性的机制称为语音呼叫连续性（VCC）。为了在月球上服务于多条链路，需要类似的系统确保部件间的无缝切换。

5.5　月面移动系统

月球表面移动系统（LSMS）包括挖沟机实用月球车（TUR）和履带式起重机等机器人月球车，以及移动月球运输车和全地形六腿地外探测器（ATHLETE）等载人月球车。本部分分别介绍了机器人和载人月球车的类型及其功能。

5.5.1　机器人月球车

月球发射清单中建议在 2017 年末实现机器人月球车着陆。机器人月球车着陆后，将进行挖掘、运输、分级、挖沟和其他大量与建设相关的工作，为载人探测做准备。为了完成这些工作，工程师设计了 3 类多目标月球车，能够粉碎岩石，举起居住舱等大质量物体。例如，铲斗实用月球车的主要功能是放置月表土，除此之外，还作为铲车运输气闸等较小的组件。类似地，挖沟机实用月球车具有高度的多功能性，可以粉碎岩床、掘壕和铺设电缆；而履带式起重机，顾名思义，用于举起居住舱和货物托盘等重物。其他月球车还包括侦察月球车（见图 5 - 5），用于侦察建设位置。

图 5-5　美国国家航空航天局的侦察机器人用于完成高重复性和长期任务，
如航天员手动无法完成的绘制地图和科学勘测等任务。艾姆斯研究中心设
计（图片来源：美国国家航空航天局）

5.5.2　人工控制的月球车

第 1 个到达月球表面的人工控制的月球车可能是移动月球运输
车（见图 5-6）。主要用于最初 14 天的短距离任务。

探测任务一旦开始，航天员将借助全地形六腿地外探测器（见
图 5-7）等加压的平台探测距离基地较远的地方。全地形六腿地外
探测器的多轮灵巧设计将帮助航天员在月面任意地点进行装载、运
输、控制和卸货。

图 5 - 6 美国国家航空航天局的月面运输车，该图为 2008 年 6 月在华盛顿莫森湖进行试验的场景。该车移动概念性极强，每 2 个轮子一组，可以独立任意转动，保证运输车全向运动（图片来源：美国国家航空航天局）

图 5 - 7 该图为 2008 年 6 月在华盛顿莫森湖测试的全地形 6 腿地外探测器，可在崎岖不平的表面行走（图片来源：美国国家航空航天局）

　　本章介绍的基地设计和开发注意事项也适用于与性能、效率、可靠性、质量、体积和节省成本有关的制定、评估和优化过程中。有效的基地设计可以减小系统质量，这取决于地面控制人员和航天员花费在监测系统上的时间。为了使基地设计最优，美国国家航空航天局及其航天中心致力于开发基地技术，不断评估设计标准，克服辐射、加压和航天员健康等带来的挑战，为生命保障和电力产生等关键问题提供解决方案。

参 考 文 献

[1] Anderson B J. Natural Orbital Environment Guidelines for Use in Aerospace Vehicle Development. NASA Technical Memorandum 4527. NASA George C. Marshsall Space Flight Center, Huntsville, AL, 1994.

[2] Bayless D, Brown I, Jones J A, Karakis S, Karpov L, McKay D S. Novel concept for LSS based on advanced microalgal biotechnologies. HABITATION 2006: Conference on Habitation Research and Technology Development, 2006.

[3] Benaroya H. An overview of lunar base structures: Past and future. AIAA Space Architecture Symposium, Reston, VA, pp. 1-12. American Institute of Aeronautics and Astronautics, Washington, D. C. 2002.

[4] Bodkin D K, Escalera P, Bocam K J. A human lunar surface base and infrastructure solution. Space 2006, September 19-21, 2006, San Jose, California, AIAA 2006－7336. American Institute of Aeronautics and Astronautics, Washington D. C.

[5] Churchill S. Fundamentals of Space Life Sciences, pp. 13-16. Krieger, Malabar, FL, 1997.

[6] Eckart P. Life Support and Biospherics. Herbert Utz, Munich, Germany, 1994.

[7] NASA. First Lunar Outpost Study. NASA Working Group Report. NASA Ames Research Center, Moffett Field, CA, March 1992.

[8] Gugliotta G. U. S. Planning Base on Moon to Prepare for Trip to Mars. The Washington Post, Washington, D. C. 2006.

[9] Heiken G, Vaniman D, French B. Lunar Sourcebook: A User's Guide to the Moon. Cambridge University Press, Cambridge, MA, 1991.

[10] Kliss M. Life Support Systems for Human Space Exploration beyond Low Earth Orbit. Stanford University Lecture Series, Stanford University,

Palo Alto, CA, March 7, 2006.

[11]　Koelle H H. Environmental Control and Life Support Systems (ECLSS) for MOONBASE 2015. Technische Universität Berlin Institut für Raumfahrt, 2000.

[12]　Kubicek K, Woolford B. Man—Systems Integration Standards, NASA—STD—3000. NASA, Washington, D. C. 1995.

[13]　Larson W J, Pranke L K. Human Spaceflight Mission Analysis and Design. McGrawHill, Columbus, OH.

[14]　NASA. Guidelines and Capabilities for Designing Human Missions. NASA. Washington, D. C. 2003.

[15]　Simonsen L C. Analysis of Lunar and Mars habitation Modules for the Space Exploration Initiative (SEI) . In: J W Wilson, J Miller, A Konraki, F A Cucinotta (eds.), Shielding Strategies for Human Space Exploration, NASA Conference Publication 3360. NASA, Washington, D. C. December 1997.

[16]　Skoog I. Life Support Systems for Man: Life Sciences Research in Space. ESA—SP—1105, pp. 97—108. ESA, Noordwijk, The Netherlands, 1989.

[17]　Spudis P D. The Once and Future Moon, pp. 83－101, 255. Smithsonian Institution Press, Washington, D. C. 1996.

[18]　Taylor L A, Schmitt H H, Carrier W D, Nakagawa M. The Lunar Dust Problem: From Liability to Asset. American Institute of Aeronautics and Astronautics, Washington, D. C.

[19]　Wieland P O. Designing for Human Presence in Space: An Introduction to Environmental Control and Life Support Systems. NASA George C. Marshall Space Flight Center, Huntsville, AL, 1994.

第6章 航天员的选拔和医疗要求

"一个能干的人，应该十八般武艺样样精通，抡起刀能杀猪，下了海能开船；会给婴孩换尿布，会给大厦画蓝图；会写诗，会理财；会施肥，会砌砖；会编程，会作战；会做饭，会点菜；会打架，会接骨；会团队合作，也会独立工作；会解数学方程，会分析新问题。生得光荣，死得勇敢。只有昆虫一样的生物才只专于某个特定领域。"

——美国著名科幻小说作家罗伯特·安森·海因莱因

2007年9月，美国国家航空航天局的2009年航天员候选人培训班开班授课。培训班2009届的毕业生不仅有机会成为美国国家航空航天局航天飞机的继任航天器——猎户座乘员探索飞行器的航天员，还有机会执行载人登月任务。最后确定的人选将获得一系列航天员合格证书并掌握相关技能，包括获得博士学位证书和潜水资格证、积累大量的飞行经验、掌握跳伞技能等。2009年夏季，被选中的航天员将在约翰逊航天中心报到，开始学习航天员基础培训课程，为未来的飞行任务包括载人登月任务做准备。

美国国家航空航天局将采用独特的选拔标准来选拔执行探索级月球探测任务的航天员。他们还将接受针对具体任务的培训。然而，航天员面对的最严峻的挑战可能是健康和医疗保障问题。在讨论这个问题之前，我们应理解影响近地轨道以远任务的人的因素。

6.1 长期任务对航天员心理的影响

随着航天任务时间的增加，出现了一系列生物医学和行为学的挑战，其中大多数问题都出现在遇到挫折但最终成功的任务中。在航天任务策划者设计载人登月等长期航天任务的过程中，人的因素是最为复杂的问题。实际上，在远离地球的天体上，航天员之间的相互关系是深空探测任务中最为严峻的挑战之一。

6.1.1 心理问题

"两个人在一个只有 18 英尺×20 英尺的狭小空间内共同生活长达 2 个月，其犯罪的几率是极高的"。

——苏联航天员瓦列里·留明（Valery Ryumin）

长时间的载人航天任务会引起航天员的一系列症状。这些症状包括睡眠障碍、情绪异常、能量减少等心理问题，还包括人际关系紧张、团队凝聚力降低等人际关系问题[14,15]。幸运的是，航天员具有超凡的心理素质和专业技能，上述问题并未对实际任务产生消极的影响。但是，有非官方的消息称，俄罗斯曾经向和平号空间站发射过一项救援任务，任务目的是将受到精神压力打击的俄罗斯航天员送回地球[4]。尽管航天员是从众多候选人中严格筛选出来的佼佼者，都经过了专业的训练，但他们仍然会出现一些失控的情况。

长期载人航天任务与南北极科考队的任务有一些共同点，都要求每个人在长期密闭和孤立的条件下，与其他人建立并维持稳定的互动关系。但在这样的环境下，人们不可避免地会出现冲突。我们面临的问题之一是，由于已经进行的载人航天任务数量有限，很难从航天员处获取有关心理因素的准确数据。在执行过载人航天任务的航天员中，执行过长期载人航天任务的航天员数量更少。

6.1.1.1　类比分析

为研究航天员长期生活在微重力状态下的各种问题，心理学家用南极工作站和核潜艇的案例对载人航天进行类比分析。研究者发现，在南极工作站度过长达 8 个月的冬季的人群，其焦虑、抑郁、失眠和敌对性等症状显著增加[19]。但是，比起在太空里狭小的空间，南极工作站的工作人员的居住条件要"奢侈"得多。在太空，航天员的私密空间有限，且工作在嘈杂的环境中，花费大量时间演练应对措施，洗浴设施也有限，通常一周才能用海绵淋浴一次。

美国国家航空航天局准备将美国航天员送上月球执行长期任务，心理学家对此警告说，航天员可能会出现心理问题。其中部分原因是任务的危险性较高，在任务期间，航天员长时间暴露在辐射环境的风险增加。长时间生活在密闭和危险的环境下，航天员可能会出现前面提到的心理问题。

为了解航天员执行长期载人登月任务时可能出现的行为问题，研究者进行了前面提到的类比分析。但是，这些类比分析并不能够完美仿真载人航天任务，因为在每个类比环境下，航天员的性格、筛选程序、任务目标和任务时间都是不同的。然而，类比环境是研究者们研究封闭、隔离和长期高压力下的环境影响航天员行为的唯一工具。

最通用的类比研究是对核潜艇乘员进行的研究（见图 6-1），乘员们在水下生活了 6 个月。核潜艇乘员经过了最为严格的训练和测试，并在经过层层筛选后脱颖而出，因此他们的精神疾病发病率相对于普通人群要低。这些精英群体中，最为常见的心理症状包括焦虑、低落和人际问题[28]。

尽管核潜艇环境在某些程度上与飞船中的密闭环境相似，但许多研究者认为，最有用的类比研究是对南极科考站的研究。这是由于南极科考站具有极端恶劣的环境、长时间的任务周期和与外界的有限接触。南极科考站与在轨飞船的其他相似之处包括乘员的异质性、高技术水平、组织结构以及任务时间的周期性等[19,22,26]。实际上，研究者认为，南极和在轨空间站的环境是如此相似，南极科考站的研究数据，是预测航天员执行国际空间站和未来行星际任务时可能出现的社会心理行为问题的主要来源。

图 6-1　核潜艇的乘员与执行长期载人航天任务的航天员具有相似的压力（图片来源：Northrop Grumman）

6.1.1.2　基于地面的太空模拟器

1990 年，欧洲空间局（ESA）进行了一次太空模拟活动，选择了 6 名具有科学和工程背景的市民，在一个高压舱内生活了 4 周，这是欧洲空间局进行航天员日常生活模拟实验的一部分。

欧洲载人航天基础设施隔离研究（ISEMSI）是一系列由志愿者参与的心理社会学测试，用于鉴别航天任务中的社会与情感冲突，记录并分析乘员之间的交流模式。研究者观察到，在实验开始的前几天，团队交流通常比较均衡，接着交流模式会逐步发生改变。尽管在实验期间，团队保持为一个紧密结合的整体，但在实验临近结束时，许多交流已变为乘员与指挥官之间的双向交流。

另一项并不是太成功的研究是 1999 年俄罗斯生物医学问题研究所（Russian Institute for the Study of Biomedical Problems）进行的空间站国际乘员飞行模拟（Simulation of Flight of International Crew on Space Station，SFINCSS），最后导致拳脚相加和性骚扰指控。在庆祝新年前夜的派对上，当时在和平号模拟舱中的隔离实验已经进行了 110 天，加拿大人朱迪斯·拉皮尔（Judith Lapierre）躲避舱内观测照相机的监视，强吻一位俄罗斯女乘员。原本这项测试是用于评估和观察异性乘员在各自舱内进行不同飞行任务的社会交流活动，然而强吻事件发生后，媒体对本次研究停止了报道。在斗殴和性骚扰事件发生后，指挥官要求两名乘员要么退出实验，要么将两名乘员隔离在自己的居住舱中不再进一步交流，避免形势进一步恶化。

　　无论是上面提到的载人航天基础设施隔离研究、空间站国际乘员飞行模拟实验，还是欧洲空间局在 2008 年进行的火星 500 载人模拟实验（译者注：截至 2012 年 10 月，火星 500 载人模拟实验已成功完成 3 个阶段的实验任务，任务时间分别为 15 天、105 天和 520 天），进行这类研究的结果最终解释了"我们"和"他们"综合症的区别，这是在之前的载人航天和南极科考站任务中提到的名词。出现综合症的原因是团队认为任务控制并不理解航天员在隔离环境中面临的问题的本质，因此将中心权威视作外部权威，这不可避免地产生冲突。

6.1.2　航天任务中的心理问题

　　也许最不为人知的一次乘员与任务控制官之间的冲突发生在 1973 年 11 月的天空实验室 4 号（Skylab 4）任务中。任务期间，所有航天员都是新人，他们抱怨工作负担过重。天空实验室 4 号任务的航天员执行的任务强度与之前的天空实验室任务相似，任务控制官对指挥官杰拉尔德·卡尔（Gerald Carr）、飞行员威廉·波格（William Pogue）、科学飞行员爱德华·吉布森（Edward Gibson）的抱怨无动于衷，告诉航天员继续执行分配的任务。航天员们不满任务控制官的态度，关掉了无线电，宣布将不按日程安排工作并休息一天。发生这种不遵从指挥的行为后，美国国家航空航天局制定规则，要求从此以后执行国际空间站任务的航天员中至少有一名具有飞行经验的航天员。航天员可能遇到的类似问题如表 6-1 所示，描述了在"美国国家航空航天局-和平号空间站"时期发生的事件案例。

表 6 - 1　NASA - 和平号空间站任务时期导致消极心理问题的事件

任务时间	事件	详细情况
1995.4	航天员亲属离世	任务指挥官弗拉基米尔·德朱若夫（Vladimir Dezhurov）获悉他母亲去世的消息
1997.2	起火和降压	和平号空间站量子 1 号舱里的供氧设备起火，航天员不得不戴上呼吸面罩；火情持续了 15 min
1997.3	供氧设备故障	一个供氧设备发生故障，3 名航天员只剩下 2 个月的氧气供应
1997.4	乙二醇泄漏	美国国家航空航天局航天员杰里·利宁格（Jerry Linenger）向任务控制官报告说，冷却系统的乙二醇发生泄漏，导致航天员出现鼻塞现象
1997.6	降压	进步号 M - 34 货运飞船靠近和平号空间站时，进步号飞船"速率中止控制"的有关部件失灵。进步号与和平号的光谱号（Spektr）增压舱发生碰撞，导致空间站降压
1998.3	计算机故障	空间站上控制轨道校准的主计算机故障，和平号空间站漂浮在太空，直到航天员重启计算机
1998.3	工作量过度	指挥官塔高特·穆萨巴耶夫（Talgut Musabayev）向任务控制官报告，说航天员工作过量，由于缺乏休息导致犯错
1998.6	空调系统故障	温度上升到 35℃；尽管安装了新空调，但温度仍然保持在 28℃

注：摘自 Ark and Curtis（1999）[1]。

6.2　航天员选择标准

6.2.1　航天员的医疗选择

探索级任务在医疗方面的标准是确保航天员在身体上、情绪上都适合在轨任务和月球表面的扩展任务。

航天员候选人如果在身体上有缺陷或疾病，将不能通过考核。航天员只有在通过下面列出的所有生理系统的评估考核之后，才能得到健康状况证书：

　　1）内分泌系统；

2）泌尿生殖系统；

3）呼吸系统；

4）心血管系统；

5）消化系统；

6）神经系统；

7）心理学和神经学评估；

8）眼科系统；

9）耳、鼻、喉和均衡系统；

10）肌肉骨骼系统；

11）血管和免疫系统；

12）辐射效应；

13）普通医疗条件。

对于每个生理系统来说，航天员候选人必须能够不受系统具体干扰的影响，否则无法在训练或实际飞行过程中履行航天员的职责。

对于每个生理系统来说，有多种情况将使航天员候选人落选。下面将有选择地讨论这些情况。

6.2.1.1　内分泌系统

与内分泌系统有关的一个可能的落选情况是 I 型糖尿病，这类糖尿病的患者需要注射胰岛素，促进碳水化合物和血脂的新陈代谢[2]。患有此类疾病的航天员是不适合执行载人航天任务的，因为在太空中无法对此类疾病进行治疗，可能出现的灾难性情况将危及航天员。

6.2.1.2　泌尿生殖系统

如果候选人出现泌尿生殖系统问题，将无法通过考核，因为泌尿生殖系统问题会导致突然的剧烈疼痛[17]。有尿道结石的人出现血尿、尿频和排尿困难等症状的概率也很高。

6.2.1.3　呼吸系统

呼吸系统和肺功能不正常会使航天员在航天器环境中更容易出

现功能紊乱，因为航天员在这样的环境下可能会出现缺氧、肺膨胀不全、过载等情况。例如，患有慢性支气管炎和肺气肿的人可能会严重缺氧，在航天器环境中的低氧、低比重会加重缺氧程度。这类患者可能还有细支气管功能紊乱症状，在例如发射时的高过载情况下会导致呼吸道阻塞。该症状在穿上航天服后会加剧，航天服中装有过载保护设备，会导致胸廓内血容量的迁移，这会进一步危害呼吸道功能。同时，在快速减压或爆炸式减压的情况下，肺组织稀薄的航天员出现肺部气压性伤害的几率非常大。

6.2.1.4　心血管系统

大多数心血管系统问题会导致猝死或失去行动能力[14,29]。例如，冠状动脉疾病（CAD）是无法预测的，而且可能在过热、缺氧和过载情况下加剧，在这些情况下，心肌对氧气的需求都会增加。另一个验证的心血管系统问题是心肌梗死，这种情况可能导致血小板动脉粥样化，造成血管破裂或堵塞。

6.2.1.5　消化系统

消化系统的一些问题可能也会影响飞行任务。有一些消化道疾病可能是急性的或慢性的，在严重程度上也各不相同。例如，腹腔内部气体的体积在低比重环境或快速/紧急降压情况下有所变化，可能会导致航天员丧失执行紧急撤离的行动能力。

6.2.1.6　神经系统

偏头痛等症状可能会发展成偏头痛性中风，在航天器环境中会严重危害人员安全。类似的风险还有缺血性中风、癫痫症、痉挛和昏厥等[17,29]。

6.2.1.7　心理学与精神病学评估

欧洲空间局、加拿大航天局（CSA）和美国国家航空航天局在选择航天员的过程中，焦虑、情绪或性格问题等都是候选人落选的常见原因。

具有上述问题的人都不适合进行载人航天活动，因为他们有可

能在太空出现过激行为，例如恐慌、恐惧等[23]。同时，这些问题在
进入太空之前都是不可预测的，在各种潜伏的压力刺激下才会被触
发。对航天员性格问题的最主要的考虑是航天员是否能够有效处理
个人出现的问题，性格问题通常都非常复杂，由于这是一种特殊病
症，很难决定一名航天员的性格是否足够健康以执行航天任务。假
定心理特征会对任务或航天员产生影响，航天机构将会特别注意航
天员的选择，确保筛选出心理素质最佳的航天员执行飞行任务。通
常以社会心理学和心理学的选拔标准来进行航天员的选择，该标准
是基于临床精神病学评估和心理测试的。

6.2.1.8 "满足则淘汰"：淘汰措施

从精神病学角度出发的筛选战略的第一步是淘汰不合适的候选
人，这是一个鉴别某些医学"淘汰"标准的过程，例如精神分裂症、
精神错乱等。为确定候选人是否合格，将以精神病学面试的形式对
候选人进行正式的临床评估。应用的其他评估工具包括心理测试，
例如明尼苏达多相人格调查表（Minnesota Multiphasic Personality
Inventory，MMPI）、罗夏克墨渍测试（Rorschach Ink Blot Test）、
米隆临床多轴问卷（Millon Clinical Multiphasic Inventory，
MCMI）等。

通常至少由两位神经病学家独立进行神经病学面试。面试的结
构是经过精心安排的，以确保候选人就某个特定的题目尽可能提供
足够的临床信息，面试的形式尽量减少"是"和"否"问题的数量。
例如，面试官提出"你是否曾经感到过沮丧？"这样的问题时，大多
数候选人的回答都是"否"。因此将问题改为"请讲述你遇到过的让
你最沮丧的事"。这样可以确保候选人提供足够多的有关沮丧的临床
信息。

6.2.1.9 "满足则通过"：遴选措施

航天任务的遴选措施是指鉴别那些作为航天员应有的个人素质。
标准包括性格特征例如抗压能力、高积极性、建立稳定的人际关系

的能力等。在载人航天初期，这些遴选标准是受到任务类型特点驱动的，仅包括抗高压能力、在极端压力下作出决策的能力以及优秀的驾驶能力等。但是，随着航天飞机时代的到来，要求航天员具有工程、科学和医学经验，并要求对遴选标准的有效性进行再次评估。

6.2.1.10　航天员的心理剖面

航天机构认为，性格评估是选择最佳航天员的重要工具。但是目前并没有用于航天员选择的标准心理测试。对航天员性格特征作用进行的研究表明，性格评估在最终选择航天员时并不能起到主要作用。此外，对最终入选和落选的候选人进行的心理测试结果并没有明显区别。但是，2007 年媒体报道的企图绑架情敌的美国国家航空航天局航天员莉萨·诺瓦克（Lisa Nowak）的事件表明，对执行重返月球任务的航天员进行心理筛选可以起到一定作用。

6.2.1.11　眼科系统

太空环境是非常恶劣的，航天员可能会经历零引力、缺氧、体液沸腾、高加速度、电磁眩光等，每种情况都可能会损坏他们的视力，造成航天员失常，甚至失明、残疾和迷失。每位航天员为履行自己的职责，必须具备足够的知觉、色觉和空间辨别能力。如果某位航天员在上述眼功能方面存在任何问题，都可能在紧急情况下危害其他航天员。此外，在紧急降压情况下，这些视觉上的缺陷可能会造成航天员暂时性的半身麻痹、局部麻痹，有时甚至可能会造成永久的视觉损伤。

6.2.1.12　耳、鼻、喉和均衡系统

听力、平衡、语言、交流和不受限制的呼吸对于载人航天任务的安全实施尤为重要。某些失常情况，例如眩晕，可能会对其他航天员造成威胁，还可能会伴随一些无法应对的症状，包括短暂眩晕、波动性失聪、耳压等。另一种严重的失常情况是位置性眩晕，通常突然出现，伴随眩晕、恶心和呕吐。毫无疑问，具有以上症状的个人，在微重力环境下的症状会加重，将对其他航天员造成严重威胁。

6.2.1.13　肌肉骨骼系统

在紧急情况下，航天员必须执行一系列"任务/关键"程序，采取紧急撤离的必要措施，因此如果航天员的肌肉骨骼系统有生理上的残疾，则会落选。

6.2.1.14　血管和免疫系统

美国国家航空航天局航天员会执行一些特殊的控制措施，例如发射前的有限访问/检疫计划，以防止航天员在起飞前患上传染病。除了预防患病，根据目前美国国家航空航天局医疗管理部门的要求，患有某些疾病的航天员也会落选，例如艾滋病病毒（HIV），这是一种会出现症状、需要治疗的传染病，毫无疑问，HIV 携带者是不适合执行载人航天任务的。

6.2.1.15　辐射效应

在前面的章节中已经简要介绍了辐射问题。由于月球表面的超高辐射环境，在月球上执行长期任务的航天员受到的辐射量可能会接近甚至超过致癌辐射量的上限。为减轻辐射带来的风险，美国国家航空航天局可能会选择致癌辐射水平较低的航天员。如果在进行登月任务时，筛选技术已经足够先进，美国国家航空航天局则可能会选择那些最不易受电离辐射影响的航天员。

6.2.2　航天员之间的共处

选择航天员组合的过程通常被视为一个不透明的过程。也许历史上航天员队伍差异最大的一次任务就是 STS-51G 发现号航天飞机任务，由非军人航天员和美国国家航空航天局的军人航天员组成，有男性也有女性，其中还包括一位沙特阿拉伯王子和一位法国航天员。尽管该次任务存在多国家、多文化的挑战，但在整个任务中，所有航天员都和睦共处、有效工作。然而，航天飞机任务周期通常最多为两周左右，而探索级的任务持续周期会长达 6 个月。因此，在确定任务的有效性时，航天员共处问题显然是非常重要的。

　　在确定航天员是否能够共处时遇到的问题在于我们无法预测某个航天员与另一个航天员是否能够有效地协同工作。一些研究学者倾向于使用心理表现测试和性格问卷，另一些研究学者则倾向于使用更偏向行为导向型的方法。俄罗斯人投入了大量成本来研究评估航天员共处的问题，他们认为，生物周期是选择俄罗斯航天员的有效工具。

6.2.3　航天员的组合

　　美国国家航空航天局计划将 4 名航天员送上月球。美国国家航空航天局认为，航天员的数量应该尽可能地少，因为数量越多，相互之间发生冲突的可能性就越大。每位航天员的具体职责还未确定，但可以肯定的是，将由一名航天员担任飞行员，如果执行长时间任务，还将有一名航天员是医生。经验最为丰富的航天员将担任指挥官，而不是像以前的很多载人任务那样去担任飞行员。

6.2.4　领导力

　　目前，在航天任务中担任过指挥官的航天员不足 100 名。在月球表面的恶劣环境下，航天员将执行为期 6 个月的任务，因此必须以最高的标准来选拔月球任务指挥官。

　　幸运的是，与重返月球任务的其他许多需要进行研究的领域不同，在探索级任务中并不要求对有效的领导力进行研究。那些注重"质量"的人最适合在恶劣的环境中、长达数月时间内，担任一个小组的领导者，他们在月球基地探索的数天中可以提供大量信息。探险家弗里乔夫·南森（Fridtjof Nansen）、罗尔德·阿蒙森（Roald Amundsen）、道格拉斯·莫森（Douglas Mawson）的经历为载人探月任务提供了大量宝贵经验。但是，在这些 20 世纪早期的伟大探险家中，有一位出类拔萃的人物，他就是欧内斯特·沙克尔顿（Ernest Shackleton）（见图 6 - 2）。沙克尔顿被称为"曾经到过地球边缘的最伟大的领袖人物"，他曾经带领队员在南极洲探险，历经近 2

年的磨难，最终成功挽救了同行队员的生命。为学习 100 年前沙克尔顿的这种超凡的领导力，并理解他的这种领导力为什么适用于载人登月任务，我们必须先回顾一下沙克尔顿那段令人难以置信的、神话般的探险经历。

图 6 - 2　欧内斯特·沙克尔顿（图片来源：美国国家海洋和大气局）

　　沙克尔顿是第 1 位试图穿越南极大陆的探险家。1914 年 8 月，沙克尔顿带领船员驾驶坚忍号（Endurance）从伦敦出发。在行进过程中，威德尔海的浮冰将坚忍号团团围住，使它寸步难行。在接下来的 10 个月里，沙克尔顿和船员在船上等待浮冰融化，不料浮冰撞击坚忍号，他们被迫弃船登上浮冰，此时已经远离大陆2 000 km。

　　在浮冰上，气温急剧直下，船员们的衣服都冻住了，很多船员被冻伤，有些船员不得不将自己的脚趾切断。沙克尔顿和船员每天靠吃企鹅为生，挨过了南极的漫漫寒冬，但都变得非常虚弱。最终，浮冰彻底碎裂了，他们不得不靠 3 艘救生船逃离，在海上漂流了 4 个月。在经历肆掠的狂风和海浪之后，沙克尔顿和船员终于抵达荒无人烟的象岛。

接下来的数月中，两艘救生船翻了，沙克尔顿决定和 5 名船员搭乘剩下的一艘经过修补的救生船去南乔治亚岛寻求救援。正是这次在航海历史中的最伟大的航行探险中，沙克尔顿和船员在全球最暴虐的海洋中横渡 1 200 km，到达了南乔治亚岛。抵达南乔治亚岛之后，他们穿越南乔治亚山脉，到达捕鲸站。最终，沙克尔顿和船员完成了这次壮举，并返回象岛救出了剩余的船员。令人惊奇的是，等待救援的每位船员都安然无恙。

沙克尔顿是如何做到的？首先，要在危机情况下领导全体船员，沙克尔顿必须了解，让船员服从指令的最有效的方法是身先士卒。一个恰当的例子就是一行人在凌晨 3 点到达象岛后，沙克尔顿展现出的领导力。当时每个人都完全丧失了信心，包括沙克尔顿在内，但正是他重拾信心，打头阵带领其他船员。通过该方法，沙克尔顿拥有了一支完全信任自己的强有力的队伍。第二，在浮冰上被困数月之后，沙克尔顿已经和船员打成一片，并不在意人与人之间的层级关系。

毫不意外的是，沙克尔顿的领导力模型如今被广泛用于各种机构，从特种空勤团到国际业务公司。一位成功的月球任务指挥官必须具有沙克尔顿的管理风格和原则。指挥官将理解每个人在任务中的职责，但在行动过程中，最终的决策权掌握在指挥官手中。月球任务指挥官必须具有无比乐观的精神，能在最恶劣的环境下坚持走下去，同时也能鼓励其他人一起坚持。沙克尔顿曾经说过："乐观是最好的鼓励。"在执行月球任务过程中遇到紧急情况时，这种乐观精神往往是关系生死的。

6.3 航天员训练

执行月球和探索级任务的航天员在接受训练的头两年，将遵循和航天飞机以及国际空间站任务训练相似的训练计划。

6.3.1　基本训练

航天员候选人最初被命名为 2009 级，分配到约翰逊航天中心的航天员办公室。在那里，航天员候选人将接受为期 2 年的训练和评估。在这段时间内，他们将参加航天员候选人基本训练计划，接受正式任务训练所需的知识和技能培训。例如，在训练计划中，每位航天员候选人需通过水下呼吸测试、掌握达到军人要求的水中求生技能、通过游泳测试、完成其他资格测试等。在训练结束时，航天员候选人将被称为任务训练合格的已受训航天员。从此时起，与执行国际空间站或航天飞机任务的航天员接受的典型训练相比，那些被选为探索级任务的人选接受的训练将有所不同。

6.3.2　月球任务训练

自从 1972 年起，美国国家航空航天局再未执行过载人登月计划。因此，在训练新一代月球任务航天员时，阿波罗计划的指导方针和经验教训都是很有用的。

阿波罗计划的航天员接受了大量的现场地质学培训，但后来证明在实现例如样品获取和记录等科学目标时用处不大。新月球任务航天员也将接受现场地质学培训，将在对例如火星上的霍顿（Haughton）环形山、美国夏威夷大岛（Big Island of Hawaii）和冰岛进行环境类比时用到这项技能。这项训练不仅可为测试设备提供支持，地学科学家还可以利用这个机会向新一批航天员教授月球地质学的知识。这项训练对于降低操作风险的作用不大，但可教给航天员在月球表面进行探测所必需的技能和知识。

6.3.3　应对紧急情况的训练

在接受训练期间，探索级任务航天员将对约翰逊航天中心的 9 号楼非常熟悉，9 号楼有一个训练场，供航天员进行紧急情景训练。紧急情景训练将训练航天员对火/烟、快速/爆炸式降压、毒气释放等事件的应对能力。在每个紧急情景中，时间都是最关键的要素。例如，在某紧急情景中，微流星体将月球表面生活舱（Surface Habitat）撞击出一个直径为 1 cm 的孔，由于生活舱快速降压，空气向太空泄漏，航天员只有 30 min 的时间采取行动。

6.3.4　虚拟环境发生器训练

航天员将使用虚拟环境发生器进行训练（Virtual Environment Generator，VEG）。VEG 是一个虚拟现实（Virtual Reality，VR）系统，该系统可模拟微重力环境的某些特点，协助在新环境例如月球生活舱中的导航，并可用于克服空间迷失。VEG 包括一个安装在头上的显示器（HMD），HMD 的位置和方向指挥计算机产生场景，使操作者的头部感应到位置和方向。这种人造的存在感使操作者感到正在月球生活舱甚至月球表面的虚拟世界中移动和驾驶。

佩戴上 VEG 设备后，航天员将置身于生活舱内部的景象中，或者在 HMD 中出现航天员的手握着虚拟控制面板的场景。当航天员移动手的时候，虚拟的手也会随之移动。当航天员的手穿透虚拟控制面板时，图形计算机中的碰撞探测软件会探测到该情况，航天员与虚拟开关或物体进行交互，以控制生活舱中的事件。

由于具备触觉和力反馈系统，航天员还可以操纵虚拟生活舱中的物体，感受到移动的阻力、质地、质量和压缩[5,7]。为帮助置身于虚拟生活舱中的航天员，当物体被抓住、掉落或虚拟开关被打开的时候，系统会配有相应的声响。这种人造的视觉和听觉效果将加强操作者的视觉信息，改善航天员在生活舱中的表现。

数据库压缩软件技术确保航天员能够在虚拟生活舱中看到现实中的生活舱中有的所有物体。软件还会考虑到航天员行动的实时效应和碰撞效应，也就是说，无论航天员在场景中移动得有多快，都不会产生视觉滞后[25]。实时操作使得航天员在训练中执行任务时经历高度现实化和交互化。

6.3.5　心理训练

　　一旦筛选出执行月球任务的航天员，他们的训练内容之一是发展其人际交往能力，不仅是两位航天员之间的交流，还包括所有航天员之间的交流和他们与地面控制人员之间的交流。这类训练在美国和俄罗斯的航天计划中已经非常普遍，随着今后载人任务周期的延长，航天员暴露在辐射和微重力环境下的时间也越长，心理训练也变得越来越重要。

　　为帮助发展航天员的人际交往能力，美国国家航空航天局心理服务团队（Psychological Services Group，PSG）可为航天员提供帮助。PSG 由行为科学家和心理学家组成，成立于 1994 年。PSG 的宗旨是为当时和平号空间站的美国航天员提供心理辅导，该团队无疑在长达 6 个月的月球表面任务中也将起到同样重要的作用。除了帮助航天员进行心理适应之外，PSG 还将提供大量载人任务的资料，从工作安排到休息时间表等，用于训练航天员辨别飞行过程中可能的心理问题。

　　另一个重要的支持团队致力于帮助航天员和他们的家庭，这就是家庭支持办公室（Family Support Office，FSO）。这是一个包括了来自 PSG、航天员办公室（Astronaut Office）和航天员配偶团队（Astronaut Spouses Group）的代表成员的团队。当航天员在月球表面执行任务时，FSO 将作为与美国国家航空航天局的联络方，方便航天员与家属的联系，还可更新与任务相关的消息。例如，FSO 的一些工作包括在特殊场合组织家庭会议、编辑数字家庭相册、在航天员执行任务期间向航天员汇报家属情况等。

6.4　医疗保障

　　可以说，航天员是地球上经过最严格的筛选和细心训练的人选。但是要在月球上恶劣的环境中生活 6 个月，他们也不可避免会遇到一些疾病和偶然的紧急医疗情况。此外，众所周知，航天员长期暴露在微重力环境下，由于运动受限，会遭受大量生理和心理上的损伤。这种损伤通常需要采取措施才能复原，但是从以往的经验来看，许多措施并不是具有全面保护性的，且会耗费航天员宝贵的时间，有时候还会影响执行任务的效率。因此，为探索级月球任务提供足够的医疗保障是任务策划者面临的前所未有的挑战，和国际空间站任务不同，执行月球任务时是不可能从月球表面快速返回地球的。

6.4.1　辐射

辐射是航天员在月球表面执行任务时遇到的最大危险。航天员将被暴露在高能重离子、质子和光子辐射之下，会受到太阳质子事件（Solar Proton Event，SPE）和日冕物质抛射（Coronal Mass Ejection，CME）的影响，见图 6-3。当重离子通量（用于表示粒子数量）大大小于质子通量时，来自单个粒子的能量沉积将非常大[11]。同时，由于传统的防护方法并不能有效地防护来自宇宙辐射的伤害，航天员还将暴露在二次粒子和高穿透性中子辐射下[8]。尽管他们在为期 6 个月的任务周期内受到的辐射水平要低于癌症患者接受化疗时受到的辐射水平，但也可能会威胁他们的健康[11]。

图 6-3　日冕物质抛射可能会对执行长期月球任务的航天员造成严重损伤
（图片来源：美国国家航空航天局）

6.4.1.1　辐射类型

银河宇宙射线（Galactic Cosmic Rays，GCR）是主要的辐射源，包括能够穿透航天员皮肤的高能量重离子，必须采取保护措施。第 2 种辐射源是太阳质子事件，主要包括质子、α粒子和构成时刻发生变化的重离子。辐射源区域位于太阳表面的活跃区域附近，此处的日冕物质抛射可能会产生二次加速。由于太阳质子事件与太阳的活跃区域有关，因此太阳质子事件在太阳活动高年（Solar Maximum）时可能会更为频繁，单个的活跃区域在数周时间内可能会发生一些太阳质子事件。

6.4.1.2　辐射造成的影响

辐射会对人体组织造成损伤，它会电离人体组织中的原子，这是一个使用足够能量将电子从原子中电离出来的过程，而原子组成了人体组织的肌肉。当电离辐射剥离了形成分子的 2 个原子共用的 1 个电子，分子被破坏。当电离辐射作用到细胞上时，可能会损坏染色体。染色体是细胞的最关键物质，因为染色体含有遗传物质以及细胞实现功能和自我复制的所有信息。

辐射对细胞产生的最无害的效应是电离形成的化学活性物质，在某些情况下会改变细胞的结构。自然情况下，在细胞中可能也会发生这种变化，因此可能不会产生危害。当辐射损坏了执行功能所需的细胞而细胞来不及自我修复时，会对细胞产生有害的影响。如果发生这种情况，细胞或者不能进行修复，或者不能正确或完整地执行功能。造成的结果是细胞不能执行其正常功能，或同时损坏其他细胞。这些发生变化的细胞也许不能复制，或以无法控制的速率进行复制，是患上癌症的潜在因素。最极端的情况是由癌症引起的细胞死亡，这可能取决于细胞对辐射的敏感程度。比起不能被迅速分开的细胞，能够被迅速分开的细胞受较低剂量的辐射的影响更大。敏感细胞的例子之一是血细胞，造血系统对辐射是最为敏感的。

由辐射引起的变化有时候会改变单个细胞中的 DNA，可能会诱发癌症，或产生遗传性影响，这取决于目标细胞。这些效应被称为随机效应（stochastic effect），是为暴露在低剂量辐射下的人设置保护限制的最重要的原因，但是目前并没有得出随机效应的安全阈值。

　　另一种危险的效应是非随机效应，通常在受到相对较高剂量的辐射后发生，症状包括急性辐射疾病、头发掉落、恶心等。与随机效应不同，非随机效应在频率和严重程度方面都是取决于辐射剂量多少的，可能在受到辐射后数小时或数天内发生，也可能在数月后发生。这些效应对于受到辐射的个人各不相同，在观测到具体的效应之前，有一个产生效应的最小辐射剂量值。正因为这个最小辐射剂量值，非随机效应也被称为阈值效应（threshold effect），但对于不同的个人，该阈值会有所不同。

6.4.1.3　急性辐射综合症

　　我们使用测量辐射剂量的方式来描述辐射造成损害的程度。辐射剂量的标准单位是戈瑞（Gray，Gy），定义为在数天时间内，每 1 千克人体组织吸收 1 焦耳电离辐射能量时，其辐射剂量为 1 戈瑞。急性辐射剂量被定义为超过 1 Gy 的大剂量。这种辐射可能会引起可清楚辨别的症状和综合症，被称为急性辐射综合症（Acute Radiation Syndrome，ARS），是一种急性疾病，由在非常短的时间内穿透整个身体或大部分身体的高剂量辐射引起。航天员可能在太阳粒子事件或"最糟糕的场景"太阳耀斑期间患过急性辐射综合症。ARS会引起 3 种不同的症状：

　　1）骨髓综合症，辐射剂量为 0.7～10 Gy，会损坏正以最快的速度分裂的细胞，例如骨髓、淋巴组织。症状包括内部出血、疲劳、细菌感染，随着剂量的增加，患有这类病症的病人的存活率降低，主要死因归结为骨髓损坏。

　　2）肠胃综合症，辐射剂量为 10～100 Gy，会损坏正以稍快的速度分裂的细胞，例如胃肠内部。症状包括恶心、呕吐、电解失衡、丧失消化能力、出血等。由于该症状具有毁坏性，通常不可恢复，生存机会极其渺茫，通常会在两周后死亡。

3）心血管/中枢神经系统（CNS）症状，辐射剂量大于 50 Gy，损坏不复制的细胞，例如神经细胞。症状包括丧失协调性、精神混乱、昏迷、休克，此外还有肠胃出血等症状。人通常会在受到辐射 3 天后由于循环系统崩溃而死亡。

无论症状的类型如何，每种症状都有 4 个阶段。第 1 个阶段是前驱期，表现为呕吐、恶心和厌食，程度取决于受到的辐射剂量的大小，症状可能持续数分钟或数天。第 2 个阶段是潜伏期，病人看上去和感觉上都比较健康，持续时间为数小时甚至数星期。第 3 个阶段是患病期，取决于具体的病症，可能持续数小时或数月。最后，病人恢复或者死亡。大多数没有恢复的病人会在受到辐射数月后死亡，那些幸存下来的病人往往也需要数周至数年的时间才能恢复。

ARS 最为严重的后果包括生育能力下降或短暂的生育能力丧失。辐射剂量大小和人受到的影响因性别不同而不同，通常来讲，尽管单次辐射剂量只有 0.15 Gy，也可能造成精子数量降低。但对于男性，导致短暂丧失生育能力的单次急性辐射剂量在 0.5～4.0 Gy 之间，短暂丧失生育能力的周期取决于辐射剂量大小，从 8～10 个月不等，甚至可达数年。造成永久不育的辐射剂量在 2.5～4.0 Gy 之间。尽管辐射剂量只有 1.25 Gy 时可能造成女性短暂不育，但对于大多数女性来说，造成不育的辐射剂量在 6.0～20 Gy 之间，剂量在 2～6.5 Gy 时，5％的女性会丧失生育能力长达 5 年。

执行任务期间受到辐射较长时间之后产生的后果是可能诱发癌症和损害中枢神经系统（CNS）。由于在量化这些风险时遇到问题，风险评估存在很多不确定性。诱发癌症的原因是对 DNA 产生的辐射效应，带有能量的粒子通过细胞，对所通过的区域产生强电离。水和其他细胞成分的电离可能会损坏粒子路径周围的 DNA 分子，产生一种"直接"效应破坏 DNA 链。通常单链断裂（Single－Strand Break，SSB）比较普遍，双链断裂（Double－Strand Break，DSB）相对罕见，但是两种情况都可以通过建立细胞机制的方法进行修复。

由于单链断裂和双链断裂产生的 DNA 集簇损害可能会导致细胞死亡，尽管通常这并不是问题，因为细胞原本就会通过正常的过程被新细胞替代。更危险的情况是 DNA 分子发生非致命变化，可能会导致细胞扩散，使人患上癌症。这是因为试图修复 DSB 时，可能会发生一个或多个点突变（point mutation），或者可能会诱发不同染色体之间或相同染色体的不同区域上更大片的 DNA 的移动或复制。

6.4.1.4　辐射限制

目前对近地轨道任务辐射量的限制是基于"辐射防护最优化"原则（As Low As Reasonably Achievable，ALARA）制定的，美国国家辐射防护与测量委员会（National Council on Radiation Protection and Measurements，NCRP）的第 98 号报告规定了航天员接受的辐射剂量上限。但是，这些上限都是基于对血液形成器官（blood－forming organ，BFO）的剂量，并不是对整个身体都适用的剂量，因此上述两个指南并不能用于对登月航天员进行辐射量上限评估，因为来自银河宇宙射线和太阳质子事件的高能量辐射会对整个身体产生影响。尽管如此，目前的研究偏向于使用近地轨道任务的辐射上限来作为探索级任务的指南。这样的政策可能会导致航天员死亡，因为辐射在近地轨道任务中对哺乳动物的细胞系统造成的伤害与深空探测任务中的情况大不相同。例如，来自银河宇宙射线的持续的低剂量重离子辐射会损坏细胞，对不同的细胞类型造成的损坏各不相同，要明确计算数值是非常困难的。此外，至今人们也无法计算出电离辐射造成的影响，仍然严重缺乏有关宇宙银河射线辐射造成的生物反应的数据。

在介绍美国国家航空航天局对航天员采取的辐射防护措施之前，有必要比较一下不同任务的辐射剂量上限。然而目前缺乏有关深空探测任务辐射剂量上限的数据。尽管在载人任务中收集到了有关辐射影响的一些数据（见表 6-2），但其中大多数数据都来自近地轨道任务，因此很难推测出深空探测任务所需的有关辐射剂量的数据。

表 6 - 2　航天任务中受到的辐射剂量[8,11]

任务	吸收剂量/mGy①	当量剂量/Sv②
7 天航天飞机任务（轨道高度<450 km）	2～4	0.005
8 天航天飞机任务（轨道高度<450 km）	5.2	0.05
阿波罗 14 号任务（9 天探月任务）	11.4	0.03
天空实验室 4 号（84 天任务，轨道高度 430 km）	77.4	0.178
和平号空间站（1 年任务，轨道高度 400 km）	146	0.584

注：①1 戈瑞（Gy）等于单位质量物休吸收 1 焦耳电离辐射能量。进行一次 X 射线胸
　　透受到的辐射为 1 mGy。
　　②希沃特（Sv）是用于人体组织的标准单位，1 Sv = 100 rem（radiation
　　equiualent man）。

　　目前长期载人任务的经验都来自国际空间站任务，国际空间站任务是标准的 6 个月任务，航天员每年受到的辐射量预计为 0.5～0.6 Sv。该剂量是一个核电厂工人允许受到的最大辐射量的 10 倍。长期辐射造成的后果表现为非受控的细胞分裂、DNA 破裂、最终细胞死亡。与执行登月任务的航天员受到的辐射威胁一样危险的情况是太阳质子事件剧烈时，在非常短的时间内受到高剂量的辐射，这可能导致非随机症状，最终变为急性辐射综合症（ARS）。

　　假定辐射可能对人的身体造成严重损害，那么很重要的一点是计算出一个辐射剂量阈值，计算时应基于重离子与生物组织的相互作用的理论模型。然而，至今人们对辐射损害生物组织的机制仍知之甚少，航天活动辐射效应的数据库信息仍然非常有限。因此，美国国家航空航天局评估的航天员致癌风险数据只是一个大致的近似估量（见表 6 - 3）。

表 6 - 3　航天员辐射当量剂量上限（Sv）

时间	血液形成器官	眼睛	皮肤深处
30 天	0.25	1	1.5
1 年	0.5	2	3
整个职业生涯	1～4①	4	6

注：①基于癌症 3% 的死亡率。

6.4.1.5　急性辐射风险减缓

有几种策略描述了减缓急性辐射风险的方法。例如，建议只筛选那些具有较低的已接受辐射水平的航天员执行长期登月任务。另一个建议是那些具有高辐射敏感性的航天员不适合执行长期载人任务。因为某些航天员具有某些基因型，使得他们对于电离辐射造成的身体影响要比其他人敏感。虽然带有这类基因型的航天员很少，但仍然有可能出现航天员对辐射的敏感度高于常人的情况。遗憾的是，现在无法根据 DNA 对航天员进行辐射敏感度的筛选。

目前并没有制定出针对登月航天员的可行的主要防护策略，任务规划者只得将其重点放在次级防护上，包括有效屏蔽、安全舱、辐射防护服等。

（1）防护辐射的医疗手段

可以通过医疗手段来减缓辐射造成的伤害，即利用氨磷汀注射剂保护身体组织不受电离辐射的伤害[12]。另一种药物治疗方法是氨基丙胺基乙基硫代磷酸单钠盐（WR - 2721），可减少辐射造成的影响。WR - 1065 是一种活性代谢物，与 WR - 2721 一起使用，可以在受到辐射后 3 h 起到防护作用。然而，尽管 WR - 1065 和 WR - 2721 联合使用能够减少辐射的诱变和致癌效应，但即使每年只服用低剂量的药物也有毒性，不能长期每天使用。

（2）纳米粒子

另一个次级防护策略是使用纳米粒子对辐射造成的生理影响进行正确监测。月球任务策划者可能会要求航天员注射含有纳米粒子的洁净液体，并在航天员耳朵里面安装小型的监测设备。液体里包含数百万纳米粒子，可作为探测辐射损害信号的基因平台。在细胞通过耳膜的毛细血管时，监测设备使用激光对受到辐射影响的细胞进行计数。设备的无线连接将向主计算机发送信息，主计算机将计算出辐射损害程度，并将该信息中继给任务控制单元。

（3）任务规划

基于美国国家辐射防护与测量委员会进行的研究，进行月球任务的最佳时间是在太阳活动低年期间。在此期间，太阳质子事件减少，银河宇宙射线的影响率相应增加。在太阳活动高年，太阳质子事件增加，银河宇宙射线的影响率相应减小。但是，建造月球基地的目的在于为人类建立一个永久月球基地，因此航天员有必要在太阳活动低年和高年都驻留在月球上执行任务。

（4）辐射监测

美国国家航空航天局在登月任务中将采取的另一个防护措施是使用被动放射量测定仪和其他辐射监测工具对空间辐射进行监测，例如组织当量比例计数器（Tissue Equivalent Proportional Counter，TEPC），带电粒子指向光谱仪（Charged Particle Directional Spectrometer，CPDS）以及实时辐射监测设备（Real－Time Radiation Monitoring Device）。

（5）辐射报警系统

美国国家航空航天局还将使用太阳观测天文台，例如"太阳和日球层天文台"（Solar and Heliospheric Observatory），作为观测工具，在出现太阳耀斑或带有辐射的宇宙风时向航天员报警。

（6）防护

尽管药理学防护和报警系统都是有价值的辐射防护措施，但最有效的辐射防护方式还是为航天员配备足够的防护装置。虽然大多数太阳耀斑的能量是由 α 粒子和 β 粒子组成，可以通过几厘米的防护层来进行防护，但那些移动缓慢的、较重的宇宙射线则需要数米厚的防护层才能防护。

6.4.2 航天员的行为与表现

在可能会影响航天员行为和表现的居住舱和月球环境中，对航天员有大量的行为规范限制。高辐射环境、隔离、人造环境以及一些意料外的事件，可能逐步影响航天员的正常工作（见表 6－4）。尽管有些与行为限制相关的问题可以通过事先的严格筛选和训练来避免，但居住舱的设计者们还会帮助登月航天员处理隔离环境下的心理压力和任务挑战。例如，需要良好的接口设计为航天员和地球之间的决策传递足够的信息，还需要在正常和危机场景中支持他们的行动和计划。此外，为减少人为失误，必须规划接口设计以降低航天员的认知类工作负担和疲惫程度。居住舱设计者还可以为航天员增加一些与地面工作环境相似的设施，例如图书馆、娱乐区域等，在设计中融合一些熟悉的视觉、色彩和灯光元素。

6.4.3　去适应作用

月球相对地球减小的引力可能导致航天员心血管和骨骼系统经历去适应作用，会使他们的身体结构和功能都发生适应性变化。在载人任务过程中，心血管和骨骼系统的去适应作用会增强，导致航天员回到地球之后出现心律失常（Cardiac Arrhythmias）、晕厥[18]、心脏功能减弱、骨密度降低等症状等。

表 6 - 4　长期载人任务的应激源分类[1,26]

生理	心理	心理	人为因素	居住情况
辐射	隔离	航天员协调需求	工作负荷高低程度	受限的空间
被改变的生理节奏	受限的营救能力	航天员和控制官之间的人际关系	交流有限	睡眠干扰
睡眠干扰	高风险环境	家庭生活干扰	设备故障造成的任务风险	缺乏私密性
接收的阳光减少	感官刺激的改变	多文化问题	对人造环境的适应	与支持系统的隔离

6.4.3.1　骨质疏松

在月球上生活将导致骨骼系统的机械载荷功能严重降低，航天员有可能患上骨质疏松症。实际上，长期载人任务对航天员的骨骼有害，一些十多年前在和平号空间站上生活了 6 个月的航天员的骨质量至今尚未恢复。由于该原因，许多航天医疗专家认为，骨质疏松是探索级任务最为严重的生理危害。

至今人们尚未完全理解身体骨质量减少的过程，但是可以明确的是，在引力降低的情况下，在执行任务的前几天，骨骼和肌肉会有所反应，最为严重的骨质量损失发生在航天任务的第 2～5 个月[16]。尽管执行登月任务的航天员预计不会承受和国际空间站航天员一样多的骨质量损失，但由于月球表面探索的要求，航天员的去矿化作用可能会更加危险。登月任务将导致航天员的骨骼经受过度的压力，如果航天员摔跤，骨折的可能性大大增加。

微重力引起的骨密度（BMD）损失主要发生在骨骼系统中承受重的部位，例如股骨、骨盆、脊柱。数项研究证实，数据显示，航天员每个月可能损失 $1\%\sim2\%$ 的骨密度[16,27]，该数值大约是患有骨质疏松症的绝经妇女骨密度损失百分比的 5 倍。由于暴露在高水平的辐射中，执行长期探月任务的航天员会出现放射性骨坏死（ORN）的情况，骨骼健康受到影响。放射性骨坏死是指在受到辐射损伤的部位，胶原纤维发生质变，骨骼停止生长，该情况多发生于接受化疗的癌症病人身上[10]。尽管并未研究电离辐射对普通骨质的影响，但对执行月球任务、暴露在辐射环境中的航天员来说，骨骼组织和骨骼完整性受到严重损失的风险非常大。

由于骨质疏松造成骨折的风险增大，航天员的肾脏还可能受到过度矿物的毒性影响，从而对骨骼也造成不可逆的损伤。

6.4.3.2　肌肉系统的去适应作用

与国际空间站航天员不同，执行月球任务的航天员的肌肉系统尽管也会经历相似的去适应作用，但他们可以在站立、行走、摆姿态的过程中锻炼肌肉。但是，在月球上的低重力仍然会导致航天员逐渐损失力量，许多肌肉组织的尺寸也会减小。

6.4.4　对策

为抵消或减轻对心血管、骨骼和肌肉系统造成的有害影响，航天员每天至少花 2 h 的时间进行一项锻炼计划，该计划是为减轻骨骼负担、引导对肌肉的机械应变而设计的。

　　航天员将进行一项飞行前的个人锻炼计划，该计划基于锻炼测试、之前的飞行经验以及调节水平。根据每次的锻炼安排，身体训练教练将收到一份有关航天员训练课程的心率和测力计数据的文件。每个月航天员都将接受健康评估，以确定其供氧能力和力量水平。基于该健康评估，教练会对锻炼计划进行建议和更改，以确保锻炼计划持续有效。

　　除了锻炼设备之外（见图 6 - 4），月球基地还有一套经过飞行验证的非锻炼型的硬件设备，例如下体负压（LBNP）设备，该设备可以通过从上肢吸引血液来仿真腿部受到的万有引力。

图 6 - 4　执行月球任务的航天员每天锻炼 2～3 h，以减轻由于重力减小造成的不良影响（图片来源：美国国家航空航天局）

　　月球基地发展一段时间之后，可能会有一些新颖的对策硬件设备，例如离心机，可以将其安装在健康设施中。研究表明，用离心机产生的人造引力可以减缓由于重力减小造成的消极影响[14]，将离心机安装在月球上可以测试其功效，验证该设备是否可以用于未来的火星任务。

　　在月球表面执行任务的航天员将持续暴露在高危险的环境中。

显然，航天员要保持生理健康和心理稳定，必须将他们的健康和安全作为核心问题。但是，如果健康保健措施无法保证航天员的健康，也无法防止疾病和受伤，那么就必须执行医疗干预策略。

6.5　医疗干预

2008 年 2 月，亚特兰蒂斯航天飞机的航天员出现一次未公开的医疗问题，使舱外活动推迟了 24 h。美国国家航空航天局航天员斯坦利·洛夫（Stanley Love）最后代替了欧洲空间局的航天员汉斯·施莱格尔（Hans Schlegel），后来汉斯·施莱格尔重新加入任务。

这次事件是航天员在飞行过程中遭遇的众多医疗小事故中的一次典型事件。美国国家航空航天局和欧洲空间局航天员报告的医疗问题（见表 6 - 5）至今并未受到严正关注，也没有美国国家航空航天局和欧洲空间局航天员因为医疗问题退出航天任务。

然而，月球极端环境加上典型载人任务的长期特性，航天员迟早都会出现表 6 - 6 中列出的疾病或伤病情况，此时必须进行医疗干预。

6.5.1　航天员医疗训练

为应对可能出现的 II 类或 III 类医疗问题，由于来自地面的支持有限，可能由航天员自己执行最必要的措施。进行自主医疗的原因是在月球表面上与地球的通信会产生延迟，限制了运行能力。国际空间站任务会产生 1 s 的延迟，但执行月球任务的航天员与地球通信时会产生数秒钟的延迟，还可能时不时产生信号丢失等问题。由于上述问题，月球基地上的健康医疗维护必须高度自主，必须包括"故障保护"协议和进行现场医疗所需的资源。如果航天员中没有医生，配备现场医疗所需资源就显得尤为重要。由于无法确定每次任务的航天员中是否都有医生，因此在轨医疗问题的重担就落在航天员医疗官（Crew Medical Officer，CMO）的肩上。目前，航天医

表 6 - 5　在轨医疗问题

日期	问题本质	详细情况
1969 - 1972	小感染	在阿波罗计划中，航天员共发生 13 次小感染，包括口腔炎、咽炎、复发性腹股沟疝、腋下感染等
1970	尿路感染	由于指令舱损失电能造成严寒温度，阿波罗 13 号任务的航天员弗雷德·海斯（Fred Haise）患上铜绿假单胞菌尿路感染
1971	快速降压	在联盟 11 号飞船返回礼炮 1 号空间站时，一个压力均衡阀门松动，使飞船舱降压，航天员奥尔基·多勃罗沃利斯基、弗拉基斯拉夫·沃尔科夫和维克多·帕查耶夫牺牲
天空实验室任务期间	心室性心搏过速	在一次下体负压实验中，一航天员发生心室性心搏过速现象
1985	发烧	礼炮 7 号空间站的航天员弗拉基米尔在执行任务期间生病，由于情况没有好转，他提前返回地球
1986	节律异常	在和平号空间站驻留了 6 个月的航天员亚历山大·拉维金（Alexander Laviekin）由于节律异常，提前结束任务
1990	晕动病	美国国家航空航天局航天员詹姆斯·巴更（James Bagian）为一名患晕动病的航天员进行了肌肉注射
1991	割伤	在航天飞机 STS-37 任务中，一名航天员的手套松动掉落，导致航天员的拇指和食指之间被割伤；航天员的血液掉入太空，但后来伤口凝固
1996 - 1997	减小工作压力	由于工作量过大，美国国家航空航天局航天员约翰·布莱哈（John Blaha）出现愤怒、失眠等问题，后来上级减少了其工作量，他完成了任务

疗官是经过 34 h 医疗培训的飞行员或科学家，而其他航天员只接受了 17 h 的飞前医疗培训。因为月球探测任务的长期特性，航天员的医疗培训时间可能会增加，被筛选出执行探月任务的航天员将遵守与表 6-7 相似的进度安排。

表 6 - 6　飞行过程中的疾病和伤害的分类[13]

特点	举例	应对方式
I 类 1. 轻度症状 2. 对执行任务产生最小的影响 3. 不威胁生命	1. 太空晕动症 2. 肠胃失调 3. 尿路感染 4. 上呼吸道感染 5. 窦炎	1. 自我照料 2. 遵医嘱或非处方治疗
II 类 1. 中度或显著症状 2. 对执行任务产生严重影响 3. 可能威胁生命	1. 降压 2. 空气栓塞 3. 心律失常 4. 暴露在有毒物质中 5. 胸腔开放/闭合受伤 6. 骨折 7. 撕裂	1. 立即在轨诊断和治疗 2. 可能撤离 3. 可能终止任务
III 类 1. 即刻的严重症状 2. 丧失能力 3. 如果不采取措施可能失去生命	1. 爆炸式降压 2. 严重感染 3. 严重撞击受伤 4. 大脑受伤 5. 严重辐射暴露	1. 身体复苏和稳定后立即撤离 2. 采取放松措施

表 6 - 7　国际空间站的美国国家航空航天局航天员接受的医疗训练[14]

训练内容	航天员	时间/h	距任务发射时的时间/月
国际空间站航天医疗概述	全体航天员	0.5	18
航天员健康医疗系统（CHeCS）概述	全体航天员	3	18
跨文化因素	全体航天员	2	18
心理支持	全体航天员	1	18
应对系统操作 1	全体航天员	2	12
应对系统操作 2	全体航天员	2	12
毒理学概述	全体航天员	2	12
环境健康系统微生物操作和阐述	ECLSS	2	12
环境健康系统水质操作	ECLSS	2	12
环境健康系统毒理学操作	ECLSS	2	12
环境健康系统辐射操作	ECLSS	1.5	12

续表

训练内容	航天员	时间/h	距任务发射时的时间/月
二氧化碳暴露训练	全体航天员	1	12
心理因素	全体航天员	1	12
牙科	航天员医疗官	1	8
国际空间站医疗诊断 1	航天员医疗官	3	8
国际空间站医疗诊断 2	航天员医疗官	2	8
国际空间站医疗治疗 1	航天员医疗官	3	8
国际空间站医疗治疗 2	航天员医疗官	3	6
先进心脏生命支持（ACLS）设备	航天员医疗官	3	6
ACLS 药理学	航天员医疗官	3	4
ACLS 实验 1	航天员医疗官	2	4
ACLS 实验 2	航天员医疗官	2	4
心肺复苏术	全体航天员	2	4
精神病学	全体航天员	2	4
应对系统评估操作	航天员医疗官	3	4
神经认知评估软件	全体航天员	1	4
应对系统维护	全体航天员	2.5	4
环境健康系统预防和纠正维护	全体航天员	1	4
ACLS "megacode" 训练	全体航天员	3	3
心理因素 2	全体航天员	2	1
医疗更新	全体航天员	1	2 星期
CMO 计算机培训	航天员医疗官	1/月	任务期间
CHeCS 偶然事件训练	全体航天员	1	任务期间

为保证在长期月球探测任务过程中得到足够的治疗和复原，美国国家航空航天局指导航天员进行基于病人模拟器（human patient simulator，HPS）的微重力生理模型的课程和诊断过程培训（图 6 - 5）。课程包括医疗培训、遥测、远程医疗技术，基于高保真度环境的类比训练（high-fidelity environment analog training，HEAT），在月球上重新建立病人康复设施。

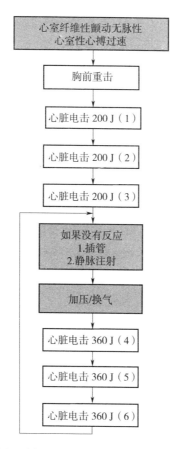

图 6 - 5　美国国家航空航天局用于鉴别医疗问题的诊断过程

6.5.2　远程医疗

"我们知道，远程指挥一个未经过训练的人完成一项复杂的医疗任务，这是有可能的，也是非常安全的"。

——麦克马斯特大学微创手术中心负责人梅兰·安瓦里（Mehran Anvari）博士

当航天员严重受伤需要进行外科手术的情况下，可能需要进行远程手术，即远程医疗（见图 6－6）。通过这种外科手术方式，外科医生远程控制医疗仪器进行手术。这种方法已经在跨洲的距离范围内成功进行过实践，美国国家航空航天局正在其位于佛罗里达州基拉戈岛海面下 20 m 的宝瓶座海底实验室（Aquarius）进行研究。

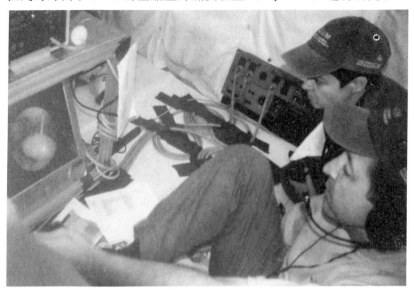

图 6－6　斯科特·杜尔查夫斯基（Scott Dulchavsky）博士正在远程观看美国国家航空航天局微重力实验室进行的非专业医生操作的腹腔镜手术过程。他采用应急训练法和声控指令，指导简单受训航天员在太空完成复杂手术操作（图片来源：美国国家航空航天局）

2004 年 10 月，美国国家航空航天局的极端环境任务操作（Extreme Environment Mission Operation，NEEMO）中，安瓦里博士在安大略湖的哈密尔顿，远程指导航天员进行了胆囊手术并缝合动脉。尽管在 6 名航天员中，有 3 名是内科医生，但他们都不是外科医生。除了由昂瓦里博士提供了一些协助之外，"宙斯"系统向 NEEMO 的航天员提供协助，该系统是一个用于远程医疗目的的机器人。

2004 年的 NEEMO 任务和接下来的 NEEMO 后续任务验证了远程医疗技术，通过该技术，可以使航天员和合格的外科医生进行通

信联系，并拍摄视频和诊断过程的图像（见图 6 - 7）。但是，尽管远
程医疗具有高精细程度和高复杂性，该技术也永远不可能替代航天
员医疗官和具有能动性的航天员本身。虽然航天员可能可以参与到
普通的外科和医疗紧急事件中并为之做好准备工作，但总会发生一
些意料外的情况。例如，南极科考站的医生通过独创和巧妙构思，
在设备不足的情况下，成功地处理了蛛网膜下出血的症状。该事件
不仅仅说明了人类能够克服重重困难挽救生命，还显示出人们是如
何临场发挥取得成功的。

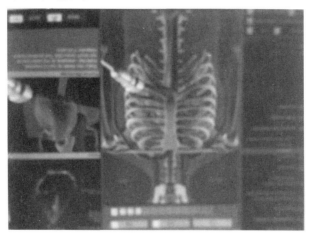

图 6 - 7　远程医疗也许要求航天员使用图中所示的医疗设备，本图展示的训
练过程，主要集中在超声波定位诊断、体内器官位置及结构大小、正确的超
声波图像表现形式等方面（图片来源：Dr. Scott Dulchavsky，NSBRI）

　　纵观历史，从大气飞行到超音速飞行，再从亚轨道飞行到轨道
飞行，从轨道飞行再到地球以远的飞行，美国国家航空航天局在航
空航天领域总是能够取得成功。地球轨道以远的长期任务在医疗方
面面临着更大的挑战。美国国家航空航天局从南极科考站和核潜艇
任务中学习经验，致力于确保长期月球任务的成功。最重要的是，
美国国家航空航天局认识到，随着任务时间的增加，人的因素变得
前所未有的重要。

参 考 文 献

[1]   Ark S V, Curtis K. Spaceflight and Psychology: Psychological Support for Space Station Missions. Behavioral Health & Performance Group, NASA Johnson Space Center, Houston, TX, 1999.

[2]   Atkinson M A, Maclaran N K. The pathogenesis of insulin dependent diabetes. New England Journal of Medicine, 331, 1428 - 1436, 1994.

[3]   Berry C A. Biomedical Results of Apollo, NASA - SP - 368, p. 68. Scientific & Technical Information Office, Washington, D. C. , 1975.

[4]   Burrough B. Dragonfly. Harper Collins, New York, 1998.

[5]   Cater J P, Huffman S D. Use of Remote Access Virtual Environment Network (RAVEN) for coordinated IVA - EVA astronaut training and evaluation. Presence: Teleoperators and Virtual Environments, 4 (2), 103 - 109, Spring, 1995.

[6]   Charles J B, Bungo M W, Fortner G W. Cardiopulmonary function. In: A. E. Nicogossian, C. L. Huntoon, and S. L. Pool (eds.), Space Physiology and Medicine, p. 268. Lea & Febiger, Malvern, PA, 1994.

[7]   Chung J, Harris M, Brooks F, Kelly M T, Hughes J, W, Ouh-young M, Cheung C, Holloway R L, Pique M. Conference Proceedings: Exploring Virtual Worlds with Head-mounted Displays, Non-holographic Three-dimensional Display Technologies, Los Angeles, January 15 - 20, 1989.

[8]   Comet B. Study on the survivability and adaptation of humans to long-duration interplanetary and planetary environments (HUMEX) . European Initiatives in Advanced Life Support Developments for Humans in Interplanetary and Planetary Environments, ESATN - 003. ESA, Noordwijk, The Netherlands, 2001.

[9]   Davis J R, Jennings R T, Beck B G. Conparison of treatment strategies for space motion sickness. Acta Astronautica, 29 (8), 587 - 591,

August, 1993.

[10] Donovan D J, Huynh T V, Purdon E B, Johnson R E, Sniezek J C. Osteoradionecrosis of the cervical spine resulting from radiography for primary head and neck malignancies: Operative and nonoperative management (Case report) . J. Neurosurg Spine, 3, 159 – 164, 2005.

[11] Durante M. Biological effects of cosmic radiation in low-Earth orbit. International Journal of Modern Physics, 125 – 132, 2002.

[12] Facorro G, Sarrasague M M, Torti II, Hager A, Avalos J S, Foncuberta M , Kusminsky G. Oxidative study of patients with total body irradiation: Effects of amifostine treatment. Bone Marrow Transplant, 33, 793 – 798, 2004.

[13] Houtchens B A. Medica-care systems for long-duration space missions. Clin. Chem. , 39 (1), 13 – 21, 1993.

[14] Jennings R T, Sawin C F, Barratt M R. Space operations. In: R. L. DeHart, J. R. Davis (eds.). Fundamentals of Aerospace Medicine. Third Edition. Lippincott, Williams &. Wilkins, 2002.

[15] Kanas N, Manzey D. Space Psychology and Psychiatry. Microcosm Press, El Segundo, CA/Kluwer Academic, Dordrecht, The Netherlands, 2003.

[16] LeBlanc A, Schneider V, Shackelford L, West S, Ogavov V, Bakulin A, Veronin L. Bone mineral and lean tissue loss after long duration spaceflight. Journal of Bone Mineral Research, 11, S323, 1996.

[17] McCormick T J, Lyons T J. Medical eauses of inflight incapacitation: USAF experience 1978 – 1987. Aviation Space and Environmental Medicine, 62, 882 – 887, 1991.

[18] Olshansky B. Syncope: Overview and approach to management. In: B. P. Grubb and B. Olshansky (eds.). Syncope: Mechanisms and Management, p. 18. Futura, Armonk, NY, 1998.

[19] Palinkas L A. Group adaptation and individual adjustment in Antarctica: A summary of recent research. In: A. A. Harrison, Y. A. Clearwater, and C. P. McKay (eds.). From Antarctica to Outer Space: Life in Isolation and Confinement, pp. 239—251. Springer-Verlag, New York, 1991.

[20] Pardoe R. A Ruptured intracranial aneurysm in Antarctica. Medical Jour-

nal of Australia, 1, 344 - 350, 1965.

[21]　　Rebo R K, Amburn P. A helmet-mounted environment display system. In:
　　　　Helmet-Mounted Displays. SPIE, Bellingham, WA, Proc. SPIE, 1116,
　　　　80 - 84, 1989.

[22]　　Sandal G M, Vaernes R, Bergan T, Warncke M, Ursin H. Psycho logi-
　　　　cal reactions during polar expeditions and isolation in hyperbaric
　　　　chmbers. Aviation, Space and Environmental Medicine, 67, 227 -
　　　　234, 1996.

[23]　　Santy P A. Choosing the Right Stuff. The Psychological Selection of As-
　　　　tronauts and Cosmonauts. Praeger, Westport, CT, 1994.

[24]　　Santy P A, Holland A W, Faulk D M. Psychiatric diagnoses in a group of
　　　　astronaut candidates. Aviation, Space and Environmental Medicine, 62,
　　　　969 - 973, 1991.

[25]　　Slater M, Steed A, McCarthy J, Maringelli F. The influence of body
　　　　movement on subjective presence in virtual environments. Human Fac-
　　　　tors, 40 (3), 469 - 477, 1998.

[26]　　Stuster J C. Bold Endeavours: Lessons form Polar and Space Explora-
　　　　tion. Naval Institute Press, Annapolis, MD, 1996.

[27]　　Vogel J M, Whittle M W. Bone mineral content changes in the Skylab as-
　　　　tronauts. Proc. Am. Soc. Roentgenol. , 126, 1296 - 1297, 1976.

[28]　　Weybrew B B, Noddin E M. Psychiatric aspects of adaptation to long
　　　　submarine missions. Aviation, Space and Environmental Medicine, 50,
　　　　575 - 580, 1979.

[29]　　Wolf P A, Cobb J L, D'Agostino R B. Pathophysiology of stroke: Epi-
　　　　demiology of stroke. In: H. J. M. Barnett, J. P. Mohr, B. M. Stein, and
　　　　F. M. Yatsu (eds.). Stroke: Pathophysiology, Diagnosis and Manage-
　　　　ment, Second Edition, p. 4. Churchill Livingstone, New York, 1992.

第 7 章　从发射到着陆

我们可以继续去清理世界各处的排水沟，把我们的精力全部放在去寻找污点和清理污点上；我们更可以抬头望向天空，以不断发展的方式前进。

——巴兹·奥尔德林（Buzz Aldrin）

7.1　任务体系

工程师们通常用"任务体系"这一说法来表示将一项航天任务所涉及的各要素整合所做的决策。这些任务从将探测机器人送入火星到将航天员送入近地轨道不等。任务体系结构同样对具体任务中不同模式的结合、飞行要素（如运载火箭）的指定以及针对建立月球基地这一计划中月球表面的活动进行了描述。下文中将对人类重返月球的任务模式选择过程进行描述。

月球任务模式（LMM）是用于确定载人飞行部件的集成方式和每个部件功能的基本月球体系决策。由于它构成了针对某一具体任务模式的细化和概念探索过程而进行的具体任务技术分析，故而得名。为了确定月球任务模式，美国国家航空航天局进行了研究，以对载人探索月球的任务要求有更好的了解。通过进行此类研究，美国国家航空航天局能够确定对其他具体任务概念进行评估的基线。例如，这些研究所得成果帮助美国国家航空航天局确定了如飞行试验等任务组成部分，并使媒体、公众和利益相关方能够参与讨论月球任务模式的可行性。

7.2　当前月球体系发展过程

作为人类重返月球计划的月球任务模式的准备工作，美国国家航空航天局认真解读了能够反映阿波罗太空舱的结构及阿波罗任务中采用的任务体系特征的相似研究，并对相对较新的月球任务研究进行了回顾，例如探索办公室（OExP）1989 年进行的"月球演化"研究、1996 年进行的"人类重返月球研究"[6]以及 1991 年进行的"站在门槛的美国"（其中包含名为"月球停留"和"火星探索"[1]的章节）。由于当前月球任务模式中融合了这些研究中的大量建议，对其中意义更加重大的内容进行回顾将会带来帮助。

7.2.1　"空间探索倡议"

"首先，在未来的 10 年内，整个（20 世纪）90 年代，下一步我国航天事业最为重要的任务就是完成自由号空间站。在 21 世纪，我们要重返月球，重返未来，而这一次是永久性的。接下来是走向未来的旅程，走向另一个星球的旅程，人类前往火星的任务……"

———乔治·布什总统于 1989 年 7 月 21 日

在发表上述讲话后，乔治·布什总统发表了"空间探索倡议"，并支持进行为期 90 天的对重返月球任务体系的概念研究[2]。1989 年构思的重返月球任务中，人们设想通过航天飞机将航天员和货物送入自由号空间站（之后成为国际空间站），随后在此将航天员和货物转移到月球转移航天器/登月航天器（LTV/LEV）。月球转移航天器/登月航天器可以通过航天飞机衍生型（Shuttle C）无人运载火箭运送至自由号。每一次登陆月球需要 3 次 Shuttle C 发射，一次用于航天器的发射，两次用于燃料的发射。该体系需求两种版本的 Shuttle C：用于运输推进剂的标准版，以及另一种为了适应登月航天器所采用的 7.6 m 直径整流罩的改进版本。

一组由 4 人构成的乘员组将根据 1989 年 6 月签订的阶段 A 合同，由波音公司设计的月球转移航天器在自由号与月球轨道之间进行往返。月球转移航天器由不可重复利用的氢氧燃料箱提供推进剂，该燃料箱被设计在地-月轨道间报废。月球运输系统的第 2 个要素即是登月航天器，用于月球轨道和月球表面的乘员及货物运输。

"空间探索倡议"体系是为了建立月球基地而提出的，它要求进行 2 次无人试验飞行：其中一次用于运送非加压月球车和设备，为建立基地做准备；另一次则是用于运送由自由号居住舱改造的永久性居住地。如果一切按计划进行，预计将于 2001 年进行首次载人任务。第二批乘员计划于 2002 年初抵达月球并在月球居住 6 个月，而第三批乘员将于 2002 年中抵达月球并将在月球居住整整一年。

7.2.2　探索办公室

美国国家航空航天局对于任务体系的其他研究由探索办公室（OExP）主持进行。探索办公室成立于 1987 年，是为了响应 1986 年在航天员萨莉·赖德（Sally Ride）带领下由国家委员会起草的航天任务报告而建立的。这篇名为《领导力与美国航天的未来》[7]的报告中提出了 4 点倡议，其中一点就包含了人类对于太阳系的探索。继该报告出版之后，探索办公室[8]进行了大量关于近地轨道以远载人探索的研究，其中一篇名为《从月球基地到早期火星演化》。1988 年进行的第一套研究的一个重要用途就是为不同的具体任务建立条件约束，同时提炼出未来任务的准则。同时，研究结果中提出了若干建议，这对于确定人类如何重返月球是十分重要的。例如，报告中指出国际空间站是发展长期在太空居住和工作能力的关键要素，同时需要继续加强将巨大质量货物送入近地轨道的重型运载能力。

探索办公室在 1988 年的研究基础上，在接下来数年内通过额外的案例研究继续进行调研，其中一项研究围绕的就是月球演化这一宽泛的主题，内容包含从生命保障系统到月球液氧生产等。这些案例研究为美国国家航空航天局提供了参考体系的基线，其具体内容已纳入综合组 1991 年进行的"站在门槛的美国"[1]研究中。"站在门槛的美国"研究对备选月球体系进行了调研，并确定了未来探索的关键性支持技术。这些技术包括自动交会对接、零重力对抗措施、辐射及屏蔽效应和轻质结构材料等。

7.2.3　首个月球基地研究

综合组于两年后进行了"首个月球基地（FLO)"研究[5]，试图从技术、计划及预算等层面对重建美国国家航空航天局月球探索能力有所启示。该研究所确定的某些关键性特征将成为 15 年后月球体系的一部分。例如本研究采用演化方法对于如何最小化操作的复杂性进行了研究，试图确定直接登陆月球表面并直接返回地球的最为可行的任务策略。

7.2.4　载人月球返回研究

1995 年，约翰逊航天中心进行了载人月球（HLR）返回研究[6]，受命将载人登月任务的成本在先前载人探索的预算上降低一到两个数量级。尽管载人月球返回研究只是整个重返月球任务方法中非常微小的一部分，但从长远角度看，该研究所提出的将国际空间站作为阶段任务节点这一关键性要素被纳入目前的"空间探索远景"月球体系中。

7.2.5　十年规划团队

计划的下一个阶段由美国国家航空航天局内部一个名为十年规划团队（DPT）的专门组织主持进行。成立该组织的目的是为空间探索确定一个完整的愿景和策略。十年规划团队后来发展为美国国家航空航天局探索队伍（NExT），负责确定各项主题的路线图。这些主题包括从航天运输到如电磁发射器和纳米结构等革命性概念，虽然其中许多相对前沿的概念最终被证明在载人探索任务中是不可行的。尽管它们的任务重点更多的是进行革新而非延续发展，美国国家航空航天局探索队伍还是对先前一些组织所进行的任务体系进行了分析和提炼。他们给出的结论是，现有发射能力可以根据所确定的技术和操作概念执行月球任务并提供有用的功能。美国国家航空航天局探索队伍最为显著的成绩就在于为发展探索蓝图团队及最终的集成航天计划（ISP）奠定了基础和框架，共同围绕跳板方法进行近地轨道以远的探索。

7.2.6　探索系统任务指挥部

2003 年 2 月哥伦比亚号航天飞机的失败使得探索蓝图团队和集成航天计划的发展势头有所减缓，然而研究结果所提出的要求还是在美国国家航空航天局探索系统任务指挥部（ESMD）的指挥下得到落实。为响应布什总统所提出的新"空间探索远景"，探索系统任务指挥部在 2004 年 1 月成立[4]。"空间探索远景"指出，月球任务专门用于支持如火星及以远的长期载人任务等长期探索的任务。具体来讲，探索系统任务指挥部致力于对探索体系的关键性组成部分的研究，即登月地点、任务模式、推进剂系统、地球着陆模式和改进型一次性运载火箭（EELVs）等重型运载概念。月球体系正是在这种情况下开始形成，同时探索系统任务指挥部获得了一系列目标为确定运载概念和任务体系设计的合同。在这些合同结果的基础上，目前公认的"空间探索远景"月球体系得到了发展。接下来的章节将对每个部分及其原理分别进行介绍。

7.3　月球体系

7.3.1　机器人先驱任务

人类重返月球的第 1 步就是将机器人探测器送入月球，检测有害环境并确定可能的登陆点。

机器人探测器计划的第 1 步是于 2008 年下半年通过宇宙神 5 号

401火箭发射月球勘探轨道器（LRO）。月球勘探轨道器的任务是创建一个月球特征及资源数据库。在从地球到月球的4天旅程中，月球勘探轨道器将首先进入试运行轨道，然后进入极轨道，进入极轨道后与月球表面仅相距50 km。为了获得人类重返月球所必要的信息，月球勘探轨道器将携带一个综合有效载荷（见表7-1）。

表7-1　月球勘探轨道器所搭载的仪器

工具	缩写	功能
用于观测辐射效应的宇宙射线望远镜	CRaTER	· 描绘月球辐射环境特征 · 测量辐射吸收
月球辐射计实验	DLRE	· 测量地表及地下温度 · 确定冷陷阱和潜在积冰
莱曼-阿尔法制图仪	LAMP	· 绘制月球表面紫外光谱 · 搜索地面冰 · 提供阴影区的图像
月球勘探中子探测器	LEND	· 创建氢分布高分辨率图 · 描绘月球辐射环境的中子成分特征
月球轨道器激光高度计	LOLA	· 测量着陆点斜率 · 生成月球三维地图
月球勘测轨道器相机	LROC	· 拍摄月球表面黑白照片 · 拍摄月球表面的彩色和紫外图像（分辨率为100 m）
微型射频技术验证	Mini-RF	· 拍摄极地地区影响以寻找水冰 · 论证与地基地面站通信的能力

与月球勘探轨道器一同被运载火箭送入太空的还有月球坑观测和遥感卫星（LCROSS），任务是探测月球南极长期处在阴影中的陨石坑中是否存在水冰。月球坑观测和遥感卫星和月球勘探轨道器计划于2008年底通过宇宙神5号火箭发射。发射之后宇宙神5号的半人马座上面级将进行月球近飞探测，随后由于受南极影响，将把月球勘探轨道器送入一个拉长轨道。在接近月球时，航天器和上面级将分离，半人马座撞击月球表面产生的碎片羽状物将通过月球坑观测和遥感卫星上携带的专业仪器进行分析。

月球勘探轨道器和月球坑观测和遥感卫星将为月球测绘和建模提供至关重要的资料，使得月球基地的建立成为可能，为载人探索做好准备。

7.3.2　地球到轨道运输

在完成了之前任务后，下一步则是将人类送入月球。美国国家航空航天局在多年来进行的研究中对大量运载火箭及其目前能力进行了检查，如改进型一次性运载火箭（EELV）和待设计的重型运载火箭（HLLV）。任务规划者在对地球到轨道（ETO）运输模式进行决策时的重要考虑因素包括：送入近地轨道的质量、在轨装配要求和整流罩体积。通过已进行的研究，任务规划者确定采用改进型一次性运载火箭是唯一大致可行的方案；然而由于其难度较高，操作上具有挑战性，因而最终被淘汰。由于载人登月任务所要求的近地轨道初始质量应在 120～220 t 之间，可以确定有效载荷的质量和体积应当与现有航天飞机系统中形成和发展而来的概念相符。对这样一个系统的选择意味着任务规划者对任务模式的选择必须受有效载荷的限制。如果一个单独的运载火箭具有将 200 t 质量的有效载荷送入近地轨道的能力，任务规划者可以考虑采用"直接入轨"（direct-direct）体系，不通过地球轨道交会（EOR）或月球轨道交会（LOR）将航天器直接由地球送入月球。然而出于成本考虑，任务规划者对由航天飞机任务发展而来的系统任务模式有三种选择，每种选择都将通过以下几个步骤进行评估。

7.3.3　任务模式评估，分析周期 1

任务规划者团队将任务模式评估分 3 步进行。每个步骤对成本、可靠性和安全等参数进行比较，并使用一个指标对任务选项进行比较。每个阶段后将会有一些任务模式被淘汰，同时有些则通过进一步研究以决定应该被采纳或剔除。接受评估的基线参考任务是月球轨道交会任务体系。该体系又名"探索系统体系研究"初始基准体系（EIRA），下文章节中将对该体系进行具体描述[3]。

对于"探索系统体系研究"初始基准体系的首次评估是对地球

轨道交会—月球轨道交会（EOR-LOR）、EOR 直接返回以及要求乘员探索飞行器在月球表面着陆所需的 EOR-LOR 变体方案之间的比较。美国国家航空航天局的分析核心力量团队通过对飞行力学、可靠性、安全性及成本等任务要素的考虑对任务模式进行了评估。通过对每个要素进行考虑和评估，该团队生成了一个包含项目预期综合成本的任务性能分析，并对乘员损失概率（P/LOC）及任务损失概率（P/LOM）进行了计算。

　　分析完成后，"探索系统体系研究"初始基准体系团队将确定一次飞行任务（图 7-1），计划于 2018 年将 4 名航天员送入月球，进行持续 7 天的航行。首次 7 天任务完成后每半年将进行一次任务，直到 2022 年月球基地的建立。

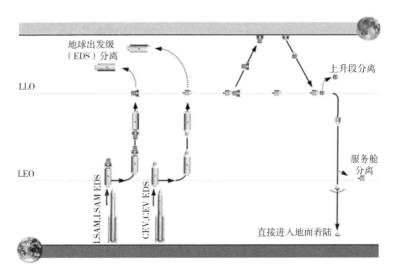

图 7-1　"探索系统体系研究"初始参考体系（图片来源：美国国家航空航天局）

　　"探索系统体系研究"初始基准体系团队决定从 2020 年至 2021 年末通过专门的货物着陆舱，将月球基地的功能要素（如电源系统、资源利用设备及居住舱）通过多次飞行运送至月球。最终预期将在 2022 年使月球基地具备工作能力，届时第 1 批基地乘员将抵达月球，在月球表面驻扎，航天员每 6 个月轮换一次。月球基地预期生命周期将持续到 2030 年。在此期间，与目前国际空间站轮换周期相同，新的乘员将以 6 个月为周期被送入月球。

在第一个分析周期中，"探索系统体系研究"初始基准体系团队还对不同任务模式的构型进行了研究，确定飞行要素和发射质量，从而确定最为有效的任务模式。构型研究要求对于如乘员探索飞行器和登月飞行器等载人要素有着深入全面的了解，并且能够确定在使用和不使用先进乘员逃逸航天器（ACES）时乘员探索飞行器的最小居住容积。这些研究大多由主动航天员和协助航天员来完成，这些航天员均具有在航天飞机、国际空间站或和平号空间站工作的经历。工作人员在约翰逊航天中心建造了一个低保真度的乘员探索飞行器实物模型（见图 7 - 2）帮助航天员进行构型研究。这个容积为 14.9 m^3 的实物模型随后被装备了系统和座位，航天员可以测量是否具备在零重力下活动所要求的足够空间。

图 7 - 2 兰利飞行测试中心于 2008 年 2 月制造的乘员探索飞行器模型（图片来源：美国国家航空航天局）

在第 1 个分析周期中，为了确定最为有效的任务模式，还对运载器质量属性、安全性、可靠性和可能的关键性任务事件等要素进行了评估。例如，"探索系统体系研究"初始基准体系团队认为任务仅在近月轨道（LLO）需要进行航天器的交会对接，而所评估的另一个选项则认为仅在地球轨道进行交会对接。在对不同任务模式及其变体进行了多项比较之后，"探索系统体系研究"初始基准体系团队确定了 4 个初选任务体系，并将对其进行进一步评估。它们分别是月球轨道交会、地球轨道交会—月球轨道交会（EOR-LOR）、地球轨道交会直接返回以及乘员探索飞行器降落在月球表面的地球轨道交会—月球轨道交会（又称 EOR 变体）。接下来的章节中将对以上 4 种体系进行具体描述。

7.3.3.1 月球轨道交会体系

月球轨道交会体系（见图 7-3）中，月球着陆舱预先部署在近月轨道上。乘员和乘员探索飞行器随后通过相同类型的航天器被送

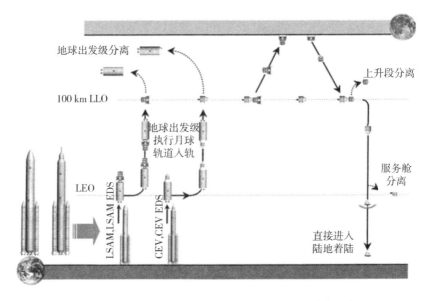

图 7-3 月球轨道交会任务体系（图片来源：美国国家航空航天局）

入月球轨道，随后两个航天器完成交会对接。当乘员转移到月球登陆舱内后，月球着陆舱与乘员探索飞行器分离并下降至月球表面，乘员探索飞行器、乘员舱和服务舱则以无人状态停留在近月球轨道。

当航天员完成了在月球表面 7 天的停留任务后，月球登陆舱将乘员送回近月球轨道并与乘员探索飞行器对接。此时乘员将转移至乘员探索飞行器，最后乘坐乘员探索飞行器返回地球。

在分析周期 1 的研究中，之前提到的乘员探索飞行器被指定为可容纳 4 名航天员的太空舱。它的加压容积为 22.4 m^3，可为乘员提供可维持 47 天的生命支持，同时在侧壁和舱顶还有高密度聚乙烯（HPDE）作为辐射防护。乘员探索飞行器的服务舱被指定为一个未加压的圆柱形舱体，用来装载航天器的推进和发电系统。为了进行交会对接等轨道机动飞行，服务舱装配有两个加压装料发动机和 24 个反作用控制推力器（RCT）。乘员舱和服务舱的近地轨道总质量合计为 22 909 kg。

分析周期 1 月球着陆舱的构型是基于两点要求设计的，即将 4 名航天员从近月球轨道送入月球表面，以及在近月球轨道将乘员送回乘员探索飞行器之前对他们在月球的 7 天提供支持。月球着陆舱的设计参考阿波罗登月舱，包括独立的上升段和下降段，并具备对上升段乘员舱进行充分减压的能力以支持舱外活动（EVA）。为了完成航天器从月球表面的上升及轨道机动飞行，月球着陆舱配备有两个 22.2 kN 的加压装料主发动机和 16 个 445 N 的反作用控制推力器，速度增量可达 1 882 m/s。月球着陆舱包含上升段在内的总质量达 27 908 kg，其中下降段质量为 18 010 kg。下降段中还包括了多达 500 kg 的有效载荷，如运往月球表面的科学仪器。

7.3.3.2　地球轨道交会—月球轨道交会体系

地球轨道交会—月球轨道交会体系基本上是月球轨道交会体系的一个变体。其不同之处在于，该体系中的乘员探索飞行器和月球着陆舱在近地轨道完成交会，而非在近月球轨道；同时，虽然两个体系中都包含两次发射，但月球轨道交会体系中乘员探索飞行器和月球着陆舱分两次被送入月球，而地球轨道交会—月球轨道交会体系中却是将乘员探索飞行器、乘员和月球着陆舱一次送入月球，另一次发射则用于大型地球出发级的运输。探索系统体系研究初始基准体系和地球轨道交会—月球轨道交会体系的另一个区别在于，后者要求乘员探索飞行器和月球着陆舱组合体与地球出发级在地球轨道完成对接，从而由地球出发级完成从地球到月球的轨道进入（TLI）。除了上述区别，该体系（见图 7－4）与探索系统体系研究初始基准体系相同。

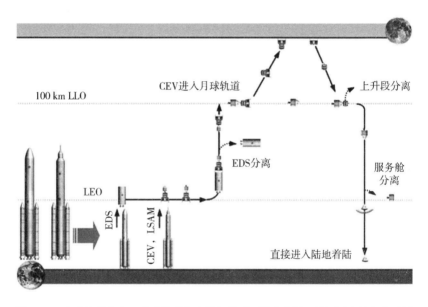

图 7－4　地球轨道交会—月球轨道交会任务体系（图片来源：美国国家航空航天局）

　　根据实际飞行要素来看，地球轨道交会—月球轨道交会体系变动不大，其中一个区别是该体系中乘员探索飞行器能够提供 53 天的生命支持，这也是其所需的额外轨道机动功能之一。另一个区别是服务舱的设计，因为由于月球轨道入轨机动飞行期间月球着陆舱依附于乘员探索飞行器，该系统的服务舱需要携带比探索系统体系研究初始基准体系更多的推进剂。然而，探索系统体系研究初始基准体系和地球轨道交会—月球轨道交会体系最主要的区别在于总部件质量的差异——探索系统体系研究初始基准体系构型中包含乘员探索飞行器在内的质量为 22 909 kg，而地球轨道交会—月球轨道交会体系中包含乘员探索飞行器在内的总质量则达到了 59 445 kg。

7.3.3.3　地球轨道交会直接返回体系

该体系与前述两种体系差异较大。与月球轨道交会体系不同的是，该体系要求乘员探索飞行器和月球着陆舱离开近地轨道后不进行交会机动飞行。月球轨道交会体系另一个显著的特征是将乘员探索飞行器部分保留在近月球轨道，由月球着陆系统完成航天员在近月球轨道和月球表面之间的运输；而地球轨道交会直接返回体系则是将完整的地球返回构型送入月球。这一体系大大简化了任务，然而尽管任务构型得到大幅优化，该体系所要求的第 3 次发射会提升任务成本。支持第 3 次发射及随之增加的成本和近地轨道体系的原因之一是地球轨道交会直接返回构型所提供的内在灵活性，即航天员整个任务周期中都处在乘员探索飞行器内，因而不需要两个乘员舱。如图 7 - 5 所示，地球轨道交会直接返回体系的任务模式要求两个地球出发级将航天器送入近月球轨道。这两个地球出发级进行任务的前两次发射并在近地轨道完成对接，而乘员、乘员探索飞行器和月球着陆舱则被纳入随后的第 3 次发射。它们随后与地球出发级对接并完成从地球到月球的轨道进入。第 1 个地球出发级在地-月轨道转移完成之前耗尽并丢弃，由另一个地球出发级在月球轨道入轨（LOI）4 天后完成从地球到月球的轨道进入。月球轨道入轨之后，乘员探索飞行器和月球着陆舱登陆月球并在月球表面停留 7 天，随后，由乘员探索飞行器将乘员直接送回地球。

地球轨道交会直接返回体系中对运载器进行了修改，由乘员探索飞行器需要提供 7 天月球表面停留所需的居住容积。修改后的运载器除去附属的显示器和控制系统可提供 39.0 m³ 的压缩容积，支持航天员在月球表面的起降。同时该体系还具备全舱减压和额外的

生命保障能力，能够允许多种舱外活动。该体系在构型上也有所
修改，具有 3 个 44.5 kN 加压装料主发动机和 16 个 445 N 的反作
用控制推力器，能够提供 2 874 m/s 的上升、地-月轨道转移和速
度增量。

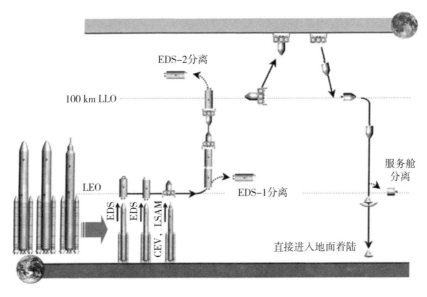

图 7-5　地球轨道交会－直接返回任务体系（图片来源：美国国家航空航天局）

在地球轨道交会直接返回体系中，月球着陆舱的功能简单来讲
就是利用一个由 5 个 44.5 kN 加压装料主发动机和 16 个 445 N 的反
作用控制系统组成的推进剂系统，将航天员和乘员探索飞行器从近
月球轨道降落至月球表面。这一构型允许月球着陆舱的近地轨道交
会和姿态控制速度增量达到 2 042 m/s。

7.3.3.4　乘员探索飞行器降落在月球表面的地球轨道交会—月球轨道交会体系

第 4 种纳入考虑的体系是地球轨道交会直接返回体系和地球轨
道交会—月球轨道交会体系的混合体，分别采用了后者的月球轨道
交会部件和前者的单个乘员舱的特点。该体系中并未将乘员探索飞

行器的乘员舱和服务舱保留在近月球轨道，而是仅保留服务舱，而
将乘员舱用于月球表面的操作。遗憾的是，由于乘员探索飞行器和
月球着陆舱的总质量超过了单一地球出发级的运载能力，该体系与
地球轨道交会直接返回体系一样需要进行第 3 次发射。

乘员探索飞行器降落在月球表面的地球轨道交会—月球轨道交
会体系在动力降落至月球表面之前所利用的模式均与地球轨道交
会返回模式相同，在进行动力降落时体系偏离，乘员探索飞行器
从月球着陆舱分离，乘员舱从服务舱分离。乘员舱随后返回月球
着陆舱，并通过位于舱尾防热罩下的对接舱与上升段进行对接。
完成上述机动飞行之后，月球着陆舱将乘员送入月球表面进行 7 天
的停留，随后上升段将乘员和乘员探索飞行器的乘员舱送入近月
球轨道，运载器在月球轨道分离，乘员舱与服务舱进行对接。该
体系至此之后的时间顺序均与地球轨道交会—月球轨道交会体系相
同（见图 7 - 6）。

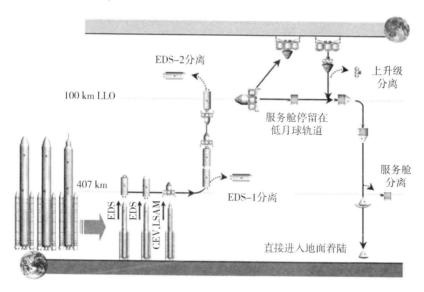

图 7 - 6　乘员探索飞行器降落在月球表面的地球轨道交会—月球轨道交会任
务体系（图片来源：美国国家航空航天局）

除了具备维持乘员生命额外 4 天的能力以外，支持乘员探索飞行器降落在月球表面的地球轨道交会—月球轨道交会与探索系统体系研究初始基准体系最大的区别在于该体系的乘员探索飞行器加入了一个对接舱，可与上升段进行对接，同时为服务舱加入了指令和控制（C&C）电子设备。该体系中月球着陆舱的构型几乎没有变动，除了由于下降段的着陆质量降低而造成的推进剂装填的差异。

7.3.3.5　不同体系对比

上文中通过对体系标准进行评估，对每个体系完整的分析周期 1 进行了评估和对比。评估的内容包括各子系统的大规模故障和如轨道机动飞行及发动机燃烧次数等任务时间和任务关键性事件的概述。该团队确定了功能性以及到 2025 年的生命周期成本，并将其与探索系统体系研究初始基准任务进行了对比。同时还通过分析乘员损失概率（P/LOC）和任务损失概率（P/LOM）的可能性，对不同体系的风险和可靠性进行了比较。在对不同体系的构型和其他方面进行评估后，该团队对每个体系的优缺点进行了评估。这些体系在某些方面是一致的，如乘员探索飞行器的构型（直径从 5.0 m 到 5.5 m）和质量为 1 400 kg 的补充辐射防护。除此之外，不同体系之间保持不变的要素还包括推进类型以及月球轨道交会、月球升降和进入地球轨道所采用的技术。

根据前述标准可以确定，成本最低、发射次数最少的体系是月球轨道交会任务模式，而直接返回任务模式则需要最多的发射次数并产生最高的任务损失概率和最低的乘员损失概率。所有体系中表现最差的是乘员探索飞行器降落在月球表面的地球轨道交会—月球轨道交会体系，它的成本最高，并会造成最高的任务损失概率。这些不良要素的体系在进一步评估中将会被淘汰。

完成对所有体系的评估后，该团队将进入分析周期 2，重点是任务模式性能优化方法及对辐射屏障等要素的评估。

7.3.4　任务模式评估，分析周期 2

在分析周期 1 所得到的结果基础上，分析周期 2 主要有如下两个目标。首先，团队通过对推进技术、乘员探索飞行器系统和辐射屏障的质量进行检查，试图对体系性能进行优化。第二，由于地球轨道交会直接返回体系中施加在乘员探索飞行器上的压力，该团队决定这一特殊的任务模式需要经过更为详细的检查。通过对地球轨道交会直接返回体系进行额外的关注以确定乘员探索飞行器是否能够作为落地、表面居住及上升的独立乘员舱使用。

质量节省是该团队所处理的第 1 变量。它造成的不可避免的结果就是该团队对乘员探索飞行器补充辐射屏障和推进技术的评估，试图确定究竟哪个部位节省了最多质量。探索系统体系研究团队作为评估的一个部分，对 1 800 kg 的补充辐射屏障进行了评估研究。

7.3.4.1　辐射防护

由于航天员将在位于地球保护磁层以外的星际辐射环境中停留最少 9 天时间，保护乘员免受辐射则成为任何月球体系中最为至关重要的一个方面。在任务的月球轨道外航行阶段、月球轨道阶段及月球表面停留阶段，乘员将受到银河宇宙辐射（GCR）和太阳粒子事件（SPE）所喷射出的氢和氦离子形式的电离辐射。这些辐射将对航天员造成各种直接或间接伤害，造成航天员细胞死亡或增加其癌症几率。此外，最坏情况太阳粒子事件形式的辐射可能限制月球表面的舱外活动，并在某些情况下造成入轨失败。同时，由于月球任务时间延长至 7 天以上，前期暴露成为了乘员选择的一个因素。不出所料，美国国家航空航天局对一个航天员一年和一生可能受到的辐射暴露的范围进行了计算，然而这个范围仅适用于近地轨道任务。由于美国国家航空航天局自阿波罗号之后未进行任何星际任务，所以没有足够的数据能够对到达月球任务造成的生理暴露影响进行准确的预测。考虑到估算辐射风险中存在的不确定性，美国国家航空航天局只能够对风险进行评估，并且在设计运载器时将暴露保持在"合理、可能、尽量低"（ALARA）的程度。

很显然，在未来的载人探月任务中，探索系统任务指挥部的"空间辐射研究计划"有机会对有关辐射危险的数据进行核对，并对如何最大程度地保护航天员的健康进行研究。辐射研究与保护计划正是为实现这个目标而提出的。其具体目标包括建立一个辐射范围知识库，开发辐射屏蔽工具，准确估计乘员风险以及开发和整合生理对抗设备。

出于研究目的，探索系统体系研究团队利用了美国国家航空航天局已经建立的近地轨道辐射范围。这些范围结合了在暴露引起死亡的风险（REID）基础上的风险预测和风险估计，并考虑了任务进行时的预期屏蔽质量、剂量与发生太阳粒子事件（SPE）等重大辐射事件的可能性之间的关系。该团队在历史数据的基础上对辐射危险的 3 个阈值进行了计算：第 1 个是对任务时限内可能超过当前近地轨道范围的事件的可能性的评估，其结果为 0.2%[3]；第 2 个是对使乘员虚弱致残，在 48 小时内呕吐的事件可能性的评估；第 3 个阈值经估算为 0.03%[3]。最后，该团队对发生 30 天内造成死亡的灾难性事件的可能性进行了评估，其概率为 0.01%[3]。

在获得以上信息后，该团队将注意力集中在乘员探索飞行器的设计，以及将 HDPE 辐射屏蔽（高密度聚乙烯辐射材料）放在何处能够最大限度保护航天员这两个问题上。他们利用计算机辅助设计软件和计算机辅助制造模型对作用于航天员皮肤、眼睛及造血器官（BFO）的辐射进行了估算。通过以上所得数据，结合年龄、性别、屏蔽材料、暴露史等信息，该团队可以对成员在有无补充屏蔽时在乘员探索飞行器内是否安全做出估计。通过数据分析，该团队发现乘员在没有补充屏蔽的情况下不能存活，而即便在有额外屏蔽的情况下，近地轨道范围仍可能超过 95% 的置信区间上限[3]。这样一来工程师就面临体系质量大幅增加的问题，因为整个任务中都需要携带辐射屏蔽。此外，即便在有额外屏蔽的情况下，乘员仍不能得到充分保护。因此毫无疑问，分析周期 3 中将对其进行进一步建模。

7.3.4.2　推进剂分析

对于任务体系的另外一个考虑则是对推进剂，以及乘员探索飞行器服务舱服务推进剂系统和月球着陆舱的上升推进剂系统的推进剂组合的选择。通过之前的研究可以确定，乘员探索飞行器服务舱的备选推进剂组合包括 LOX/LH$_2$、LOX/LCH$_4$、LO$_2$/乙醇（EtOH）和甲基联氨（MMH）/四氧化二氮（NTO）；月球着陆舱的备选推进剂组合则包括液氧（LOX）/甲烷（CH$_4$）和 MMH/NTO。

为了选择最佳推进剂组合，需要考虑大量因素，包括从前的飞行历史、质量增加、推进剂是否能够自燃（从而评估是否需要点火器）、推进剂的毒性、以及推进剂在何种程度下会造成通量降低的潜在风险。后一过程是对航天飞机的例行检查，考虑了 NTO 系统的选择。推进剂吸收水分通常会导致系统内形成硝酸铁。该化学反应会造成硝酸对铁的腐蚀，并从发动机内的铁合金管道吸取铁，所形成的硝酸铁将会堵塞管道。管道被堵塞后不可避免地造成推进剂流速下降，其结果是推进剂混合比例混乱（off – mixture ratio combustion），并最终导致发动机无法点火。然而，根据美国国家航空航天局 40 年以来运行 NTO/MMH 系统的经验，该团队认为通量降低相关的问题并没有所认为的那么严重，因而推进剂混合比被认为是一种低风险的选择。

之前评估中用于服务舱的液氧/甲烷推进剂并无飞行历史，也几乎没有地面测试历史。然而，这种清洁燃烧的推进剂以其高于平均水平的燃烧性能和在轨操作期间对液氧的大量使用，被认定为一个重要备选推进剂。该团队通过计算机辅助设计建模对液氧/甲烷不同方面的性能进行了评估，然而由于乘员探索飞行器的迅速发展，用于服务舱的液氧/甲烷系统开发则是不可行的。

于是，该团队将目光转向了另一种也没有任何飞行历史、仅有有限次数的地面测试的推进剂——液氧/液态甲烷。由于推进剂系统质量较低且容积较小，而液氧/液态甲烷则具有大比冲，将对其进行更进一步的审查。通过极为有限的地面测试，该团队发现了所有使用液氧/甲烷的系统内部固有的一个问题，即在休眠期后重新启动发动机。由于近月球轨道的温度可能下降至-100℃以下，必须考虑使用加热器对推进剂进行预热，以达到它的启动条件。液体获取是所面临的另一个问题，因为液氧在低温储存器内有"蒸发"的倾向。鉴于以上问题，该团队决定在选择推进剂之前建立一个原型系统进行研究，其目的不仅在于解决前述加热和蒸发问题，还可以识别所有风险区域。

7.3.4.3 表面乘员探索飞行器研究

在前面提到的几种任务模式中，最为美观大方、最具吸引力的恐怕要数地球轨道交会直接返回体系了。该体系的乘员探索飞行器直接降落在月球表面，同时具备乘员居住的功能，故不需要为月球着陆舱开发另外的乘员舱。在该体系中，乘员探索飞行器在地球降落、近地轨道交会对接、月球表面飞行、月球轨道运行、地球转移轨道航行及进入月球时均作为乘员舱。该设计的优势在于采用较少的航天器，使得风险降低，可靠性得到提升；然而却要求乘员探索飞行器执行大量有待评估的独立功能。同时，由于要完成以上所述的诸多功能，EOR 直接返回体系的乘员探索飞行器则应当具备比基于 LOR 体系的乘员探索飞行器更大的居住容积以容纳踏入月球表面的 4 名航天员。为了准确算出所需居住容积，美国国家航空航天局适居性和载人因素办公室（HHFO）利用乘员探索飞行器压力容器布局对乘员探索飞行器和月球着陆舱的容积进行了一系列研究。

通过对这些布局的研究，工程师们不仅能够对容积和装载需求进行分析，同时还对如将气闸舱安装在航天器顶部还是侧面等构型设计问题进行了研究。除了基本的布局研究，工程师还对乘员探索飞行器和月球着陆舱在不同任务阶段（如月球阶段和月球表面操作阶段）的布局进行了分析，从而指定合适的指令和控制系统及乘员探索飞行器和月球着陆舱之间的遥测接口，同时确定减轻尘埃策略。

该团队对将航空电子设备放在不同位置进行了试验，并对消除硬壁分割以最大化航天器居住容积的效果进行了评估。工程师在对大量仪器位置排列和航天器构型进行分析以后，确定了最终布局。

详细内容见本书第 4 章。

7.3.4.4　气闸舱

在确定了乘员探索飞行器和月球着陆舱的构型后，工程师将注意力转向是否在月球着陆舱的设计中加入气闸舱的问题上。阿波罗的登月飞行器中没有安装气闸舱，造成月球尘埃进入飞行器，对飞行器硬件以及乘员的健康造成了危险，导致许多航天员的呼吸系统和眼睛受到刺激。气闸舱除了能够防止尘埃的进入，还能够在航天服发生故障或航天员受到伤害时对其进行保护。同时，安装气闸舱后，工作进度将更加灵活，可以将乘员分为两队进行操作——其中一队进行各种舱外活动，另一队留在月球着陆舱内。为了对月球着陆舱是否安装气闸舱的优缺点进行评估，工程师对所有在月球表面可能发生的危险和意外事故进行了评估并设计了相应解决方案。每个解决方案对应一个风险等级。根据有无气闸舱时风险等级的差异可以看出，在没有气闸舱时进行月球表面操作时的风险等级较高，因而在月球着陆舱构型中加入气闸舱是一项明智的决定。

分析周期 2 的计划中下一步是对用于 EOR - LOR 体系的运载火箭的评估。该体系所采用的发射模式格外受到关注，因为它对于运载火箭的大小和能力要求与其他体系大不相同。

在 EOR - LOR 体系中，月球着陆舱和地球出发级通过一个大型运载火箭送入近地轨道，乘员探索飞行器通过一个小型运载火箭送入近地轨道；然而其他体系中则是通过一个重型货物运载火箭发射货物，及一个重型乘员运载火箭发射乘员探索飞行器及乘员。由于EOR - LOR 体系利用一大一小两个火箭，它通常被称为"1.5 发射任务"。这样的体系尽管看似为其他体系提供了一个改进的备选方案，但为了顺利发射"1.5 发射构型"，必须移除补充辐射防护，而这会对航天员造成负面影响。

7.3.4.5　运输

关于任务体系设计的另一个重要方面就是月球着陆舱下降段和

地球出发级作为单程无人运输系统将大型货物部件运输至月球表面的能力。单程货物运输最为合适的两个体系是 LOR 和"1.5 发射"EOR－LOR 货物运载火箭，它们分别能将重达 18 t 和 20.9 t 的货物运输至月球表面。这两个货载如此突出的原因在于，两体系均同时发射月球着陆舱和地球出发级，并由其中一个执行月球轨道入轨。相比之下，EOR 直接返回体系则更适用于将货物通过两次运输送至月球表面，因为这一体系中月球着陆舱和地球出发级分两次发射。正是由于这种任务设计，EOR 直接返回体系能够运输 34.7 t 的货物至月球表面。

7.3.4.6　深入分析

在对所有不同体系构型进行分析后，"探索系统体系研究"初始基准体系团队通过对各备选体系的不同品质因数（FOM）进行检测，对任务模式可行性进行了最终分析。典型的品质因数包括任务体系灵活性、可靠性、P/LOC、P/LOM、安全性、推进剂选择、生产成本、运行成本及每个任务模式的特定性能数据。

通过对不同品质因数进行评估，该团队淘汰了 EOR 直接返回任务模式，因为它存在较多运行问题和较大的不确定性，其自身设计的安全系数也较低。另一项重要的研究结果是将乘员探索飞行器的表面材质由铝改为防辐射属性更佳的复合碳材料。通过对成本、风险和每个体系性能价值进行分析可以看出，直接返回任务模式的开发成本和乘员损失风险最低，但是由于操作过于复杂，最终未被采用。

在这些和其他评估的基础上，研究团队将注意力集中在若干被期望能够更好地确定 1.5 发射 EOR－LOR 体系的研究上，从而进入分析周期 3。在分析周期 3 中，该团队还将对 LOR 和 EOR－LOR 发射模式的性能进行提炼并对运载火箭进行体积上的升级，同时对月球登陆器和月球表面构型进行研究。

7.3.5　任务模式评估，分析周期 3

之前两个周期对不同月球任务模式进行了评估和研究，分析周期 3 中则将主要对先前研究中脱颖而出的任务模式进行研究。出于这一目的，研究团队针对月球运输系统及乘员探索飞行器构型的选择进行了进一步评估，同时重新评估了补充辐射防护的数量和类型。另一个需要解决的设计障碍是运载工具的质量问题和与每个任务组成部件相关的性能边界结果。当该团队最终完成了所有评估过程并确定了任务模式后，必须再次确定 P/LOC 和 P/LOM。

7.3.5.1　权衡研究

除了上述评估过程，该团队还需要进行一系列权衡研究，目的在于确定任务的关键性因素，如辐射防护、风险等级和从月球表面返回地球的紧急意外事件。

其中一项权衡研究重新确定了辐射防护的总数，以及由屏蔽分布和加入 HDPE 所带来的风险。该团队在确定了屏蔽的位置并构建了一个高仿真模型以后，对大型太阳粒子事件的放射生物学风险进行了计算，进而对死亡和辐射病的发生概率进行了计算。在运载工具设计中 HPDE 的使用量将对未来乘员的选择产生意义深远的影响。这是由于未使用 HPDE 时，之前的职业经历中没有暴露的航天员对暴露的承受限度仍在美国国家航空航天局规定的法定辐射量上限以内；而之前受到暴露的航天员对辐射的承受限度则可能超过 95% 的置信区间，因而可能会被排除在外。如果研究团队决定采用 2 g/cm² 的 HPDE，一些之前有过暴露经历的航天员则成为合格的候选者，而那些曾经可能作为国际空间站候选人的航天员则不会被选中。

对于该团队来说，为乘员提供合适的辐射防护、控制风险等级并非易事，因为他们期望将乘员生病或死亡的概率降低到接近零，同时保证乘员在被送回地球时受到的辐射没有超过其职业范围。经过大量数据分析，该团队发现通过利用 2 g/cm² 的 HPDE 作为防护，可将航天员严重致病或致死的概率控制在 1/2 500（0.04%），不会超过其职业范围，而去除所有 HPDE 补充防护后，对乘员健康产生严重影响的概率则为 1/1 428（0.07%）。然而，由于加上辐射屏蔽后额外增加的质量及其对任务执行的影响，研究团队不得不彻底放弃补充防护，而建议对构型进行进一步研究，通过对舱内乘员、燃料和消耗品的位置进行优化来降低辐射剂量。这项决定毫无疑问将使得航天员无法在舱内进行愉快的上下跳动！

另一项权衡研究的目的在于确定当发生如太阳粒子事件，或对一名或多名航天员造成生命威胁的意外事件时，航天员撤离月球表面的应急程序。

研究团队希望为在月球表面的航天员提供一个"随时返回"权利，航天员通过发布紧急返回声明，在 5 天内从月球返回地球。为了做到这点，研究团队必须计算每一个参数，从最坏情况下月球停泊轨道的几何形状和斜度，到 TLI 和 LOI 之间的标称传输时间。由于要求对每个科学/资源利用点的速度增量进行计算，其复杂的数学运算对团队的确是一种挑战。这些点处在不同的纬度，因而要求不同的速度增量，其中靠近赤道各点的速度增量最低，接近北纬或南纬 75°、东经 25°和西经 160°的几个点的速度增量则最高。令研究团队头疼的是，他们还必须考虑进入飞向地球的轨道（TEI）的机会，如果在紧急返回声明时不可行，则乘员必须在近月球轨道停留 14天。而让受到放射损伤和其他伤害的乘员在近月球轨道游荡可并不是什么愉快的场景，因为游荡时间的增加会持续增加 LOC/LOM 的风险。遗憾的是，避免发生此类游荡事件的唯一方法就是提供额外的推进剂，使得乘员能够进行推进机动飞行，从而将乘员探索飞行器推动到 TLI 的正确方向。由于不愿意增加目前设计的质量，研究团队最终提升了着陆器的质量，同时降低了下降段的质量，使得在紧急情况下能够更容易地往返于月球表面。

以上研究基本解决了辐射以及月球表面紧急事件的问题。随后研究团队进行了一个构型权衡研究，以期对月球着陆舱有一个更好的了解。

该研究的目的在于优化月球着陆舱的关键性功能，并确定与具体任务模式（如 LOI 机动飞行、脱离轨道、动力上升、终端降落和交会）相关的运载工具设计参数。研究团队对月球着陆舱设计的每个方面均进行了研究，并对推进剂类型、硬件再利用及气闸舱几个方面进行了重点研究。研究包括对之前考虑的运载工具概念设计的调研，如作为 2005 年探索系统任务指挥部的月球着陆舱阶段 1 研究中的部分，最终作为月球着陆舱构型权衡分析的起点。

该团队通过加权计分法对不同运载工具的构型进行了研究，对每个设计的优缺点有了更为深入的了解，从而对具体设计和操作特性进行选择。研究团队最终选择了两级构型，因为它具有最佳任务操作性能和最低的风险。

在确定了构型后，研究团队必须确定对运载工具性能影响最大的要素，进而确定能够区分两级构型的不同体系选择的关键性差异，如有效载荷卸载，以及是否将气闸舱装在乘员舱或其他层次（见图 7-7）。

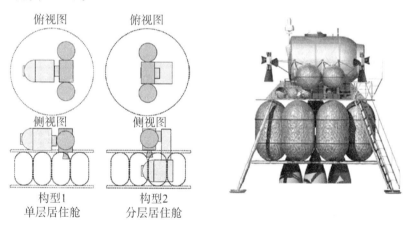

图 7-7　单层和分层月球着陆舱舱体构型（图片来源：美国国家航空航天局）

将气闸舱安装在单层居住构型的一个优点是，在紧急上升时，乘员能够快速进入上升段。然而，在这种构型中，乘员舱和气闸舱的位置意味着在月球表面上，所有出舱活动需要从一个更高的起点开始；而在分层构型中，乘员则可以轻松到达月球表面。同时，分层结构将居住舱集成在推进剂舱中，能够为乘员提供更高等级的辐射防护。

　　确定了气闸舱的选择后，研究团队对推进剂的选择及其对月球着陆舱构型的影响进行了评估。该团队必须再一次对各种因素进行分析，例如是选择如氢/氧等更高性能的推进剂，增加任务成本和容积；还是选择性能适中的推进剂，增加了任务的难度。研究团队在全力对付推进剂难题的同时，还对最佳月球着陆舱乘员舱构型进行了权衡研究，最终将三种理念列入考虑范围。

7.3.5.2　月球着陆舱最小化上升段构型理念

　　第一种月球着陆舱理念的重点在于降低上升段的总尺寸，这就要求研究团队对乘员可能的不同位置组合进行考虑，包括所有成员站立、两名成员站立两名成员坐下和所有成员坐下几种情况。所有乘员站立这一选择的压缩容积为 10 m³。需要进行缩减的另一个部分是居住舱，用于对乘员在月球表面停留期间进行支持。研究团队再一次评估了气闸舱、舱外活动配套设施存储和生活区的位置，试图达到如图 7-8 所示的最小乘员舱运载工具构型。

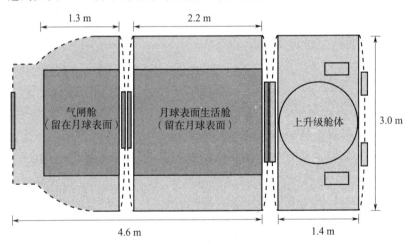

图 7-8　月球着陆舱最小上升段构型（图片来源：美国国家航空航天局）

7.3.5.3　月球着陆舱独立气闸舱构型理念

　　第 2 种构型理念的重点在于设计一个独立的乘员舱进行月球出舱活动，而将一个独立的气闸舱留在月球表面。在这一构型设计

（见图 7 - 9）中，研究团队将对接机构和乘员探索飞行器放置在一起，可与位于生活舱一端的气闸舱进行收放式接触。

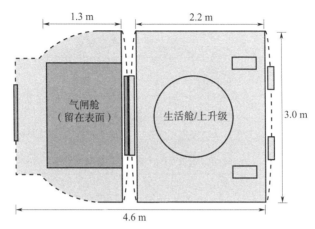

图 7 - 9 月球着陆舱单独气闸舱构型（图片来源：美国国家航空航天局）

7.3.5.4 月球着陆舱组合构型理念

第 3 种月球着陆舱构型研究的重点是为乘员提供一个位于生活舱一端的集成气闸舱，及一个与乘员探索飞行器进行交会的对接机构。该结构中，研究团队将月球着陆舱的各种部件组合在一起，为舱外活动提供了一个独立的乘员舱和一个集成气闸舱（见图 7 - 10）。

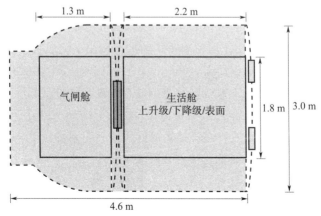

图 7 - 10 月球着陆舱组合概念构型（图片来源：美国国家航空航天局）

完成了对月球着陆舱构型的权衡研究后，研究团队对每个部分的质量和不同构型进行了评估，然后通过利用航天器大小测量工具确定了冗余设计和质量效率（见表 7 - 2）。

表 7 - 2　月球着陆舱质量权衡概要

	月球着陆舱最小上升段理念			月球着陆舱单独气闸舱理念		月球着陆舱组合理念	
	上升段	生活舱	下降段	上升段	下降段	上升段	下降段
干质量/kg	3 979	2 455	5 316	4 396	5 081	3 990	5 066
惯性质量/kg	4 225	3 098	11 301	5 323	7 821	5 600	7 033
总质量/kg	7 811	3 153	41 348	9 570	35 937	10 203	34 985

7.3.5.5　"探索系统体系研究"月球着陆舱最终设计

在完成了月球着陆舱研究后，研究团队的下一步任务是确定未来研究的出发点（POD）。通过大量补充分析，研究团队决定采用组合设计，前提是具备气闸舱的能力。接下来是对"探索系统体系研究"1.5 发射 EOR - LOR 体系的参考月球着陆舱概念的各部分的描述，这一设计较之前类似的阿波罗登月舱构型有所提高。

月球着陆舱的上升段和下降段能够支持 4 名航天员在月球表面维持 7 天的停留，并在随后将乘员从月球表面送入近月球轨道。上升段在一个集成加压装料氧气/甲烷推进剂系统的动力下，从月球表面上升至近月球轨道，在分离和自处理之前与乘员探索飞行器进行交会对接。在 16 个反作用控制系统助推器作用下完成机动飞行和姿态控制，同时为了达到所需 1 886 m/s 上升速度增量，将采用一个独立 44.5 kN 的推进剂系统，其推进剂储存于球形推进剂箱中（见图 7 - 11）。

圆柱形月球着陆舱将在月球表面操作期间为乘员提供 31.8m^3 的压缩容积。经过仔细商榷，研究团队决定采用和阿波罗号相同的策略，让所有乘员一起出舱，同时进行舱外活动。在这一构型中，月球着陆舱下降段的功能是将乘员探索飞行器送入近月球轨道，让上升段在月球表面着陆，并在月球停留的 7 天内为乘员提供生命支持。

图 7 - 11　月球登陆舱模型。选择最佳月球登陆舱结构的过程中，需要考虑几个关键因素，其中之一就是航天员日常工作时，能顺利到达月面，居住舱与月面距离短，航天员不易疲劳（图片来源：美国国家航空航天局）

下降过程将通过采用一个加压装料氧气/氢气推进剂系统来完成，该系统由对称分布在航天器中心线四周的发动机构成，如图 7 - 11所示。

　　下降段周围装载的 8 个推进剂箱包括 6 个氢气箱和 2 个氧气箱，它们环绕在下降段周围。同时，下降段另一侧装有两个夹舱以帮助实现月球着陆和货物装载。在这一构型中，上升段与地球出发级相连，作为主动热控制系统散热器的装载位置，同时还在月球表面上升阶段之前提供任务所需的液态氮和饮用水。

7.4　部署体系和策略

7.4.1　基地体系

　　"探索系统体系研究"部署体系预测重返月球计划将通过 5 次部署飞行完成（见图 7 - 12），但是在这个基地战略结构下，月球突围任务阶段将不包括这 5 个步骤。通过 5 次飞行，完成月球基地的设定先驱目标任务，完成原位资源利用（ISRU）技术的论证并建立通信和飞行导航等资源数据。当满足了以上所有要求后，月球基地体系的下一个目标则是能够维持人类在月球的停留，并保持各项表面能力的持续发展，包括频繁中场（小于 30 km）和远场（大于 30 km）的表面飞行任务、原位数据收集和分析、浮土挖掘和运输、大规模 ISRU 生产、推进剂生产和表面建设。

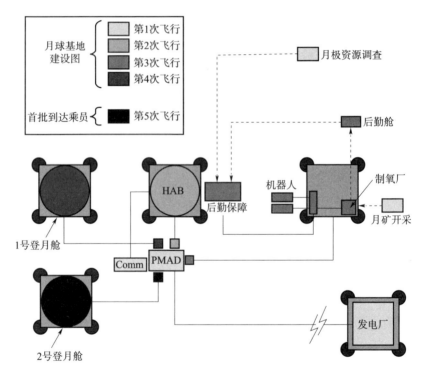

图 7 - 12　月球基地示意图（图片来源：美国国家航空航天局）

7.4.2　月球基地部署策略

该研究团队设想月球基地将被分块组装和部署，通过利用一个"增量构建策略"，月球基地将逐渐从可以承载半永久性乘员到可以承载包含 4 名航天员的永久性乘员队伍。从半永久到永久性乘员的转变预计将花费 3 年或更多时间，而加入支持永久性操作的必要元素则可为其提供便利。这些元素的质量级别从低于 2 000 kg 到高于 10 000 kg 不等。例如，质量小于 2 000 kg 的元素的部署清单包括无压巡逻设备（500 kg）和 ISRU 月球极地资源提取工具（1 200 kg）等，而 10 000 kg 以上的器材清单则包括如后勤舱和重达 10 t 的压力月球车。同之前进行的各种评估一样，研究团队建议对此进行详细评估，以确定是将这些元素分为若干模块、在月球表面进行拼装，还是通过专门货运任务完成其运输。然而对研究团队来说，设想将分为不同模块的居住舱拼接起来相对容易，但航天员如何拼装如加压月球车等复杂元素则比较困难。

研究团队通过对不同部署选项进行评估，确定了持续月球表面操作及其渐进发展所需能力部署所需的飞行次数及类型清单。

7.4.3　月球体系的确定

研究团队综合评估了每一分析周期的分析结果以及综合了大量相关研究的研究结果，并在此基础上最终决定了既全面又有发展性的月球体系。该体系不仅能够执行载人登月任务的所有要求，同时也能在经过改造后用于载人登陆火星及其他星球的任务。

目前被接受的"空间探索远景"体系，将是一个地球轨道交会—月球轨道交会组合体系，可以通过乘员探索飞行器〔猎户座（Orion）〕设计和新运载火箭（LV）（阿瑞斯 1 号和阿瑞斯 5 号）的设计来确定。地球轨道交会—月球轨道交会体系将首先发射阿瑞斯 5 号，将月球着陆舱和地球出发级送入地球轨道，随后发射阿瑞斯 1 号，将乘员探索飞行器及航天员发送到预定地球轨道，在此猎户座乘员探索飞行器将与月球着陆舱和地球出发级进行对接。

在发射完成且所有任务要素都被送入预定轨道之后，地球出发级将点燃两个 J-2S 液氧/氢气发动机，将多级运载火箭送入飞月轨道，之后地球出发级将被燃尽。月球着陆舱及乘员探索飞行器将飞向月球，利用着陆器的下降级将它们送入月球轨道。在月球轨道稳定后，乘员将通过由上升段和下降段组成的两级月球着陆器降落至月球表面，进行为期 7 天的月球表面探索活动，而在此期间无人乘员探索飞行器则一直留在月球轨道自动飞行。月球表面 7 天探索活动结束之后，航天员将点燃上层的压力甲烷发动机，重回月球轨道，与乘员探索飞行器乘员探索飞行器对接，并利用乘员探索飞行器服务舱推进剂系统离开月球轨道，重回乘员探索飞行器乘员探索飞行器。最终，乘员探索飞行器将直接飞回地球，航天员将利用降落伞降落到水域或者陆地上。

7.4.4　表面体系

体系的最后一部分描述了航天员着陆后在月球表面的时候是如何度过的。这一体系的确定对研究团队来说相对容易，因为主要细节在"空间探索远景"中均有陈述，即开发和测试有可能用于未来登陆火星及其他星球任务的新技术。为了达到这一目的，研究团队决定实现"空间探索远景"的最好方式就是集中于探索科学、月球资源开发以及对未来可能用于登陆火星任务的操作技术的评估。详细内容参见第 9 章。

7.5　风险及可靠性分析

7.5.1　"探索系统体系研究"体系风险及可靠性分析

同所有任务规划和体系发展一样，最终的要素同样需要经过风险评估，以确保乘员和任务风险均在可接受范围之内，同时保证运载工具和任务在成本和性能方面都得到满足。通过风险分析，任务规划者能够更加仔细地检查被认定为高风险的项目，并检测不同任务要素的不同构型，从而降低任何超额风险。任务规划者的另一个目标是确定并量化那些有可能降低成功率的体系差异风险，并通过对总体体系没有不良影响的方式化解这些风险。

"探索系统体系研究"团队最终达成的共识是，选择一个最大化任务成功可能型，同时对乘员造成的风险最低的任务体系。为了达到这个目的，他们利用体系结构能力评估筛选计划（SPACE）和面向飞行可信度及安全分析软件（FIRST）等分析软件对任务风险、运载工具、任务要素可靠度等因素进行了量化。

通过利用 SPACE 和 FIRST，分析团队确定了主要风险清单，具体内容见表 7 - 3。

表 7 - 3   主要月球体系风险

1	液氧/甲烷发动机开发	6	运载火箭液氧/氢气下降过程中助推
2	航天飞机主发动机空中启动	7	重型运输器助推器集成
3	重新进入月球—地球的风险	8	乘员探索飞行器推进剂系统中的液体采集设备
4	发射过程中乘员中止飞行	9	月球轨道中无人乘员探索飞行器
5	地球出发级中 J - S2 发展	10	自动交会对接

（1）液氧/甲烷发动机开发

正如前文中提到的，与液氧/甲烷发动机有关的主要问题很简单，那就是此系统没有经过飞行测试，因为不确定其是否能在第 1 次发射时间之前完成飞行测试。然而，研究人员认为该系统具有性能上的优势，值得继续开发，并最终确定通过一个紧迫的飞行测试时间表，事实上有可能达到该系统的可靠性标准，并在乘员探索飞行器第 1 次发射前完成测试。

（2）航天飞机主发动机空中启动

航天飞机主发动机与液氧/甲烷发动机不一样，它是一个经过飞行验证，被论证具有高可靠性的系统。但是，在"探索系统体系研究"团队达成共识的体系中，要航天飞机主发动机系统在飞行中启动，这种情境在之前并未经过地面或飞行论证。由于缺乏航天飞机主发动机空中启动相关数据，研究团队决定进行航天飞机主发动机测试计划。然而研究人员意识到，这种测试必须在地面上进行，因此不能准确模拟点火时的真实情形。但是，通过进一步的评估，并结合以往的测试经验，他们认为该系统极有可能在与月球体系时间表一致的时限内达到操作可靠性。

（3）重新进入月球—地球的风险

在风险评估过程中，研究团队将注意力集中在热防护系统（TPS）完整性的分析上。尽管美国国家航空航天局在阿波罗登月计划中有过针对烧蚀防热罩的经验，但是乘员探索飞行器的体型大小要求烧蚀材料覆盖更大的区域。一个简单的选择就是重新验证现有的阿波罗计划中所采用的材料。然而，根据评估结果，飞行认证可以通过利用目前的计算流体力学（CFD）技术来进行，并将再入物理学应用到乘员探索飞行器热防护系统的高仿真模拟中。

（4）发射过程中乘员中止飞行

即使是在最先进计算流体力学工具及其他复杂评估测试的帮助之下，乘员中止飞行模拟也是非常困难的。必须生成压力和速度变化图，绘制断裂模型图，预测发动机内外条件，计算空气动力负荷，甚至要考虑到云层的干扰作用。由于乘员中止飞行要求发射逃逸系统（LES）通过爆炸方式与运载火箭分离，甚至需要考虑气流中增加的断层碎片。不出所料，在该书撰写的同时，美国国家航空航天局工程师们正在致力于解决这一难题。

（5）地球出发级中 J－S2 发展

由于 J－S2 发动机从来没有经过飞行，探索系统体系研究初始基准体系研究团队再一次面临执行量化、制造及测试计划的需要，预计将花费 4 年时间。

（6）月球车下降过程中的液氧/氢气节流

当月球车降落到月球表面时，可节流液氧/氢气发动机必须确保喷射器压力下降，从而使推进剂正确注入并混合，避免任何不稳定燃烧的情况发生。研究团队可获得的有限的节流经验来自于三角快帆试验（DC－X）计划中使用的双推动阀。该计划表明，利用可以控制发动机喷孔大小的滑动调节锥栓设计，可以达到节流目的。

（7）重型运输器助推器整合

货物运载火箭集成了 2 个有 5 个航天飞机主发动机核心的"五要素"可重复使用固体火箭助推器（RSRB），主要利用由航天飞机衍生而来的成熟可靠的技术。研究团队确定的主要风险之一是是否能够成功地将第 5 部分增加到固体火箭助推器（SRB），因为航天飞机只有 4 个部分，不知道加入第 5 部分会如何影响不平衡推力。然而，考虑到 SRB 的可继承性，研究团队认为整合工作是可以完成的。

（8）乘员探索飞行器推进剂系统中的液体采集设备（LAD）

液体采集设备设计及飞行许可中遇到的主要挑战是精确模仿温度和液体属性。幸运的是，液体采集设备也被用于航天飞机，这有助于解决液体采集设备遇到的问题。因此，研究团队重新回顾了航天飞机使液体采集设备合格计划的历史，从而确定关键性问题。

（9）月球轨道中无人乘员探索飞行器

乘员探索飞行器将在近月球轨道持续无人长达 7 天，这意味着在其休眠阶段必须保证完美运行。不过，基本上所有在其休眠阶段可能出现的潜在问题都在乘员探索飞行器早前的进入国际空间站的飞行时得到解决，因为那时它的休眠期超过 7 天。

（10）自动交会对接

月球体系的最终选择并不涉及自动交会对接，但是在加压货物被运送至国际空间站时需要自动交会对接。自动对接的失败率为 1%，1997 年俄罗斯和平号空间站动力舱与光谱号遥感舱相撞的事件正是一个实例。然而，团队人员分析认为乘员探索飞行器之前有执行任务的经验，这些经验可以减轻风险。

7.5.2　从发射到着陆的整体风险评估

在前文所述的地球轨道交会—月球轨道交会体系的基础上，每个任务阶段都需要进行风险评估。风险评估包括审查以前的任务，如阿波罗计划，早期风险评估，各任务要素的成熟模型分析，用以了解影响目标完成的风险的后果模型，以及以其他设计用来确定风险动因和风险量化的分析工具。由于用来进行风险体系评估的全面审查方法在该出版物范围之外，因此下面所用的是一个简要的风险评估方法，用来评估该体系的每个阶段，包括从货物和乘员的发射、到乘员探索飞行器的进入和下降，及地球降落。

7.5.3　运载火箭的风险

在选择最适合地球轨道交会—月球轨道交会体系的乘员运载火箭近地轨道发射系统之前，马歇尔航天飞行中心安全与任务保证办公室（S&MA）对 30 多个运载火箭概念进行了评估。通过运载火箭的可靠性评估、审核错误率和对每个运载火箭构型的各系统及子系统的概率计算，安全与任务保证办公室计算出乘员伤亡的概率为 1/1 429，以及任务失败概率为 1/182。

团队还通过类似程序对空间液体推进剂系统的可靠性进行了评估。为了准确评估风险，有必要确定可能对可靠性有最大影响的组件。通过对组成推进剂系统的物理元素建模，有可能识别高风险要素，如对重新启动至关重要的发动机排气系统。研究团队在先前航天飞机主发动机的经验帮助下对隔离阀等关键要素再次进行了风险分析。

7.5.4　乘员探索飞行器、服务舱和月球着陆舱的风险

尽管子系统的失败率信息可以从其他空间的子系统来估计，但由于乘员探索飞行器、服务舱和月球着陆舱没有遗留物，因此不可能对每个系统的失败率进行精确计算。在任务要素的概率估算中，该团队集中精力为乘员探索飞行器、服务舱和月球着陆舱任务阶段的灾难性失败进行集成估计，以确定冗余水平并设计合适的故障排除解决方案，从而在一个或多个子系统发生故障时提升任务成功的几率。

7.5.5　交会对接的危险

交会对接演习将在近地轨道或近月球轨道进行。每次机动飞行

都要求具备意外事件和故障应对程序。幸运的是，在子系统若干层次的冗余和已确立的交会技术下，迄今为止美国国家航空航天局已经实现了 100% 的交会对接成功率。

交会可以通过利用与航天飞机上适用的相同设备来完成，如雷达模式下的 Ku 频段天线，用于追踪目标飞行器。如果 Ku 波段天线发生故障（就像在 STS - 92 任务期间曾经发生的），可启用第二交会设备，如星体跟踪器；即使第二交会设备也发生故障，可以使用作为冗余交会设备的便携式光探测和测距系统（LIDAR）。在之前 113 次的航天飞行基础上，可以计算出所有近似的操作设备的失败率，例如 Ku 波段和星体跟踪器的失败率就极低，为 6.4^{-7}。最有可能对交会带来危害的设备故障是，反作用控制系统喷气式发动机接受点火命令后点火失败，但由于乘员探索飞行器的每个轴均有若干喷气式发动机，所以其冗余水平高。事实上，在 113 次航天飞机飞行评估中，可以计算出所有反作用控制系统喷气式发动机都失败的可能性为 3.8^{-6}。

7.5.6　月球表面停留风险

当乘员在月球表面时，主要的风险驱动因素是月球着陆舱的可靠性。当乘员离开月球着陆舱，开始月球表面 7 天的停留时，必须关闭月球着陆舱的电源。由于月球着陆舱及其各系统没有飞行历史，在计算其风险时，是将所涉及的每个系统和子系统每小时的失败率相加，然后将总和乘以 24，作为月球着陆舱的总体每日静态失败率。根据这些计算，可以确定月球着陆舱的失败率 4.86^{-5}/小时，对应的乘员探索飞行器/服务舱失败率 6.51^{-1}/小时。将以上两项失败率相加并乘以 24，可以得出每日失败风险率为 2.73^{-1}。

通过详尽的权衡研究和分析过程，美国国家航空航天局确定了一个能够论证未来火星载人任务的全面而成熟的月球体系。然而，航天委员会中的一些人则认为应当放弃当前的体系，因为担心载人月球基地将会使 10 年航天计划陷入困境，对火星任务非但没有促进，可能还会形成制约。

参 考 文 献

[1] American at the Threshold: Report of the Synthesis Group on America's Space Exploration Initiative. U. S. Government Printing Office, Washington, D. C. May, 1991.

[2] Cohen A. Report of the 90—Day Study on Human Exploration of the Moon and Mars. NASA Johnson Space Center, Houston, TX , November, 1989.

[3] http://www. nasa. gov/mission _ pages/exploration/news/ESAS _ report. html.

[4] http://www. nasa. gov/directorates/esmd/home/index. html.

[5] NASA. First Lunar Outpost Requirements and Guidelines (FLORG) Fully Annotated Working Draft. EXPO - T1 - 920001. NASA Exploration Programs Office, Johnson Space Center, Houston, TX, June 10, 1992.

[6] NASA. Human Lunar Return Study: Status Review Continuation. NASA Johnson Space Center, Houston, TX, June 17, 1996.

[7] Ride, S. K. Leadership and America's Future in Space. a report to the Administrator of NASA. NASA, Washington, D. C. 1987.

[8] Roberts B B, Bland D. OEXP Exploration Studies Technical Report. Vol. 3, NASA - N - 89 - 15845, NASA - TM - 4075. NASA, Washington, D. C. December, 1988.

第8章 备选任务架构

从第一个水生动物踏上陆地的那一刻开始，探索的渴望一直是生物进化的源动力。与所有的生态系统类似，文明不会是一成不变的。他们前进或是倒退，他们探索或是停止。抛开一切理论不谈，从最广博的意义上来讲，航天活动是一种精神探索，它预示着人类的振兴和希望的重生，其意义不亚于在现代文明来临之际对思想和精神的解放。

——巴兹·奥尔德林，"从月球到新千年"《阿尔伯克基论坛报》，1999 年

就在编写这本书的同时，美国总统大选正在临近，一些航天领域的领导者们正在努力为下一任总统提供一项计划，以作为布什总统的"空间探索远景"计划及星座计划的备选计划。相对于重返月球，这个有影响力的领导小组则建议把载人计划转向小行星，他们认为这项策略可以使载人登火星的计划提早实现。星座计划的备选计划是将航天员运送到距离地球 160 万千米距离的拉格朗日点，该点是地球与太阳相互间引力的抵消之点。这项备选计划的策划者及科学界的一些人士，包括部分大众，都认为"空间探索远景"计划是倒退的一步，他们认为这项计划只能降低飞越月球的速度。因此，就像认为备选计划的策划者们所提出的议题十分重要一样，检验载人重返月球的原因也同样重要。

8.1　把月球作为一个试验平台："空间探索远景"计划与备选计划对比

　　"空间探索远景"计划的主要目的是把月球作为未来火星探索任务的试验平台。载人火星任务遇到的各种挑战可以归纳为 7 类：人体健康和行为表现、生命保障系统、移动系统、系统可靠性、减少尘埃方法、运输系统以及自动化作业。在现有的"空间探索远景"计划及备选计划背景下，在下文中将对上述挑战进行对比分析。

8.1.1　人体健康和行为表现

　　人体健康和行为表现包括：放射性环境和保护措施的改进，延期对策的确定，医疗诊断设备和人机效率的提高。"空间探索远景"计划的支持者们认为，重返月球可以验证应对措施和仪器的功效和性能、测试及论证医疗设备以及人的因素。更为重要的是，长时间的月球任务将会提供一个精确定义辐射环境的机会，并且可以为火星航天员估算出太阳系内的辐射临界值。假设辐射对太阳系内的航天员有潜在的影响，并且在缺少美国国家航空航天局定义的辐射临界值限制的情况下，作为直接进军火星的对立观点，重返月球的观点显得十分有竞争力并且理由充分。

8.1.2　生命保障系统

　　火星任务的生命保障系统（LSS）所面临的挑战，主要是高级闭合回路保障系统的改进，该系统必须以高可靠性及可维护性运行。"空间探索远景"计划小组再一次指出，人类在月球表面的长时间测试会为优化系统性能和提高乘员操作能力提供一个理想时机。这个论点十分重要，因为与在飞行途中或火星表面遇到生命保障系统的问题相比，在 4 天飞行即可到达的地点解决这个问题要好得多。

8.1.3　移动系统

每一项火星任务都要进行长时间的火星表面作业，而完成该作业就要依靠先进的移动系统的支持。基本的移动系统组件包括航天服，相关联的系统则包括生命保障系统，辐射防护系统等；而舱外活动系统的维修策略也需要进行相应的改进。由于只有月球能够在近地球检验该系统，所以，反对把月球表面作为试验场所的观点显得行不通。

8.1.4　系统可靠性

一名火星航天员每执行一次任务至少要离开地球 2 年，这就对系统可靠性和可维护性提出了很高的要求。为了最好地支持一项任务，改进设备的维修及维护、发展乘员自治和培训的理念及改善综合后勤保障都十分关键。在进行一次载人火星任务之前，必须解决以上问题，系统要保持稳定。这样一来，月球再一次成为发展及测试这些设备和概念的理想平台。

8.1.5　尘埃减少方法

每一项火星任务的组件及系统都将在任务期间内持续暴露在行星表面的尘埃中。舱外活动系统、深空探测车、电子元器件和着陆系统都需要受到有效的尘埃减少技术和减少尘埃堆积和渗透程序的保护。月球表面虽然并不是完全"类似于火星表面"，但它却是唯一可以精确测试尘埃减少技术的平台。尘埃问题曾是困扰阿波罗号航天员的难题，而在解决尘埃问题之前就开始载人火星任务，这样的决定无疑是不负责任的。这种做法也会给风险已经很高的任务再增加一些不必要的风险。

8.1.6　运输系统

自动交会和对接、高速返回地球和低温推进代表了运输系统的几个典型挑战，而这些都是在进行载人火星任务之前必须解决的问题。自动交会和对接已经得到了很好的验证，但是在最低限度的地球支持下，进行这些操作的飞行却是受限的，而且获得此类经验并不需要到月球飞行。与此相同的是，在发展低温液体研制和管理系统上，到小行星和到拉格朗日点的往返任务对其作用是相同的。所以在运输系统上，备选计划更胜一筹。

8.1.7　自主操作

自主操作主要面临的挑战是基于模型推理的技术及故障检测方法发展高可靠性的验证系统。当备选方案的策划者坚持认为他们计划研发的系统十分容易时，事实却是月球为测试这些系统提供了与火星表面更相似的且可实际操作的条件和环境。

8.1.8　重新使用阿波罗号

备选方案策划者认为，重返月球只不过是对阿波罗号的改进，而到日地之间拉格朗日点的任务才是摆脱地球引力的新探索，并代表了人类在阿波罗号之后又迈出的重要一步。除了到达拉格朗日点之外，备选计划策划者还建议实施行星科学家罗伯特·法夸尔（Robert Farquhar）的计划，在标记为 99 - A010 的小行星上着陆。这项为期 5 个月的任务将于 2025 年发射，使用阿瑞斯 5 号运载火箭将航天员送到小行星上并停留 30 天。比奇洛空间站（Bigelow Aerospace）将会为他们提供起居舱，并且在航天员进行表面科学作业时为他们提供一个密封舱来保护他们。

这次飞行将会证明在火卫 1 和火卫 2 上着陆的可行性，因为它是该项任务的缩小版。然而，"空间探索远景"计划的目的是在火星上着陆，而在小行星上花费的时间并不能帮助解决上述载人火星任务面临的困难。此外，备选计划策划者辩称，小行星任务将会加快载人火星任务的速度，但是如果第 1 项小行星任务在 2025 年才能开始，那么火星任务不可能比 2030 年提前太多，而 2030 年是"空间探索远景"计划的原定时间。最后，虽然将航天员送到小行星计划作为"打了兴奋剂的阿波罗计划"的对立面，且不再需要建立月球表面系统而减少成本，但这个备选计划仍旧需要额外的硬件。例如，它需要深空航天飞机（DSS）、一个有化学推进系统的供应舱、乘员起居舱、可拆分的与阿波罗号类似的再入飞行器和一个星际转移飞行器（ITV）。虽然现在有美国国家航空航天局研制的载人探索飞行器/猎户座飞船可以作为再入飞行器使用，但是深空航天飞机和星际转移飞行器却仍需要另行研制。

8.1.9 "空间探索远景"计划的必然性

抛开同意或反对"载人登月计划"和"送航天员到小行星计划"的各种观点不说，事实是，无论载人登月计划有何优点或缺点，这项计划确实已经进行，其硬件设备正在建造、合同已经签订便是证明。然而，就像其他所有的大型计划一样，"空间探索远景"计划也同样面临预算和进度上无法避免的问题，而由于航天飞机在 2010 年的退役使得这种情况变得更加复杂。

"如果众议院通过了 2007 财年的拨款计划并实施的话，将会大大危害我们安全且有效率地从航天飞机到猎户座飞船和阿瑞斯 1 号运载火箭的过渡。这将在本年及更长的时间里对人民、工程和项目产生严重的影响。"

——2007 年 2 月 5 日，美国国家航空航天局局长迈克尔·格里芬博士在美国国家航空航天局总部的记者招待会上的讲话

据美国国家航空航天局称，2007 年的预算已经增加了未来每 5 年的载人航天能力，如果其仍旧致力于在《探索系统架构研究》中概括过的任务体系的话。一旦航天飞机在 2010 年退役，那么美国国家航空航天局将会失去独立通往国际空间站的能力并且要依靠俄罗斯的联盟号飞船来运送航天员往返于国际空间站。美国国家航空航

天局的行政主管对于这种状况表达了他的失望。

"我个人认为，世界上最发达的国家，同时也是如今航天领域最先进的国家却处于这种不得不向俄罗斯购买运载工具的境地，是非常不合适的。"

——2007 年 6 月 8 日，美国国家航空航天局局长迈克尔·格里芬博士回答路透社的采访

航天飞机退役与阿瑞斯 1 号/猎户座飞船开始运行之间的空档期不断延长，但这并不只是那些在航天领域工作的人们唯一担心的问题。他们更加担心，一旦开始执行现在的"空间探索远景"计划，那么美国国家航空航天局将会失去以航天飞机为基础的基础设施和劳动力。在这种状况下，具有讽刺意义的是，这对那些只知道废除阿波罗项目基础设施的人并没有任何影响，而且其中少数有能力补救当前事态的人已经考虑到当前的状况了。

"从 1975 到 1981 年间，也就是在阿波罗/土星系统退役后及航天飞机第 1 次飞行前，美国并不具有运送航天员到太空的能力。我们没有推动太空探索的章程，这导致我们在航天领域内的劳动力水平大幅度下降。我们失去了对项目有价值的人，而他们再也没有回来。我们失去了有价值的技术，而重新学习这些技术十分困难，或者再没学会过。我们的势头不再。让我们从这些经历中汲取教训吧，不要再重复这一切。至少让我们犯一个新的错误也好。"

——美国国家航空航天局局长迈克尔·格里芬博士 2005 年 8 月31 日，在美国航空航天学会 2005 年空间会议上的讲话

鉴于上述观点以及即将到来的管理上迫在眉睫的变化，现在检验"空间探索远景"计划的备选计划是十分适宜的。虽然人们提出了许多"空间探索远景"计划的备选计划的建议，但是，其中最突

出的还是所谓的直接号（DIRECT）计划。

8.2　直接号

2006 年 10 月，一个关于星座计划的备选计划由罗斯·蒂尔尼（Ross Tierney）所领导的团队提出，罗斯是英国人并且是综合发射设施模型项目的首席执行官。这个计划被称为航天飞机的直接衍生物，或者直接称直接号，是用来说服美国国家航空航天局将计划中的阿瑞斯 1 号和阿瑞斯 5 号替换为一个单独的运载火箭（LV），这个运载火箭是由现有的航天飞机组件直接发展而来的。这个直接号运载火箭将以现有的航天飞机整体硬件和基础设施为基础，并且被设计成多种不同形式来匹配特殊的任务类型。

2006 年 10 月 25 日，这项研究上报给美国国家航空航天局的行政主管迈克尔·格里芬。不久之后，道格·斯坦利博士，也就是美国国家航空航天局"探索系统体系研究"的作者对此提出了批评，导致整个提议在精细度方面又进行了重新评估。经过几个月的调整计算、反馈和严格分析之后，蒂尔尼和他的团队，其中包括许多工程师和美国国家航空航天局的中级管理人员，在 5 月 10 日发布了现在被称为直接号 2.0 计划，并于 2007 年 9 月 19 日由美国航空航天学会（AIAA）在加利福尼亚长滩举行的 2007 年空间会议上展示出来。如果采纳直接号 2.0 的话，它将在未来 20 年为美国国家航空航天局节省 350 亿美元的开支。在这个部分中将主要对蒂尔尼的提议进行介绍及评估。

8.2.1　直接号 2.0 的驱动因素

直接号 2.0（在本章中简称为"直接号"）设计团队的出发点曾经是基于一系列必须满足的条件而设计出的一款新式运载火箭。第 1 个必须满足的条件便是要缩短美国完全依赖俄罗斯联盟号飞船运送航天员到国际空间站的时间。第 2 个则是这个运载火箭所能提供的到近地轨道的发射能力要强于航天飞机。第 3 是必须避免重复现有的美国运载火箭，例如洛克希德·马丁和波音的改进型一次性运载火箭。第 4，为利用现有的发射基础设施，直接号团队必须要保证新型发射系统是航天飞机的衍生品，只有这样才能保证现有的基础设施得到利用。

8.2.2　直接号的历史

直接号团队的发言人包括史蒂夫（Steve）和菲利普·梅茨钱（Philip Metschan），安东尼奥·马亚（Antonio Maia），查克·朗顿（Chuck Longton）和罗斯·蒂尔尼。而这个团队内部则由近 50 名工程师，分析师，大部分在美国国家航空航天局总部和实地中心工作的管理者组成。直接号的概念并不是全新的。美国国家航空航天局的马歇尔航天飞行中心曾经在挑战者号航天飞机悲剧余波未了时期提出过一个相似的想法，但是由于国会告知美国国家航空航天局没有资金支持研制新型运载火箭，于是美国国家航空航天局便放弃了这个想法并决定修补航天飞机来替代这个计划。不到 5 年，美国国家航空航天局和国防部共同组成了一个设计小组，以航天飞机的固体火箭助推器为基础设计了一个相似的系统，但是，这个系统又一次被美国国家航空航天局以没有经费为由拒绝了。另一个与直接号类似的设计是由"探索系统体系研究"团队在 2005 年提出的，同样也使用了航天飞机固体火箭助推器，其核心是基于现有的航天飞机外部贮箱和 3 个航天飞机主发动机。这个运载火箭在其货运配置上使用的是运载火箭-25，在乘员运输上则配置为运载火箭-24。虽然这个运载火箭与阿瑞斯 5 号配置类似，也拥有使用地球出发级的能力，但是"探索系统体系研究"团队从来没有完整地检验过这个设计。然而，对于运载火箭-25 配置的独立分析表明，在只有一个地球出发级时，该运载工具可以发射 110 t 的物品到近地轨道。在假设只有一个阿瑞斯 1 号运载火箭可以运送猎户座飞船的情况下，"探索系统体系研究"小组便会降低运载火箭-25 的地球出发级的配置。在这个假设下，需要另外两个发射器来运送其他月球有效载荷组件入轨。由于根据"探索系统体系研究"团队的设计，这个结构将需要 3 个发射器，于是运载火箭-24 和运载火箭-25 便被取消了。更加遗憾的是，根据对运载火箭-24 和运载火箭-25 独立的更深层评估，发现它们的发射能力更适合两个发射器的结构，而且它们已经超出了由"探索系统体系研究"所规定的乘员安全要求和负载性能。

8.2.3　丘比特发射系统

8.2.3.1　丘比特-120 和丘比特-232 综述

直接号的丘比特-120 和丘比特-232 运载火箭所使用的硬件（见图 8-1 和图 8-2）与过去 30 年间航天飞机所使用的元件基本相似。（见表 8-1）

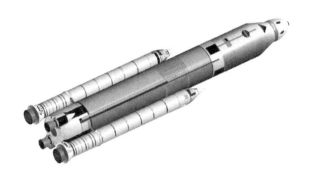

图 8-1　直接号 2.0 丘比特运载火箭（图片来源：菲利普·梅茨钱）

8.2.3.2　丘比特运载火箭

在图 8-1 和图 8-2 及在表 8-1 中的元件构成了丘比特发射系统（JLS）。丘比特-120 的乘员运载工具包含 1 个低温燃料级、2 个主发动机。它没有上面级，能够运送 45 t 的有效载荷和猎户座飞船，而货物运输能够发射 48 t 的有效载荷到近地轨道。这种发射能力与阿瑞斯 1 号 22 t 的近地轨道运载能力相比，完全可以达到现有的类似于重型德尔它 4 号和宇宙神 5 号的运载火箭的性能。

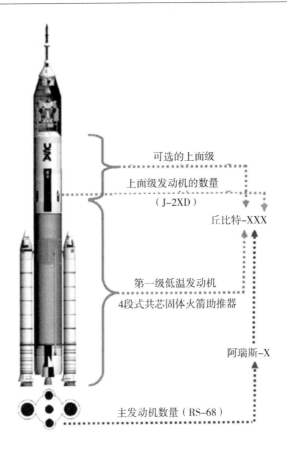

可选的上面级

上面级发动机的数量

（J-2XD）

丘比特-XXX

第一级低温发动机

4段式共芯固体火箭助推器

阿瑞斯-X

主发动机数量（RS-68）

图 8-2　直接号丘比特运载火箭的组成部分（图片来源：菲利普·梅茨钱）

表 8.1　直接号丘比特-120 和丘比特-232 运载火箭技术参数[3]

	丘比特-120		丘比特-232
起飞总质量/kg	2 033 940	起飞总质量/kg	2 339 490
乘员运载火箭发射中止系统质量/kg	6 565	货运运载火箭航空整流罩质量/kg	2 279
助推器		助进器	
推进燃料	聚丁二烯丙烯酸丙烯腈	推进燃料	聚丁二烯丙烯酸丙烯腈

续表

	丘比特-120		丘比特-232
可用的推进燃料/kg	501 467	可用的推进燃料/kg	501 567
助推器/型号	可加 2 段或 4 段航天飞机重复使用的固体火箭助推器（RSRM）	助推器/型号	可加 2 段或 4 段航天飞机重复使用的固体火箭助推器（RSRM）
	芯级		芯级
推进燃料	液氧/液氢	推进燃料	液氧/液氢
可用的推进燃料/kg	728 002	可用的推进燃料/kg	729 002
发动机/型号	两个/RS-68	发动机/型号	3 个/RS-68
发动机推力/kgf @100%	海平面 297 557 真空 340 648	发动机推力/kgf @100%	海平面 297 557 真空 340 648
芯级燃烧时间/s	446.0	芯级燃烧时间/s	292.0
近地轨道交会轨道/km	77.5×222.2 @28.50		第 2 级地球出发级
最大有效载荷/kg（总质量）	46 635	推进燃料	液氧/液氢
最大有效载荷/kg（净质理）	41 971	可用的上升推进燃料/kg	216 012
		发动机/型号	2 个/J-2XD
		发动机推力/kgf @100%	124 057
		上升燃烧时间/s 55.6×222.2 km @28.5	392.0
		最大有效载荷/kg（总质量）	105 895
		最大有效载荷/kg（净质量）	95 305

注：1 kgf＝9.80665 N

第 2 种名为丘比特-232 的运载火箭（见图 8-3）包含两个低温燃料级，第 1 级装有 3 个发动机，而上面级装有 2 个发动机。这个

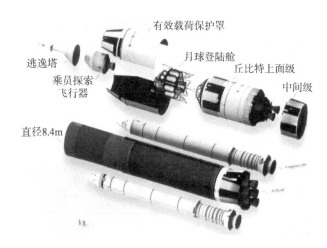

图 8 - 3　直接号丘比特 - 232 解剖图（图片来源：直接号/菲利普·梅茨钱）

运载火箭可以运送 108 t 的有效载荷到近地轨道。使用 3 位数来命名是用来识别其先于地球轨道射入（EOI）使用的低温燃料级的数量（第 1 位数），芯级主发动机的数量（第 2 位数）以及安装于上面级的发动机数量（第 3 位数）。由于丘比特 - 120 在上面级上没有安装任何发动机，所以第 3 位数是零。

8.2.3.3　有效载荷

"探索系统体系研究"要求在两个发射装置内运送 150 t 的有效载荷到近地轨道，而很多空间领域的研究者都认为这已经达到在月球任务中可以保证 4 名航天员安全的有效载荷的极限。150 t 近地轨道初始质量（IMLEO）的要求并不令直接号团队担心，因为 2 个丘比特 - 232 运载火箭中的每一个都有运送 95 t 的有效载荷到近地轨道的能力，这比"探索系统体系研究"所要求的近地轨道初始质量整整超出 40 t。

8.2.4　航天飞机衍生技术的集成及利用

8.2.4.1　固体火箭助推器

首先，直接号计划打算使用航天飞机 4 段式固体火箭助推器

(SRB)，而这部分将会在吸取 1986 年 1 月挑战者号灾难的教训后重新进行设计[1]，以保证其性能完美（见图 8 - 4）。马达、分离系统、飞行仪器、航空电子设备恢复系统、信号发射器、降落伞、推力矢量控制系统和安全自毁系统的固体火箭助推器的操作方式相对比较简单。固体火箭的推进燃料由氧化剂（高氯酸铵），燃料（铝）和粘合剂组成。一旦点燃固体火箭助推器，它就会持续燃烧直到室内的压力达到所规定的水平，然后通过美国国家航空航天局的标准起爆器（NSD）起爆，固体火箭助推器会从运载工具中分离出来。一旦燃料全部用完，固体火箭助推器就会自由下坠到大气层中，之后遇到气动力加热，直到下降到 5 km 的高度，降落伞随之打开，之后固体火箭助推器坠落到海里。把固体火箭助推器分解及评估后，它将会回到制造商那里，经过清洗、检查并和燃料一起进行重装后，便可以在随后的任务中重新使用了。

图 8-4　航天飞机固体火箭助推器（图片来源：美国国家航空航天局）

　　每一个在这里描述的事件都已经在航天飞机任务中被验证过许多次了。自从固体火箭助推器存在以来，载人因素作为发展的结果并没有对成本或者进度产生影响。而且由于有足够的固体火箭助推器组件，它们可以支持超过 100 个丘比特任务，这其中也不再有成本的问题。"探索系统体系研究"也打算使用固体火箭助推器作为丘比特的一部分，但是"探索系统体系研究"要求，研发使用不同燃料的 5 段式固体火箭助推器，而不是之前的 4 段式固体火箭助推器。在助推器的运行相对简单的前提下，发展 5 段式固体火箭助推器也许听起来相当容易，但事实上却要求更改固火箭助推器的基础设施，如航天器回收设施、运载火箭总装大楼（VAB）内的工作台和移动发射平台（MLP）等都需要改进。

8.2.4.2　外部贮箱

　　直接号决定在丘比特通用核心助推器（CCB）上使用航天飞机的外部贮箱。通用核心助推器是最重要的元件，而其他丘比特运载系统的组件都将与其融合为一个整体，并作为丘比特运载系统后续衍生品的基础部分。直接号再一次避免了生产、运输和劳动力基础设施的中断，这一切是通过使用现有配置的外部贮箱实现的，而"探索系统体系研究"计划要求重新建造一个不同的外部贮箱。

　　外部贮箱包括一个前置的液氧低温贮箱，其质量占到外部贮箱总质量的 80％以上，一个中部贮箱和一个后置液氢低温贮箱。通过液氢贮箱外部的输送管，将液氧运送到航天飞机主发动机中，而中部贮箱将液氢贮箱与液氧贮箱分开，其作用是在两个贮箱之间接收和分配载荷。

　　液氢贮箱在体积上是最大的低温贮箱，虽然它的整个满载质量只是液氧贮箱的五分之一，这是由于液氢的密度比液氧小很多。贮箱的底座部分突出来的供料管线则是运送液氢到航天飞机主发动机中去的。

　　作为丘比特的通用核心助推器，外部贮箱需要做出一些更改，例如要增强侧壁，设计一个新的综合电子系统以及研发一些新的液体管道，这些在外部贮箱生产设备能力之内的所有任务都是以路易斯安那州新奥尔良的米丘德装配设施（MAF）为基础的。例如，现在外部贮箱的尖头都要改为圆顶，这样可以利用有效载荷接口将回转和轴向载荷传递到前部安装的元件中去。外部贮箱的低温管道也需要调整，特别是从液氧和液氢贮箱引出的管道，这样做是为了增加流量。

8.2.5　现有技术的集成和利用

由于航天飞机主发动机在使用 20 次后必须更换，那么在一次性的丘比特共芯级中使用它便没有任何意义，因此直接号不再使用航天飞机主发动机。取而代之，直接号更加认同洛克达因公司的 RS - 68 发动机（见图 8 - 5），其最早是为美国空军的德尔他 4 号火箭项

图 8 - 5　在斯坦尼斯航天中心静止实验支架 A - 1 上的 RS - 68 火箭发动机
（图片来源：美国国家航空航天局）

目设计的。该发动机十分便宜以至可以作为一次性发动机使用，并且它的动力比航天飞机主发动机要强 1 倍半，而且 RS-68 只有在达到飞行条件之前才要求达到适合人类生存的级别，这样一来便减少了发展成本。

8.2.6　RS-68 火箭发动机

丘比特运载系统中所需要的为数不多的新硬件之一便是通用核心助推器（CCB）的尾部推力结构（ATS），该硬件可以通过附加一个 RS-68 发动机实现。RS-68 发动机现在正用于德尔他 4 号火箭的改进型一次性运载火箭中，并代表了美国在超过 25 年的时间里发展的第 1 种新型助推器。RS-68 发展的最终结果是发动机可以比航天飞机主发动机多产生超过 50% 的推力，而需要建造的部分却比它少 80%，这样一来便大大节省了生产成本。

RS-68 发动机最主要的特点是利用由两个独立涡轮泵构成的气体循环机组。这个气体循环机组通过引出小部分的推进剂而产生热气。这部分气体接着通过一个涡轮，该涡轮会产生可以使推进剂进入主燃烧室的压力，待这部分气体从涡轮出来后把其送入主燃烧室。

随着进入气体循环机组的推进剂的增加，涡轮的速度也会随之加快，如此一来便会增加进入主燃烧室的推进剂，进而便会增加推力。在 RS-68 的设计中，屈指可数的降低的性能之一便是比推力的减少，这是气体机组在燃烧推进剂时，推进剂转化为氧化剂的比率较低造成的，而这样做是为了维持气体温度使涡轮叶片不至于受损。与航天飞机主发动机的管壁式设计不同，RS-68 的燃烧室是用烧蚀材料做成的通道壁样式，虽然这样的设计会比管壁式设计重一些，但是制造工艺相对简单，制造费用也更低廉。RS-68 的另一个优点便是丘比特 120 在第 1 次运送乘员到国际空间站的任务中并不需要发动机全功率工作，这意味着在"探索系统体系研究"中所要求的加强效率和改进推力在这里也是不需要的。还有，由于 RS-68 在性能极限下也可以很好地运行，这使得直接号计划可以不冒阿瑞斯 1

号现在所面临的风险，即阿瑞斯 1 号的结构要求在仅有的几次测试飞行后，发动机便能够在接近额定性能极限下运行。

8.2.7　丘比特发射系统的上面级

为使两次发射结构能够用于月球任务中，直接号将会增加一个丘比特运载系统的上面级，但是，这个计划直到执行国际空间站任务时才会用到。到丘比特 - 120 运送乘员往返于国际空间站前还有 4～5 年的时间，这意味着丘比特运载系统可以利用这段时间继续发展。因此，这个计划并不像"探索系统体系研究"计划那样时间紧迫。丘比特运载系统的上面级组件将在下文做出介绍。

8.2.7.1　长期低温贮箱

由于支持长期任务需要长时间存储液氢和液氧之类的极低温冷冻剂，因此，丘比特运载系统上面级的一个关键元件便是一个长期低温贮箱。不只是为有计划的长期任务需要存储液氢和液氧，同时为处理意外事故也需要存储液氢和液氧。意外事故有可能是在月球表面发生了紧急事件，使得乘员们不得不比计划停留更久的时间，也可能是发生了错过交会时机的事件。

8.2.7.2　火箭发动机

丘比特运载系统上面级将使用洛克达因公司的 J - 2X 真空 - 最优化发动机，它是由巨大的 J - 2 发动机衍生而来，并且是美国有史以来研制的最大的上面级燃料为液氢的火箭发动机。土星 5 号曾经使用 5 个 J - 2 发动机，一个曾用于地球出发级。虽然这些发动机在尺寸上给人的印象十分深刻，但是其实它们最主要的特点还是在停止工作后的重新启动功能。

接着是 J - 2XD，它是 J - 2S 的衍生品，也是从 J - 2 发展而来。遵循 RS - 68 简易和可靠的设计理念，J - 2XD 的设计也减少了部件并改进了发动机启动可靠性。J - 2S 的发动机启动循环是由一个固体-气体发生器开始，这个发生器保证了氧化剂和燃料泵起动起来。

为给发动机提供重启功能，固体燃料推进剂火药被保存在歧管内，由于发动机的推力可能会改变，需要使用变量混合系统使控制压力得到最优化。J-2发动机的变型对比在表8-2中体现。

在丘比特运载系统上面级中使用的J-2XD是J-2的直接衍生品，而且不像在"探索系统体系研究"计划中需要一个新型高级的气流涡轮泵来提高性能，在这里它并不需要任何改进。事实上，J-2和J-2XD设计间的唯一区别就是延长式喷嘴，以及一个有细微改进的涡轮泵，该泵用于X-33线性气塞式喷管发动机改进项目中。如此一来，"探索系统体系研究"计划仍需要发展一个比J-2更加先进的发动机，而直接号计划已经有一个随时可用的发动机了。

表8.2 J-2发动机的变型：丘比特运载系统上面级发动机技术参数[3]

	阿波罗号		丘比特	阿瑞斯1和阿瑞斯5
上面级所选发动机	J-2	J-2S	J-2XD	J-2X
涡轮泵	J-2保留物	J-2保留物	新型	新型
管口	J-2保留物	J-2保留物	J-2保留物	新型
比冲（真空）/s	425	436	448	448
推力（真空）/N	1 023 091	1 179 000	1 217 000	1 307 777
流量/（kg/s）	245	276	277	298
膨胀率	27.5∶1	40∶1	80∶1	80∶1
长度/m	2.95	2.95	4.37	4.37
直径/m	2.03	2.03	2.85	2.85

8.2.7.3 级间联接部分（级间舱）

级间舱是土星运载系统（SLS）十分显著的特点，并且级间分离是在土星Ⅴ发射入轨过程中最令人难忘的阶段。丘比特运载系统的级间舱单元以固体火箭发动机为特点，固体火箭发动机将会为各级间的分离提供反冲并且使各飞行部件间免于碰撞。

8.2.8　丘比特发射系统发射运载工具的基础设施

8.2.8.1　装配及加工基础设施

由于直接号的结构是由航天飞机衍生而来，所以用于航天飞机运输和加工的设备，如通用核心助推器（CCB），在稍加改动之后都可以适应丘比特运载系统的需求。例如，为航天飞机运送外部贮箱的飞马座运输驳船仍将用于运送丘比特运载的通用核心助推器。然而，"探索系统体系研究"的结构却需要大幅度改动驳船的设计才能够运输阿瑞斯 1 号的上面级，如果要运输阿瑞斯 5 号的话，还要做更多的改动。显然，首先这样的改动代价会很高，其次还需要米丘德装配设施（MAF）做出相应的破坏性改变，在运输基础设施上和生产线上也要做相应调整。考虑到直接号与现有基础设施之间的高度共性，直接号计划不需要做出任何破坏性改变。

发射前，通用核心助推器在米丘德装配设施上的装配方式与土星 5 号的第 1 级在阿波罗项目上的装配方式基本相同。这种结构特点将会保证，只有在进行最终整合以及装配丘比特上面级的固体火箭助推器时，才需要在肯尼迪航天中心（KSC）进行操作。

8.2.8.2　发射基础设施

丘比特运载系统发射基础设施包括 1 座 80 m 高的最小发射脐带塔（MLUT），它将保持丘比特上面地球出发级与任务组件的连接，就像猎户座飞船和月面着陆器/牵牛星号一样。还包括 1 座永久固定的 103 m 高的固定服务结构（FSS），这种结构需要额外的 4 层支撑和可能的其他支撑。这个固定服务结构通过使用 5 个 22 m 长的维修臂为上面的飞行器提供维修入口。

8.2.8.3　直接号与"探索系统体系研究"的发射设备对比

直接号结构的关键是最大限度地使用现有的航天飞机基础设施。这与丘比特运载工具系列的基础设施要求形成了鲜明对比，阿瑞斯 1 号需要新建一个移动发射平台（MLP），一个运载器脐带塔

（LUT)，在运载火箭总装大楼（VAB）内部新建服务平台并进行大量的翻新工作。此外，阿瑞斯1号需要销毁一些现有的发射塔设备，例如固定服务结构和旋转服务结构（RSS)。由于有5段式固体火箭助推器、附加的移动发射平台和运载器脐带塔，这导致阿瑞斯5号需要新的履带牵引装置。

由于阿瑞斯1号和阿瑞斯5号是截然不同的两种运载工具，"探索系统体系研究"计划要求美国国家航空航天局开发两套设施来为两种不同的发射系统服务。虽然美国国家航空航天局表明了其要通过"干净的发射台"理念来解决两个发射系统的问题，但事实上，由于相异的发射系统，这个方法可能并不可行。"探索系统体系研究"结构的基础设施基本上很少或者根本没有共同点，并且由于发射系统是完全不同的，这个特点会积累越来越多的问题。

与之相反，由于大部分的飞行组件都是直接从现有的硬件中衍生而来，这使得丘比特运载系统基本不需要任何改动。丘比特运载系统需要对移动发射平台进行一些小改动，例如重新配置水抑制系统管道以及使用最小发射脐带塔。然而，做这些改动所需要的花费与"探索系统体系研究"计划的费用相比，几乎可以忽略不计。

直接号计划的精益及简单策略与利用"干净的发射台"的方法相结合，意味着丘比特运载系统可以在10天之内进行彻底的改变并进行连续发射。这种快速、彻底的转变能力不仅对变幻莫测的佛罗里达天气来说是个巨大的优势，对于发射窗口来说也具有重大影响，而且它还能够减少任务失败的概率。鉴于将来的载人火星任务需要多重发射，后者将更有决定性的优势。

8.2.8.4　权衡研究

丘比特运载系统已经进行了一系列的分析模拟实验，这些实验中有一些是测试其安全边界和性能极限的，一些是减少其开发成本以及优化其不同任务的发射配置的。例如，进行最佳任务结构的研究是为了确定其最优任务包络是采用地球轨道交会、月球轨道交会还是地—月拉格朗日交会（EMLR)。

8.2.9　安全性分析

8.2.9.1　航天飞机的教训

航天飞机设计中固有的问题之一，便是运送任务有效载荷的需求要由乘员运载工具完成。这样的配置会增加质量，而重新使用航天飞机主发动机的话，该特点会大大增加运载工具的质量。紧急疏散系统可以把乘员舱从有效载荷中分离出来，但是这个系统十分大，它所增加的质量会给乘员的安全密封带来很大隐患，因而有人反对使用紧急疏散系统。取而代之的是，航天飞机乘员必须要依靠紧急疏散系统，该系统由一个附加在夹层隔离壁上的伸缩杆构成，只能在亚马赫速度下才能够使用，因此，这便严重限制了乘员终止选项的可用性。现在的航天飞机配置是以一些哥伦比亚事故调查委员会给出的建议为基础[2]，他们建议乘员要从有效载荷中分离出来。这种配置在丘比特运载系统结构中，将乘员运载工具和有效载荷分开而实现，有效载荷处于下方。

8.2.9.2　阿瑞斯 1 号配置与丘比特系统对比

也许表面上看，阿瑞斯 1 号配置由于有专门的"乘员发射系统"（阿瑞斯 1 号）及"货物发射系统"（阿瑞斯 5 号）而显得更加安全。然而，事实上负责设计猎户座的团队为了把总质量限制在阿瑞斯 1 号的发射能力之内而被迫取消了一些安全特性和登月能力。离开地球的距离使任务风险成指数级增长，在这种情况下，这种减重对乘员安全造成了很大隐患。另外一个关键点是现在研发的许多硬件设施都将用于火星任务，因此，任何降低安全性的行为都将可能大大增加损失航天员的数量。然而，丘比特运载系统的运载工具可以将额外的质量放置在近地轨道，这种特点可以使航天员的损失概率减少到 1‰（与航天飞机实际上 1/87 的概率形成鲜明对比）。假设 1 年发射 4 次，1‰ 的概率下意味着损失航天员事件 250 年会发生一次。美国国家航空航天局中对此的反对意见是，阿瑞斯1号发生损失航天员事件的概率为350年1次。但是直接号团队将会立刻反驳,理由便是达到该种安全边际的代价会被使用普通发射系统所附加的安全因子抵消掉。这种方法很明显会增高飞行率,反过来也会增加对系统的了解,这是实施风险缓解系统的宝贵因素。事实上,直接号小组大概会通过指出由丘比特120中止能力带来的安全特点而质疑美国国家航空航天局引证的"每350年1次"的损失航天员事件,而这个能力已经超过了阿瑞斯1号的乘员安全中止极限。

8.2.10　从航天飞机向丘比特过渡

直接号从航天飞机向第1个丘比特-120过渡的情形如图8-6所示。丘比特-120执行的第1次任务大概是飞向国际空间站的任务。由于直接号计划将会重新使用现有的航天飞机基础设施,所以第1次丘比特-120载人飞行大概会在2012年开始,整整比阿瑞斯1号第1次发射提前了3年。丘比特-120到国际空间站的第1次飞行任务主要是替换国际空间站的核心组件并与新的运载火箭(LV)磨合,但是由于丘比特-120有很高的任务总体能力,它同样可以用于非载人任务,就像发射返回式飞船到火星。

8.3　直接号的月球架构

8.3.1　关于"探索系统体系研究"

在描述直接号月球架构之前,回顾一下"探索系统体系研究"所提议的结构是十分有用的。"探索系统体系研究"结构把分段任务包含在地球轨道内。在猎户座飞船仍就处在月球轨道并准备返回地球时,月球着陆舱会与之进行月球轨道交会。

"探索系统体系研究"结构的问题之一便是把地球轨道用作站点,这会导致可用的发射窗口十分有限。导致发射窗口受到限制

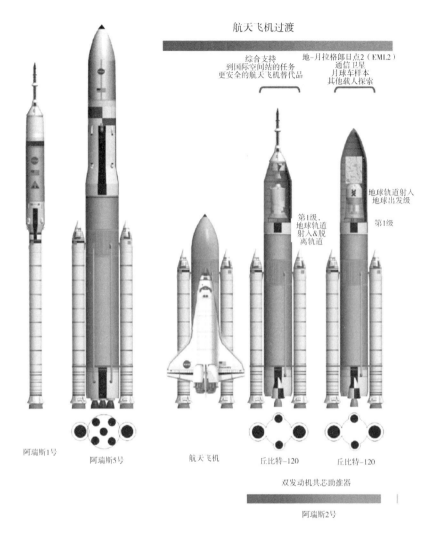

图 8 - 6　直接号从航天飞机向丘比特发射系统过渡

的原因可以归结为错综复杂的轨道机制，但是由于解释这种复杂性已经超出了大众可以理解的范围，在这里会对此做科普性的说明。

　　为把航天器放置在 28°地球倾角的驻留轨道上，需要在肯尼迪航

天中心上进行正东向的发射，但是同时地球的赤道膨胀导致轨道平
面每天向西旋转 5°～7°。另一方面，月球每天要在其轨道上围绕地
球向东移动 12°，而这些轨道移动导致每个月只有 3 次地对月的发射
窗口。而一旦对太阳方向有特定需求，发射窗口的数量还会减少。

受到月球表面太阳活动周期的影响，太阳方向因素对于任务计
划者来说十分重要。在地球上我们只能看到月球的一面在阳光下，
而实际上月球在围绕地球旋转的 29 天周期中，其表面大部分都可以
接收到太阳光。一个太阳活动周期在地球上会持续 24h 的时间，而
在月球上大概会作用 29 天。这就造成了有无太阳辐射的巨大区别，
这会引起热环境的巨大变化，而热环境对航天器有很大影响。因此，
阿波罗任务需要在月球黎明后立刻在月球上着陆，在月球中午之前
离开，这样就保证了航天器在一个安全的温度范围内工作。

肯尼迪航天中心的天气状况可能会令某次发射不得不被取消，
这也是发射窗口十分有限的原因之一。使用"探索系统体系研究"
结构意味着已经在轨的任务单元必须持续在轨几周或更长的时间，
直到天气情况允许发射。使这个问题更加复杂的是，如果某次发射
被取消，那么在下一次发射时机之前，地球出发级 14 天的在轨时间
可能会令大部分的燃料都蒸发干净。直接号团队和许多航天领域的
分析师都认为，由于只有几次有限的发射窗口，如果利用现有的
"探索系统体系研究"结构，美国国家航空航天局可能在压力下自己
找时机来进行发射，这也是在挑战者号[1]和哥伦比亚号事故调查[2]
中发现的共因。

8.3.2　全月面到达任意时间返回

美国国家航空航天局的空间探索远景计划[4]的现阶段目标之一
便是提供"全月面到达，任意时间返回"的架构。然而，在质量要
求的限制下，这个全月面到达架构的组件已经被美国国家航空航天
局管理部门取消了。并且阿瑞斯 1 号和阿瑞斯 5 号的地球轨道交会
—月球轨道交会轮廓已经实现，美国国家航空航天局决定把探索目

标限制在月球的极地区域[6]。

8.3.3　直接号的结构优点

　　直接号的先进上面级（AUS）将会在任务的上升级和地球出发级使用一对洛克达因公司的 J‑2X 真空优化发动机。在直接号中，先进上面级将会首先发射，然后绕轨道运行一段时间直到乘员们会合完毕。这样的结构设计需要使用集成低温演化级（ICES）地球出发级，并与一个主动冷却系统相连接，以此来把蒸发率降低到每天0.01％。一旦乘员们完成了会合，先进上面级将作为地球出发级并代表站点，让直接号结构适应"探索系统体系研究"的设计。

　　直接号满足了"探索系统体系研究"使用两个发射装置令所有月球任务组件都入轨的提议，但是，鉴于"探索系统体系研究"需要一个小的阿瑞斯 1 号来运送乘员以及一个大的阿瑞斯 5 号来运送货物，而直接号却只需要使用一个可重新配置的运载工具。此外直接号的设计解决了许多改进方面的问题，例如，建造两个不同的运载工具需要两个分开发展的项目，两个运营支持项目，两套生产制造基础设施，但是如果采用直接号计划，便可以使用现有的航天飞机硬件和基础设施，这样便会节省成本和时间。

8.3.4　进度问题

　　由于直接号使用许多现有的硬件，因而需要开发的新系统较少，所以在 2012 年就能够开始猎户座飞船的第 1 次载人飞行，2017 年就能开始载人月球探测任务，比美国国家航空航天局现在的结构要提早 3 年的时间。这样的时间线大大缩短了航天飞机退役及美国国家航空航天局猎户座飞船第 1 次载人飞行间的空缺时间，前者计划在2010 年开展，后者现在至少已经推迟到 2015 年 9 月，而且很有可能还会再推迟到 2016 年 4 月。然而，为使美国国家航空航天局感到满意可能还要开发新的技术以及进行飞行批准，何时能实现还没有定论。这可能会导致阿瑞斯 1 号猎户座飞船的第 1 次飞行还要向后推迟。

8.4　直接号的优点和缺点

抛开能够在 3 年之内实现第 1 次猎户座飞船载人飞行不提，直接号最主要的优点便是超越了阿瑞斯 1 号并增加了丘比特-120 的安全边界和性能极限。这主要是由丘比特运载火箭双发动机的配置而实现的，使得猎户座飞船的乘员们在上升入轨期间单发动机失灵的情况下仍就能幸存。与之相反，如果阿瑞斯 1 号的一个主发动机失灵，任务一般都会失败，于是就需要一个潜在的危险中止机动方案。此外，虽然丘比特运载火箭和阿瑞斯 1 号都有发射中止系统（LAS），但是丘比特运载火箭的发射中止系统在低负载水平下使用的是飞行检验系统，这增加了乘员安全性。

另一个优点是直接号结构内部的灵活性，它所提供的一系列操作选项在阿瑞斯运载系统上都没有。例如，丘比特-2 系列运载工具可以在地球分离轨道上直接向上发射猎户座飞船，这种能力为任务策划者提供了结构上的备选方案及任务站点，而这些对于阿瑞斯 1 号猎户座飞船来说都是不可能的。

结构上的灵活性给任务决策者提供了一个选择，即为与猎户座飞船会合，可以在地—月拉格朗日点 1（EML1）安置一个可重复使用和可重复添加燃料的月球着陆舱（LSAM）。如果把燃料舱安置在 EML1 的话，只需要利用一次在猎户座飞船中搭载 1 名乘员的丘比特-221 直接上升发射，就可以轮换 1 名月球表面乘员。使用这种结构，猎户座飞船只需要到达地—月拉格朗日点 1 轨道，然后与月球着陆舱进行对接，接着，从月球表面返回之后，乘员们都将换乘到猎户座飞船，接着返回地球。这种结构的另一个优点便是每天都有一个从地球出发的发射窗口和在月球表面任意地点连续的返回窗口。

直接号超越星座计划的另一个显著优点便是减少了成本。星座计划要研发两个相互分离的发射系统和基础设施，而直接号可以使用现有的航天飞机劳动力和基础设施。这样节省下来的资金可以用于加速发展"空间探索远景"计划中月球阶段的组件，例如月球着陆舱。

　　直接号项目一旦实施的话，也免不了会碰到一些大型研发项目中常见的问题。然而，它的支持者认为该项目的稳健性可以通过重新测试可用的任务元件大大减少前期发展成本，并且能够使成果更快显现出来，同时该项目风险也比"探索系统体系研究"计划要小。

8.5　政策

　　尽管直接号有很多优点，但是星座计划也将会继续发展下去，然而其结构体系已不再是原始计划的那样。按照现在的进度，虽然在 2009 年有新总统上任，但是在阿瑞斯 1 号和阿瑞斯 5 号发展开始时，国会中已经同意阿瑞斯 1 号和阿瑞斯 5 号的议员仍旧在位。由于国会可能会觉得有义务完成已经开始的计划，阿瑞斯 5 号很有可能会被制造出来。然而，由于阿瑞斯 1 号经过了重新设计，阿瑞斯 5 号的研发方向还偏离正确方向很远，这导致发展真正开始时，那些曾经赞成阿瑞斯 1 号和阿瑞斯 5 号的国会议员很有可能已经离开席位了，取而代之的是一些与"空间探索远景"计划或者是阿瑞斯 1 号和阿瑞斯 5 号没有任何瓜葛的议员。

　　由于发展上的滞后，阿瑞斯 5 号直到未来 3 任或更多任总统任期时才可能投入使用，在这种状况下国会的兴趣将会转向保证阿瑞斯 1 号和猎户座飞船到 2015 年或 2016 年的某个时间点时投入使用。值得注意的是，到那时，美国可能已经需要为把航天员送到国际空间站而向俄罗斯支付巨款。如果商业轨道运输系统（COTS）合同能够实现的话，例如与太空探索科技公司签订的合同，也许还能够避免发生这种情况。不论发生何种情况，最有可能的情况都是国会只能给一种运载火箭提供研发经费，这就意味着，如果我们想去月球和火星的话，这个运载火箭必须具有可以把人类送出近地轨道的能力。这种政策背景基本上会促使蒂尔尼的团队提议发展直接号。

8.6　对直接号的反应

　　直接号计划的对外发表在航天爱好者之间引起了热烈的讨论，其中一些人公开质疑美国国家航空航天局，为什么不采用这个明显更加有效率及更快的返回月球的方式。

　　　"好想法，从长计议，酒香不怕巷子深。"

　　　　　　　　　　——美国国家航空航天局局长迈克·格里芬2005 年 7 月 16 日在海因莱因基金会的讲话

　　一些人会引用格里芬的话并应用于直接号计划。然而，面对如此多针对星座计划可行性的讨论，格里芬觉得有必要保护这项计划。

　　在 2008 年 1 月 22 日，格里芬对太空运输联合会发表了演讲，论述了针对星座计划的可操作性、风险、可靠性和成本的举措。格里芬首先指出，星座计划的目标是由布什总统的"空间探索远景"计划的演讲所引导的。接着格里芬重申，美国国家航空航天局令美国人重返月球的目标将不晚于 2020 年实现，并尽快在 2010 年发射猎户座飞船，使人类能够在火星上着陆。他承认没有一项政策是完美的，没有一项计划会令所有人满意。在论述航天体系选择之前，格里芬重申了美国国家航空航天局的探索政策以及其返回月球和火星计划的含义。他强调星座计划的内容并不是简单地设计一个系统来代替航天飞机，而是研制一个有能力运送航天员到月球及月球外的运载火箭。接着格里芬强调了美国所承担的国际空间站义务，发射系统的长时间使用问题和有关的政策和法律问题，在谈到所选体系的细节问题之前，他说道：

　　　"然而，当我们考虑到之前所讨论的政策体系的广泛要求时，这种体系架构方法承担了重要的责任。对比单次发射方案，同一航天器用 2 次发射方案实现地球轨道交会为国际空间站提供后勤保障是极大的浪费。当然，设计一个月球运输系统，如果需要的话，相对于进入近地轨道的优化系统，牺牲一些成本效率为国际空间站提供服务是一回事。而之前提到，这个计划在没有提供政府竞争的情况下满足了维护国际空间站的需求，而我们希望在竞争中可以证明其商业化的市场定位。但是，提出一个如此昂贵的政府对国际空间站的后勤保障方案，使人立刻断言国际空间站已经不值得花费如此高的成本进行维护了，这的确是另一回事了。相同级别的有效载荷采用 2 次发射方案实现地球轨道交会无法以任何成本效益方式满足对国际空间站进行低成本维护的需求。"

令直接号团队失望的是，格里芬好像忽略了或者他是在故意忽视成本效益的问题。根据公开发表的直接号计划，即使在忽略美国国家航空航天局运载火箭工程缺陷的情况下，丘比特 - 120 在寿命周期成本和执行时间方面都优于阿瑞斯 1 号运载火箭。另一个丘比特 120 相对于阿瑞斯 1 号的成本优势是，它能够一同发射一个乘员和国际空间站后勤舱的时间与商业轨道运输系统（COTS）的服务时间段基本相同。

另一个格里芬故意忽视的方面便是商业轨道运输系统的进度问题。由于计划中丘比特 - 120 的交付时间要早于阿瑞斯 1 号，可能会导致维护国际空间站的任务完全留给了商业轨道运输系统。这将会使得关键的航天器系统成熟起来，例如丘比特 - 232 所要求增加的上面级。而由于丘比特 - 232 具有单次发射能力，使得发展一些更加划算的探索计划成为可能。

接着，格里芬为星座计划辩护道：

"如果我们想要一个既可以满足之前的国际空间站近地轨道后勤保障需求，又可以兼顾未来的首次火星任务的月球架构的话，最好的方法显然是 2 次发射方案下的地球轨道交会架构，但是要将总负载不均匀拆分。无论航天员是要去国际空间站还是月球，每发射一次小型的运载火箭都可以把他们送至近地轨道。大一些的运载火箭可以把月球货物送入轨道。在会合及入港之后他们将离开最后的目的地。"

　　格里芬似乎又一次忽略了后勤保障问题。由于考虑到扩张的月球探索项目，显而易见的策略便是先把所有助推剂都送入轨道，接着再运送航天员。这个方法是由阿波罗项目之父沃纳·冯·布劳恩提出的，1962 年 6 月他把这个计划向载人航天办公室副主任约瑟夫·谢伊（Joseph Shea）描述道：

　　"让我再一次指出我们在马歇尔航天飞行中心考虑的地球轨道交会模式完全可行。而且，我们还发现舱状模式实际上要优于连接模式。与月球轨道交会模式相比，这种模式看似会提供一个稍微好些的性能边界。"

8.7　星座计划的后续执行

　　另一个在贯彻"空间探索远景"计划时碰到的问题便是传承的问题。2008 年将是格里芬担任美国国家航空航天局行政主管职务的最后一年，显而易见，格里芬在任期内对美国国家航空航天局以及美国的未来载人太空飞行项目最大的影响之一便是他所执行的星座计划。他的计划经过了讨论和辩论后，促成了备选计划的提出，就像本章中所描述的那样。

　　然而，在很多层面上星座计划都达到了"空间探索远景"计划和"探索系统体系研究"计划的目标[4,6]。也许从一个工程师的角度来讲，完成这样的多用途计划十分令人满意。但事实上美国国家航空航天局的预算并不能支持多用途计划。同样，鉴于猎户座飞船和阿瑞斯 1 号的设计和进度，现在从财政方面来讲已经不可能简单地更换或采纳另一种计划。

　　即使所有的批评矛头都指向星座计划，而实际上它代表了载人航天项目超越航天飞机和国际空间站的新进展。它为完成国际空间站以及推进重返月球计划提供了合理的方案，这能够使人类为火星及以外的载人任务做好准备。批评者指出星座计划没有满足其性能水平并且花费超支，但是航天飞行是一项政府行为，很难有任何政府行为可以在少于计划支出的情况下，达到所设计的性能水平。

尽管有很多的批评声，星座计划仍旧代表了在后航天飞机时代满足所有航天政策要求、预算限制和美国国家航空航天局工程约束的最好计划。它不能让所有人满意，但是星座计划能够实现"空间探索远景"计划的目标。此外，星座计划能够让美国维持其在载人航天飞行领域内世界领导者的形象。通过执行"探索系统体系研究"计划，格里芬可能确保了他的遗产继续执行，而如果不执行"空间探索远景"计划，美国将在航天领域变得无关紧要。

参 考 文 献

[1] Report of the Presidential Commission of the Space Shuttle Challenger Accident，June 6，1986.

[2] NASA. Columbia Accident Investigation Report（August 26，2003）. NASA，Washington，D. C. Available at http：//caib. nasa. gov/news/report/default. html.

[3] DIRECT website at http：//www. directlauncher. com/.

[4] President George W. Bush. The Vision for Space Exploration（January 14，2004）. NASA，Washington，D. C. Available at http：//www. nasa. gov/mission _ pages/exploration/main/index. html.

[5] NASA. President's Commission on Implementation of United States Exploration Policy（June 2004）. NASA，Washington，D. C. Available at http：//www. nasa. gov/pdf/60736main _ M2 _ report _ small. pdf.

[6] NASA. Exploration Systems Architecture Study：Final Report，NASA - TM - 2005 - 214062. NASA，Washington，D. C.（November 2005）. Available at http：//www. nasa. gov/mission pages/exploration/news/ESAsreport. html.

第9章　月球探索目标

"从长远来看，一个行星上的物种是无法永远在这个星球生存下去的。虽然我不知道那将是什么时候，但我相信总有这么一天，人类将会离开地球去其他星球生活。"

——引自美国国家航空航天局局长迈克尔·格里芬博士 2006 年在《滚石》杂志发表的《登陆火星成功或者失败》一文

"通过无人及载人的月球探索任务，可以检验星际探索的新科学、新方法和新系统，从而为未来人类探索火星和其他星球做好准备。"

——星座任务中对月球探索的陈述

第 1 章简要介绍了重返月球的原因。按照任务规划者的说法，这些原因被称为"驱动力"，包括科学、技术、勘探以及开发等。每个驱动力，都将包含着诸多任务目标，而这些目标中的大多数已经于 2005 年在美国国家航空航天局总部召开的探索系统任务理事会（ESMD）战略路线图会议（SRM）中被界定好了。

战略路线图委员会由美国国家航空航天局副局长威廉·雷迪（William Readdy）、克雷格·施泰德尔（Craig Steidle）和美国国家航空航天局航天员唐·佩蒂特（Don Pettit）等多名成员组成。在委员会主席的带领下，委员会以"空间探索远景"为基础，通过了解美国国家航空航天局和美国未来对于月球探索的需求，进一步明确了月球探索的目标。在"空间探索远景"的基础上，战略路线图委员会认为，目前最根本的目标是通过一个强大的太空探索计划，推动美国科学安全和经济利益的不断发展。在这一目标的指引下，战略路线图明确了月球探索任务的两个主要目标：一个是开展科学研究，另一个是开发新途径、新手段用以支持人类未来对火星及其他星球的探索任务。为了实现这些目标，科学家提出了许多方法，详情见表 9 - 1。

表 9 - 1　月球探索目标

支持人类未来对火星及其他星球的探索任务的诸多方法	
人体长期在太空中驻留的生理研究	未来火星系统及子系统开发、示范、革新
月球资源的开发和利用，为火星资源的利用做准备	维护性、可靠性和保障性的提升演示实验
开拓商业机遇	进行技术测试和验证
扩大美国的战略利益	演示操作技术
科学研究方法	
研究月球的起源和演变	将月球作为一个研究平台，利用其独特环境
天体生物学的科学研究	人类健康和基础生物科学的研究
通过对月球的研究为其他行星的研究工作提供指导	开展与资源相关的科学研究

2006 年，在美国国家航空航天局倡导下，上述这些方法又经过了进一步细化，形成了月球探索主题及目标，称为"全球探索战略"。美国国家航空航天局以此作为起点，建立起了月球探索架构，从而形成了第 1 章中基准任务的定义以及第 7 章中列出的任务模式。月球探索任务的"全球探索战略"包括 6 个主题：

1) 探索准备。通过月球探索，为未来火星及其他星球的无人和载人探索任务做准备。

2) 科学知识。通过科研活动，进一步探索地球、太阳系、宇宙的原理和构成，解决人类在宇宙中的生存根本问题。

3) 长期驻留。延长人类在月球的驻留时间。

4) 经济扩展。使地球的经济领域向月球扩展，通过开展月球活动为地球带来直接收益。

5) 全球伙伴关系。加强现有的国际伙伴关系并建立新的国际伙伴关系。

6) 启发与鼓舞。吸引、启发、教育公众。

　　上述 6 个主题，共包括 180 个可能的目标，分为 23 大类，对于每个主题的详细叙述并不在本书的范围之内。此外，一些主题，如经济扩展，在其他一些出版刊物中均有详述，如哈里森·施米特（Harrison Schmitt）的《返回月球》一书，就描述了月球的商业发展前景。因此，本章的目标是介绍月球探索任务中的前期发展，即探索准备、科学知识以及长期驻留 3 个主题的相关内容。

　　上述主题的目标将通过月球体系结构小组（LAT）提出的多任务架构设想来实现。例如，实现探索准备目标的第 1 阶段任务是月球先锋机器人计划（LPRP），本书第 7 章已经做了简要介绍。一旦第 1 阶段的 LPRP 计划完成，将开始准备载人探月任务，这一阶段将通过扩展的舱外活动来实现。在探索的准备过程中，航天员还将进行科研活动，并最终实现人类在月球表面的长期驻留。本章接下来将对上述每个阶段做详细介绍。

9.1　月球先锋机器人计划

　　月球先锋机器人计划将首先针对月球表面未来人类计划活动的区域进行前期探索，一旦这个目标达成，机器人还将辅助航天员进行月球基地的建设和开发，最终将在月球表面建立一个人类活动的基地。该基地将发展成一个人类进行宇宙探索的永久前哨站，通过它航天员可以利用月球上的本土资源（如氧气）维持其在月球上的生活和科研活动。同时，月球上的丰富资源也将被开采并送回地球使用，如氦-3。

　　未来月球体系结构小组和月球探测的科学工作组[6]（LExSWG）所制定的更广泛的科学和探索目标，将通过月球表面移动科学平台的开发以及对月球的全面探索的展开来实现。为了实现这些目标，人们开发了月球侦查登陆器（LRL）和月球表面探测器（LSE）。

　　通过放射性同位素发电机供电，月球侦查登陆器能够到达月球表面上的任何地方并完成任务。它也能够搭载各种不同功效的有效载荷，如漫游车。

　　月球表面探测器是一个能够搭载多种有效载荷的履带式漫游车。月球侦查登陆器与月球表面探测器通过协同工作，可以收集和储存月球表面样本，从而完成无人月面样本采集任务以及协助航天员进行目标地点的样本采集任务。因为月球侦查登陆器和月球表面探测器可以到达人类无法达到的区域，从而提高了月球探测任务的地理覆盖范围，例如，它们可以到达月球极地陨石坑的阴影区域工作，那里由于过于寒冷，人类是无法停留的。鉴于月球侦查登陆器和月球表面探测器的多功能性，航天员可以将机械性的工作以及采集分析任务分配给它们，从而有更多的时间来执行其他勘探活动。

9.2　舱外活动

　　"空间探索远景"的核心目标是探索，为了这一目标，航天员需要在太空环境中迎接各种挑战，包括寻找资源、在恶劣环境下工作、月球表面探索等等。要完成这些活动，都需要航天员走出月球基地的保护，进行长时间的舱外活动，见表 9-2。进行舱外活动时，航天员需要穿着舱外机动装置（EMU），该装置由航天服及便携式生命保障系统（PLSS）所组成。

9.2.1　阿波罗舱外活动服

　　阿波罗航天员所使用的舱外机动装置（见图 9-1）受到月球尘埃的影响而磨损明显。尽管阿波罗航天员做出最大努力保持航天服清洁，但仍避免不了月球尘埃的影响。这些灰尘不但可以引起舱外机动装置手腕环、颈环、拉链、软管接头、手套的磨损和僵化，而且能够损坏航天服头盔面罩的反射面。阿波罗乘员所遇到的另一个问题是航天服内部压力对身体的影响，航天服的压力使得所有阿波罗航天员当握紧工具时双手都非常酸痛，进而还会引发水泡、指甲损伤等问题[7]。

表 9 - 2　月球舱外活动任务[2]

舱外活动	说明	舱外活动	说明
准备站址	勘测与放样； 清除岩石； 平整地面； 清除粉尘； 建立航标	建立基地	挖掘地基； 将基地模块运送至站址； 基地模块的卸载、定位与水平调整； 基地的安装与部署
建立屏蔽掩体	获取月壤； 月壤辐射防护封装； 封装袋堆叠与吊装； 清理出入路径	科学研究	样本搜集； 安装试验实施； 地质勘测与测绘； 建立观测站
电源系统与热控系统	站址准备； 从着陆器和运输车中卸载设备； 部署与组装； 散热器部署与激活； 各分模块的连接； 屏蔽掩体的挖掘	物流	卸载； 拆封； 运输； 转移； 存储； 废物处理； 可回收物的存储
资源	资源处理现场设立（压力容器、管道、燃气储藏罐、气泵、热交换器）	着陆	维修/小型修补； 燃料添加； 发射前准备和检查； 燃料仓重置
采矿作业	设备运输到现场； 系统装备（斗轮挖掘机、传送带、月壤装袋设备、分拣机、分离器） 系统重置	维护	巡查； 现场检查与测量； 更换系统/子系统； 设备维修

图 9 - 1　　阿波罗航天员所穿的舱外活动服（图片来源：美国国家航空航天局）

9.2.2　星座航天服系统

　　月球表面重力、温度、恶劣环境等诸多问题所带来的挑战，将需要一种更为灵活和坚固的航天服（见表 9 - 3）。鉴于阿波罗航天员遇到的各种问题，为了满足未来登月计划的需要，工程师们正在开发一种新型的航天服系统，名为星座航天服系统（CSSS）。与老式航天服相比，它具有良好的防尘能力，也将更为轻便、灵活和舒适，预计能够在月球基地长达 6 个月的探索活动中，支持航天员绝大多数的舱外活动。实际上，星座计划将需要配置两套航天服系统，以

表 9 - 3　　月球舱外机动装置的设计特点和技术要求[2]

技术要求	设计特点
坚固、耐久、轻质材料	轻质的混合式结构
轻质保温系统	轻质、可再生循环、无泄漏的热控系统
可抵抗微流星体撞击、太空尘埃穿透、温度剧变的长寿命航天服材料	可抵抗微流星体撞击、太空尘埃穿透、温度剧变的保护覆盖层系统
适当的轴密封系统	航天服轴承具有良好的防尘密封性能
低扭矩、低维护的躯干以下关节	适合穿越月球地形的躯干以下移动系统
耐久的靴底材料	适合穿越月球地形的太空靴设计
可变透射率电致变色系统	集成自动调节遮阳板

满足猎户座到达月球以及国际空间站的任务要求。两套配置中，一套将用于支持如发射和着陆等高速运动任务中的航天员活动，而另一套将用于支持航天员在月球表面的探索活动。

9.2.3　航天服的设计考虑

新的航天服不仅要提供舒适的内部压力和微气候环境，而且还必须提供足够的机动性和灵活性，从而支持航天员完成更为广泛的月球表面任务。航天服设计师还必须考虑其他因素的影响，如降低减压的风险。也就是说航天服压力要足够的低，从而确保最大的灵活性；但是又不会过低，以至于月球基地压力和航天服压力的压差过高。此外，航天服设计师还必须确保航天员能够快速地穿上和脱下航天服，并确保航天服能够抵抗微流星体或者锋利岩石边缘的碰撞，为航天员提供全面的保护。

9.2.4　Mark III 航天服和 REI 航天服

自 20 世纪 90 年代中期以来，美国国家航空航天局一直在进行航天服的测试，从而为满足航天员月球表面探索任务及科学研究工作的航天服的发展奠定了基础。经过一系列航天服测试和开发的努力，背后进入式的 Mark III 混合航天服（H-Suit）诞生了，该航天服由硬质材料制成的躯干部分和柔性材料制成的四肢部分（见图 9-2）组成。航天服在关节处如肩膀、手腕、腰部、臀部以及脚踝等处采用了可灵活旋转的轴承结构，以提高航天服的机动能力。

与阿波罗航天服相比，混合航天服进一步改进了手套的设计，这种设计源自航天飞机计划，不但更为灵巧轻便，而且能够降低手部疲劳（见图 9-3）。其他改进还包括在航天服内服提供便携式生命保障系统（PLSS）的再补给能力，以及通过集成电子信息系统形成的头部显示（HUD）能力。

图 9-2　2002 年，迪安·埃普勒（Dean Eppler）博士身着 Mark III 改进型航天服在亚利桑那进行场试（图片来源：美国国家航空航天局）

图 9-3　在 2008 年 1 月华盛顿摩西湖的机器人表演中，航天员身着 Mark III 航天服拍摄场景，以此演示航天服的灵活性（图片来源：美国国家航空航天局）

　　虽然混合航天服已具备使用能力，但该系统仍存在一些缺点。它不仅体积大而且非常沉重，从而增加了航天员的负担，同时还需要一个比较费时的呼吸和降压适应过程。

ILC Dover 公司和美国国家航空航天局约翰逊航天中心的先进舱外活动工作组开发了另一款航天服：背后进入 I 式航天服（REI）。与混合航天服的设计类似，该航天服采用了柔性材料，只在手腕、肩膀、上臂、上臀部以及大腿关节安装了轴承结构，它不但更为轻便而且相比腰部进入式结构的航天服也更易穿上和脱去。

9.2.5 混合航天服与 REI 航天服的测试

美国国家航空航天局与 ILC Dover 公司合作，在亚利桑那州流星陨石坑进行的一项名为沙漠研究和技术研究（RATS）的荒漠测试中，对混合航天服和 REI 航天服开展了广泛的测试工作。用沙漠研究和技术研究的测试项目评估了液冷服（LCG）、头戴式显示器（HMD）的功能以及全球定位系统在科学研究过程的功能与效用。针对各种具体的月球舱外任务的测试，如样本采集活动中所进行的岩石敲击、收集样品工作，可以更好地评估航天服在各种月球外场活动中应具备的功能。此外，类似的工作也在美国国家航空航天局约翰逊航天中心的月球陨石坑中进行（见图 9-4）。

图 9-4 航天服专家达斯延·戈赫默特（Dustin Gohmert）在仿造的 JSC 月面火山口进行模拟操作，身后是美国国家航空航天局的月球漫步者原形机，它也是航天员的运输舱，能下降到月面，航天员身着航天服也能轻松爬进爬出（图片来源：美国国家航空航天局）

9.2.6　生物航天服

与阿波罗 A7LB 航天服相比，混合航天服和 REI 航天服都做出了显著的性能改善，并且极有可能作为重返月球任务的首批航天服。但是，随着月球基地的不断发展，未来航天员在月球上的任务时间将越来越长，仍需要研制更为先进的航天服从而为人类太空探索活动带来革命性的改变。

美国麻省理工学院（MIT）的达瓦·纽曼（Dava Newman）教授等人正致力于开发一种名为生物航天服（Bio‑Suit）的新型航天服（见图 9‑5），该航天服利用机械反压力（MCP）技术将人体包裹在特殊的紧密材料层中，成为航天员的"第 2 皮肤"。

图 9‑5　生物航天服（图片来源：达瓦·纽曼）

最轻的混合航天服和 REI 航天服质量也将至少达 40 kg，而相比之下，纽曼教授提出的紧身生物航天服则可将质量减少多达 2～3 个量级。由斯潘德克斯弹性纤维和尼龙材料制成多层次结构的生物航天服，可像第 2 层皮肤一样紧密包裹航天员的身体，依靠机械反压力技术，该航天服能够确保航天员身体表面受到恒定压力，这种压力不仅能够抵消月球表面的真空影响而维持航天员的体内平衡，而且也能够避免血液滞积现象的发生。

混合航天服和 REI 航天服等传统航天服主要通过笨重的气体增压系统来抵消真空环境中人体的内压，而生物航天服所采用的机械反压力技术，能够随着人体的伸展而改变形状，通过非延展线条和随航天员移动而小幅延展的可延展线条的组合，航天服不但具有坚实的支撑"骨骼"，同时最大限度地保证航天员的灵活性，从而颠覆了对传统气体增压系统的依赖。

生物航天服在安全性方面也同样超越了混合航天服和 REI 航天服。传统航天服被空间物体刺破后，航天员必须立即返回船舱或空间基地以保证生命安全。而新的装备不会出现这种状况，只要不是完全刺穿，航天服的功能不会受到影响。

生物航天服也将有助于航天员延缓骨质疏松，并生产环境调节作用。生物航天服可以提供不同的阻力级别，航天员只要穿着它就能保持肌肉和骨骼的一致性，从而延缓了骨骼和肌肉的退化。

综上所述，生物航天服具有传统航天服所无法比拟的优点，最大限度地提高了航天员的灵活性，提高人类在月球表面的行动能力，从而使月球探索变得更为高效和安全。

9.2.7　生物航天服仪器

集成在生物航天服中的生物仪器系统，是以航天飞机任务期间所使用的运行生物仪器系统（OBS）为蓝本开发的，运行生物仪器系统系统由丹佛大学在 20 世纪 70 年代开发。运行生物仪器系统系统由信号调节器、舱外活动电缆、1 条胸安全带、3 个电极以及 1 套与织物组合在一起的生物传感器组件所组成。在生物航天服中，这套生物传感器组件将得到进一步升级，并将提供心脏功能、耗氧量、体温等一系列生物医学测量信号。此外，新的生物仪器系统还将配有一套生化传感器组件，用来提供航天员的体液信息以及放射环境中放射性元素的辐射量等。

未来随着月球表面舱外活动的时间越来越长、舱外活动地点越来越孤立、舱外活动越来越复杂，航天员将更容易感到疲劳和注意力分散，因此，具有可穿戴式传感器的舱外活动系统将变得越来越重要。一旦事故发生在某些孤立的位置或航天员变得过度劳累，可穿戴式传感器系统所提供的信息辅助将极大地提高航天员的存活几率。

9.3 月球科学研究

9.3.1 天文学与天体物理学

科学家已计划在月球背面预留 194 068 km² 的地方，作为未来月球基地各天文台的建立场地。在这些天文台中，伊卡洛斯月球天文台（ILOB）距离地球最远，由于没有大气干扰和阳光影响，光学和射电望远镜将获得在地球上所无法企及的观测效果。在未来的月球任务中，航天员除了需要对 ILOB 进行组装，还要定期地进行维护工作，包括对光学器件进行清洗，以及清除那些由太阳风造成的月球尘埃，它们会通过静电作用附着在天文台器件上。

利用月球独特的环境，天体物理学家也将在月球表面找到理想的位置，进行干涉测量和引力波干涉测量。通过在月球背面放置无线电干涉天线阵列，并对地球无线电噪音进行屏蔽，天体物理学家们将能够观测到目前无法在地球上观察到的低频率，从而可以收集到来自遥远宇宙其他星体的数据，如脉冲星、黑洞、外星系行星等。在未来的月球任务中，航天员不但需要对天线阵列进行组装，还要定期地进行维护，以确保相关仪器组件的正常工作。

其他干涉研究还包括对宇宙中紫外线、可见光和红外线的干涉测量，从而使天体物理学家能够更好地对太阳系以外的行星进行观察。未来这些干涉测量研究将由放置在月球背面的天文望远镜完成，由于月球背面的温度极低，因此非常适合对红外波段进行观测。除了干涉测量，天体物理学家还将计划在月球表面广泛地播撒一系列的空间探测器，以测量超大质量黑洞和紧密天体所形成的合并引力波影响。

相对而言，月球表面辐射环境的界定、特征提取及预测的研究显得最为重要，因为这对于未来航天员在月球表面长期驻留有着深远意义。由于月球在地球的磁力圈之外且又没有大气层，因此，它会受高能太阳粒子和宇宙射线的不断轰击。通过安装在月球表面大量的高能宇宙射线探测器阵列，天体物理学家不但能够测量到轰击月球表面的辐射粒子，而且还有望对严重辐射情况进行预测。当然，这些设备的安装也将是未来重返月球任务中航天员的工作之一。

月球的地震噪声相对较低，因此，非常有利于对奇异夸克物质（SQM）的探索和研究，这是一种特殊的、迄今还未被观测到的核物质。尽管奇异夸克物质目前只存在于教科书中，但科学家却认为它是宇宙中最稳定的物质形式并且可能在宇宙大爆炸时就产生了。科学家认为中子星在产生奇异夸克物质时会留下某些地震特征，因此，天体物理学家希望在月球上建立一个地震仪网络，用于对这种物质进行监测，一旦这些地震特征被监测到，那么这将成为天体物理学领域的重大发现。

9.3.2　太阳物理学

另一种界定月球辐射环境的方法是对低频辐射的射电天文观测，通过该方法天文学家能够发现潜在的太阳粒子事件。而由于地球大气电离层的影响，在地球上是无法观测到 10 MHz 频率以下的太阳粒子辐射的。太阳粒子事件不但可能危及月球上航天员的生命，而且还可能破坏月球上的轨道设施，如乘员探索飞行器等。未来通过在月球表面长达数年的观测，预计将有助于空间天气及宇宙辐射预测的发展，从而大大增加航天员在月球作业的人身安全。

科学家还将利用光子和粒子成像技术对地球的电离层、热层、中间层和磁层进行测量，从而帮助科学家更好地了解空间天气对地球轨道上军事和民用航天任务的影响。

此外，月球上太阳物理学研究还将包括太阳对于地球气候变化影响的研究。为此，太阳物理学家将对地球进行光度测定和光谱观测，收集来自地球的电磁波与带电粒子谱，以研究地球对于太阳辐射的反射情况。经过一个月的观测，科学家就能够计算出地球的反射率，也称邦德反照率，从而确定到达地球的太阳光总量。通过长期比较邦德反照率以及太阳的辐射输出，太阳物理学家就能逐步形成一个对于太阳辐射与地球响应的动态认识，从而帮助他们预测未来地球的气候变化。

9.3.3 地球观测

月球作为一个非常理想的地球遥感平台，可以实现对地球的全面观测。通过放置在月球表面的合成孔径雷达（SAR），将利用月球的这一优势，获得精度极高的地球地面地形、测高以及植被图。

月球表面还将作为一个非常理想的制高点，提供对于地球与太阳系统的联合观测，以帮助科学家了解地球大气层对于太阳活动的响应，从而有助于他们估计太阳对于地球气候变化的长期影响。月球表面还拥有对于整个地球圆盘图面的观测优势，有助于地球表面矿物、土地利用、土地变化以及生物质能利用等信息的采集与研究。

整个地球圆盘图面的观察还将用于海洋水色监测、海面温度监测、大量粉尘排放事件（如撒哈拉沙尘暴事件）相关的大气研究等。月球上架设的干涉合成孔径雷达（INSAR）将有助于科学家了解大冰川对气候变化的动态响应，并有助于监测极地地区的海洋冰层覆盖与厚度。从月球上对于整个地球的观测，也将有助于多光谱热红外观测以及火山爆发和火灾等事件之后的大气监测。

9.3.4 地质学

获取并整理月球地震数据可能将是月球地质调查的首要任务，此项工作将帮助人类辨别月球表面上可能发生地震的地区和安全地区，从而保证航天员的生命安全（见图 9-6）。除了界定月球表面裸露的危险区外，地震勘探工作也将有助于地质学家研究月球地幔的特点、确定月球地下的熔岩通道分布，以及探索行星演化和地壳形成的过程。

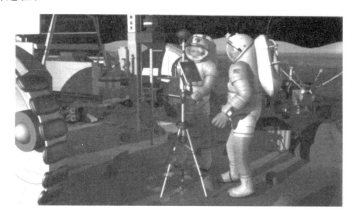

图 9-6 航天员在月球基地建立工作站的想象图。2 名航天员安装好设备，向月球基地发送数据，确认系统正常工作，机组乘员随后启动系统，向地球传送数据（图片来源：美国国家航空航天局）

地质学家还将研究月球表面沉积物的形成过程，该过程受到内因（来自月球内部）和外因（来自月球之外）两种因素的影响。通过对于这些沉积物形成的研究，可以预测月球表面沉积物的分布，从而为未来月球基地原位资源利用（ISRU）的原料供应提供保障。类似的研究还包括对于月球月壤的采样研究，从而对月球表面各种矿物材料的分布进行标定，为月球基地的建立和发展做准备。

地质学家对于月球表面布满的大大小小的陨石撞击坑也充满了

兴趣，通过对不同时期形成的陨石坑的形态以及撞击后周围溅射物的分布的勘探，将有助于地质学家对月球上所发生的小行星撞击展开更进一步的研究。这些研究不但能够帮助科学家了解水星、金星等内行星的表面地质结构，而且还将提供对于其他行星（如火星）地表年龄鉴定的新手段。类似的研究还包括月球上陨石撞击的时间以及撞击物的组成等。通过对月球陨石撞击的研究，地质学家能够更好地了解整个太阳系的形成历史，获得早期地球上的水和温度变化发展的相关线索，甚至找到证明月球是否曾经存在生命的确凿证据。

研究月球风化层土壤（月壤）不仅对原位资源利用设施的选址有着重要意义，而且也有助于增进科学家对太阳辐射粒子、银河系宇宙射线（GCRs）、星际介质尘埃等物质的了解，因为这些物质都保存在月球风化层土壤中。由于风化层土壤逐层掩埋着来自太阳、银河乃至宇宙的各种辐射粒子，就如同按时间顺序埋在月球地下的一系列地质"时间胶囊"一样，它不但揭示了太阳的衍变和发展，而且对于科学家研究银河系及地球的演化也有着极大的助益。

研究月球风化层土壤还有助于地质学家更好地了解那些表面没有水和空气的行星上的太空天气变化。这些研究将包括月球表面风化层年份分布的界定，通过确定月球表面各区域风化土壤新旧程度，不仅可以了解风化的过程，而且也有助于了解月球资源开采的潜在危害。

月球地质研究还需考虑开发和利用有效的设施和技术手段，以确保采样样品在月球上或者从月球运送回地球的过程中不被污染。月球采集样本不但包括地质样品，还包资源开采试验中的产出物以及生物样品等。

9.3.5　材料科学

面对未来的月球探索任务，材料科学家的主要工作是研制更加先进的材料，从而确保登月设施更加可靠安全，将航天员在月球上的驻留时间延长至 6 个月甚至更长。

为了实现这一目标，科学家首先需要对月球独特的环境进行研究。这些研究将包括低重力、超高真空、放射线轰击、热循环等，以及令探月航天员最为头痛的问题——月球尘埃。通过对这些月球特殊环境因素的综合影响的研究，工程师就可以做出更为明智的决策，选择最适合在月球上长时间使用的材料，并且为未来火星任务的体系架构设计提供有用参考。

材料学家还将对留在月球上的阿波罗号、月球车号以及月球勘测者号飞船进行调查和研究。这些航天器暴露在月球表面受到太阳辐射、月球尘埃、微流星体的影响已经超过 30 年，对于它们的研究将为解决航天器材料在宇宙空间中长期暴露的问题提供宝贵信息。

9.3.6　生理适应

在未来若干年，每个参加探月任务的航天员都将作为实验对象，通过对他们的观察，科学家能够研究月球长期驻留对人体的影响，从而为人类未来在宇宙空间中的长期生活和工作的安全健康提供保障。

尽管科学家对于低重力及放射线轰击对人体的影响已有所认识，但对于其他因素的影响以及暴露环境下各因素的综合影响，仍有待进一步研究。除了研究航天员在月球上的生理反应外，科学家还将充分研究航天员的生理和心理因素，发展协调策略和应对措施，以解决长期隔离、沟通滞后对航天员的影响，从而实现任务的顺利完成。

未来，随着月球基地的不断发展，科学家还将通过动物实验来研究月球环境对于人类繁殖能力的可能影响。这些研究对于人类能否和如何将诸如火星、土卫六、木卫二等行星和卫星开发成永久殖民地有着重要意义。最后，月球基地也将是医疗专家发展和部署远程医疗设备的理想场所，从而用于远程医疗实践、诊断及治疗策略的相关研究。

9.4　原位资源利用

原位资源利用是指通过对星球本地的天然物质资源以及丢弃物进行利用和开发，制造有价值的产品以及为无人和载人探索服务的过程。例如，在月球上的本地自然资源就包括风化层土壤、矿藏、挥发物、金属、水、阳光以及温差等，而丢弃物包括月球表面着陆器的降落段、油箱以及航天员丢弃的废物。为了充分利用原位资源，表 9 - 4 列出了一些重要的产品和服务。

表 9 - 4　原位资源利用产品与服务

现场准备与基地部署
现场勘察与资源图绘制，从而确定可用资源位置
用于航天员辐射防护的用水生产
场地清理，以减少设施安装的风险
任务消耗品生产
用于航天员生命维持和舱外活动的用水生产无人和载人月球车的推进剂生产
燃料电池的燃料补充
基地发展和自给自足
制造基地建筑设施的建筑材料
制造太阳能电池阵列和天线
使用加工后的月壤进行热储备

注：引自 2007 年 11 月在德克萨斯州加尔维斯顿市召开的技术交流大会中，由西蒙（T. Simon）和萨克斯特德（K. Sacksteder）撰写的《美国国家航空航天局关于原位资源利用的发展与合作计划》。

航天员首要的原位资源利用任务应是确保其自身的生存。首先，航天员需要利用月球土壤对居住地进行屏蔽保护，以对抗月球表面恶劣的辐射环境。随着居住地的建立，航天员将发展更多的原位资源利用设施，并开始利用月球本土资源产生水和氧气，用来作为环境控制生命保障系统（ECLSS）的应急供应以及满足舱外活动任务的消耗需要。

随着月球基地的发展，原位资源利用设施还将用于推进剂的生产。由于月球着陆器起飞段中推进剂的泄漏及蒸发等问题，在月球探索任务中可能会出现剩余推进剂不足以支持航天员返回地球的危险情况，而通过原位资源利用供应额外的推进剂，将消除这一安全隐患，保证航天员的顺利返航。原位资源利用供应的燃料还将用于月球表面无人和载人漫游车的补给，从而拓展月球探索任务的范围。

接下来，原位资源利用还将进一步发展高效的供电体系架构，通过增加氧和氢的再生能力，从而满足夜间供电和移动燃料电池供电的要求。

9.4.1　原位资源利用系统和技术

在美国国家航空航天局探索技术发展计划（ETDP）的指导下，一些能够实现原位资源利用的系统和技术目前正处于不同的发展阶段。本节介绍了月球原位资源利用所需要的一些系统和技术，利用它们航天员将实现对于月球现场资源的有效开发和利用。

9.4.2　月壤的开采

对于原位资源利用，无论是推进剂生产、氧气生成或是建筑材料收集，都需要对月球土壤进行开采。这一过程将需要使用与地球露天采矿类似的开采设备。

在利用这些设备进行月壤挖掘和运输之前，首先要有有效的防尘机制，同时还要充分地了解月球土壤的特性以及只有地球重力六分之一的月球重力对开采任务所带来的各种影响。然后，下一步将是月壤挖掘机、运输车以及月表移动平台等月壤开采设备的建设，这些设备应具有长寿命、高功率并且大多可实现自主控制的特点（见图 9-7）。

通过月壤开采设备的开发与建设，最终将实现对月壤开采各子系统有机结合，包括月壤热管理设备，水、二氧化碳、气体等物质分离系统，以及实现自动化开采的导航和控制软件系统等。

图 9 - 7　可自主钻探的月球漫游车,用于航天员月壤挖掘作业前的月壤样本检测 (图片来源:美国国家航空航天局)

　　在月壤开采设备的发展过程中,航天员将扮演非常重要的角色,从而使原位资源利用尽快在月球基地的发展中发挥关键作用。这些开采设备的成熟,将经历数代硬件和系统的更替和发展,并且需要航天员进行大量的地面试验。

9.4.3　水和冰的提取

　　阿波罗任务带回的月球样本的分析结果证实,月球土壤中含有丰富的氧、硅、铁、钙、镁和钛,这些元素都可以经过相应的提取技术从月壤中获得。除了上述元素外,原位资源利用的另一个重要用途是提取月壤中富含的水,目前已经发现在月球南极附近的冷阱区存在大量的固态冰。根据月球勘探者号的中子谱仪的最新数据,月球两极附近永久阴暗寒冷的冷阱区中冰含量可能高达 3 亿吨[1]。

　　要在月球上提取水,首先要构建一个月壤还原反应器,利用太阳能对月壤进行加热。当月壤温度加热到 100℃ 时,通过低高温处理,就可以将月壤中的水释放出来。如果继续加热到 1 200℃,通过中高温处理,那么一些挥发性气体如二氧化碳和甲烷等就可以被分离出来。最后，当加热温度高达到 1 630℃时，通过对月壤中的硅酸盐进行碳热还原反应，还能够产生氧气，这一过程本章稍后将会介绍。

9.4.4　建筑材料的开发

利用月壤开发建筑材料的可行方法之一是烧结。烧结是一种通过对颗粒状物质持续加热并保持加热温度低于其熔点，最终导致颗粒黏结，从而产生强度并形成致密化和再结晶的过程。阿波罗 14 号带回的月球土壤烧结实验样本显示[13]，尽管通过高温高压可以增加材料的强度，但通过月壤烧结方法得到的材料仍存在可渗透和易碎的缺点。

此外，阿波罗 11、15 和 16 号也进行了有关月壤烧结过程的研究[9]，并试图通过修改烧结过程，增加月壤烧结材料的结构完整性。研究结果显示，通过对烧结过程的改进确实获得了更高强度的材料，但相比之下，其机械性能仍不如熔炼和铸造的方法获得的材料好。

为了提高合成材料的弯曲和拉伸强度，有人建议利用月球资源生产纤维增强材料。尽管有人认为在月球低重力条件下，增加建筑物的强度并不是必要的，然而，当考虑宇宙辐射、极端的温度变化以及陨石撞击等环境影响后，这一观点可能将无法立足。

9.4.5　氦-3 的开采

1985 年，美国威斯康星大学的见习工程师发现，由阿波罗 17 号任务的科学家兼航天员哈里森·施米特从月球柯莱特火山口边缘采集带回的月球土壤样本中，富含有一种特殊的氦同位素，即氦-3。这一发现引发了科学界极大的兴趣，鉴于氦-3 独特的原子结构，它是一种非常完美的核聚变燃料。通过核聚变发电可以带来巨大的电能。不仅蕴含巨大的能量，氦-3 还没有污染，几乎没有放射性副产品，这些优点使得它成为 21 世纪人类最理想的燃料来源。尽管地球上几乎没有多少氦-3 存在，但科学家估计月球上蕴含的氦-3 有可能高达几百万吨，这足够为人类供能几千年了。事实上，相当于一架航天飞机的载重量（约 25 t）的氦-3，就可以满足整个美国一年的能源需求。

　　　　"氦-3 聚变能源可能是未来的空间探索和太空旅行的关键。"

　　　　　　　　——美国威斯康星大学聚变技术研究所（FTI）主任杰拉尔德·库辛斯基（Gerald Kulcinski）

　　月球上氦-3 的形成历经了漫长的岁月。当由带电粒子流组成的太阳风撞击月球时，太阳风中的氦-3 就沉积在月球粉末状的土壤中，这个过程持续了数十亿年，最终形成了巨大的氦-3 储量。

　　科学家们通过估计月球土壤对氦-3 的捕获和储藏能力来估计氦-3 的可能储量，这是通过计算导电矿物的储量以及矿物受辐射造成的晶格缺陷的程度来确定的。例如，在太阳辐射下，月球表面的高导电金属矿物（如月球玄武岩中含钛比例高的钛铁矿）仍能维持其晶体结构，而非导电岩石矿物则会失去晶体结构成为非晶体。

　　基于上述方法并测量月壤的面积和厚度，科学家再根据钛含量的不同，将月球的岩石进行分类，这样就可以预测氦-3 的储量了。例如，月球地质学家根据钛铁矿含量的不同，将月海玄武岩分为 3 类：高钛玄武岩、中钛玄武岩和低钛玄武岩。通过阿波罗和克莱门两项任务所得的数据，科学家们预测：月球上高钛玄武岩（钛铁矿含量 5%～10%）在月球正面的储量以及总储量约为 53 000 t 和 61 000 t；中钛玄武岩（钛铁矿含量 3%～5%）在月球正面的储量为 109 000 t；低钛玄武岩（钛铁矿含量 1%～3%）在月球正面的储量为 143 000 t[5]。

　　月球科学家推断月球土壤的氦-3 浓度约为 13×10^{-9}，但也不排除 20×10^{-9}～30×10^{-9} 的可能性。虽然这种储量似乎非常小，但每克氦-3 的价值预计将高达 14 000 美元，这意味着只要 100 kg 的该物质，价值就约有 14 亿美元①。相比之下，当时黄金的流通价格只有每千克约 15 500 美元。

要提取足够的氦-3 进行商用，那就必须对数量惊人的月球岩石和土壤进行处理。例如，要获得 100 kg 氦-3，那就必须在月球表面挖掘出一个深 3 m 面积达 2 km 见方的大坑。如此巨大的工作量却换来这么少的氦-3，虽然这看去并不划算，可是值得注意的是，100 kg 氦-3 就足够为达拉斯这样规模的城市提供一年的能源了[14]。

一队美国科学家小组打算监管氦-3 的开采，并已取得月球正面和两极地区 95％的开采权以及月球背面地区 50％的开采权。前美国国家航空航天局航天员约瑟夫·雷斯尼克（Joseph Resnick）博士，及美国国家航空航天局现任顾问蒂莫西·奥尼尔（Timothy R. O'neill）以及盖伊·克拉默（Guy Cramer）组成的"ROC"小组最近宣布，他们已经获得超过 75％的月球矿产开采权，从而可以利用月球上的氦-3 进行空间探索的发展以及更加有效的能源生产。作为获得开采权（注：尽管空间法不允许任何国家拥有月球及其他行星的土地所有权，但却允许个人和公司进行矿物开采。）的条件，"ROC"小组承诺将充分保护月球的环境，确保月球表面不会因为露天开采变得伤痕累累。

从事氦-3 开采作业的航天员队伍需要进行挖掘工艺以及机器设备操作的培训。针对月壤的开采、加工、提炼，美国威斯康星大学提出了两套策略。

第 1 套策略被称为"直线策略"[17]，这有些类似于地球上对分离程度相对较好的矿物的开采。首先，通过斗轮将开采的月壤运送到矿物加工单元，在那里通过连续筛分将较大矿物碎片退回而将精矿运送到挥发萃取单元。最后将萃取得到的挥发物装入储料罐，运往精炼单元精炼。

第 2 套策略被称为"螺线开采"，这是大规模地面露天开采技术

---

① 原书为 1.4 亿美元。

与农业中"环形灌溉"理念的奇特组合。该策略将矿物处理单元安装在一个伸缩机械臂的顶端，而机械臂则连接到一个移动中央站上。机械臂带动矿物处理单元以中央站为中心，以向外旋转的螺线轨迹进行月壤的开采、处理，然后将得到的萃取物通过机械臂送至中心站进行精炼。在这个系统中，中心站将集成所有的精炼、电源、控制单元以及航天员驾驶和休息仓。当开采作业达到机械臂伸展的极限时，中心站会移动到下一个新的开采区域继续开采。

无论采用哪种策略，这些策略中对于月壤的加工过程可能都会非常相似。威斯康星大学聚变技术研究所的博士斯维阿托斯拉夫斯基（Sviatoslavsky）[16,17]，多年一直在从事月壤处理器的设计研究工作，他领导研制的马克 II 采掘机，在机械臂末端装有斗轮挖掘机，能够一边移动一边开采，挖掘横截面可达 3 m 深、11 m 宽。马克 II 在作业时，首先会将开采出来的矿物从斗轮倒入传送带上，然后经过一系列筛孔逐渐变小的筛子过滤出精细颗粒。随后，这些矿物颗粒会输送到马克 II 的加压室内，经过气流分离再次过滤出更细小的颗粒，再经液化送入热交换器加热 20 s 后，这些细小颗粒最后被注入高压气瓶中，运往精炼单元精炼。

经过精炼的氦-3 会以高压气体或者低温液体的形式存在，最后通过无人飞船送到地球。

9.5 制造氧气

为了建立一个永久且自给自足的月球基地，必须利用月球本地资源制造月球液态氧（LLOX）。这不仅将为运输系统提供推进剂以节省成本，而且将为航天员在月球的生活提供保障。幸运的是，氧是在月球上最丰富的元素，但要获得它们仍需从月球的岩石和土壤中提取，因为它是以与其他元素如铁和钛等相结合的方式存在的。

9.5.1 相关因素的考虑

本节接下来将介绍一些月球氧气制造的先进技术理念，但在此之前，有必要就一些相关因素做提前考虑。

　　首先要考虑氧气制造的能源需求，工程师必须确定是使用太阳能发电还是核燃料发电。当然，工程师还必须考虑生产过程的简化、反应物的消耗成本以及需要开采哪种岩石或土壤，因为月球上不同类型矿石所需的氧气提取方法和程序是不同的。此外，利用月球矿石分解制造氧气的过程中，还应注意减少潜在有害物质的排放，如当硫铁矿遇到热氢气或氧气时，很容易分解并释放出二氧化硫。

9.5.2　氧气制造方法

9.5.2.1　还原法

　　制造氧气的一种简单方法是通过气体对月球的矿物（如钛铁矿）进行还原反应，如利用氢还原钛铁矿，该方法由威廉斯（Williams）、麦凯（Mc Kay）、贾尔斯（Giles）以及邦奇（Bunch）在 1979 年首次提出[19]。威廉斯和他的团队提出使用氢气作为还原剂，并将反应温度提高至 700～1 000℃ 来还原钛铁矿。在此温度下，水会电解成氢气和氧气，而氢气可以回收。鉴于这种方法在未来可能的应用前景，德克萨斯州休斯敦市的 Carbotek 公司已申请并获得了相关专利，通过由三层流化床组成的反应器来实现氢对钛铁矿的还原。

　　虽然钛铁矿的氢还原化学过程相当简单，而且在地球上也已通过实验室验证，但目前仍不知道在月球上是否可行，因为那里的重力只有地球重力的六分之一。其他工程师必须解决的问题，包括消除钛铁矿还原反应所产生的杂质，如镁。此外，他们还必须开发有效手段，将热氢气留在系统内，因为哪怕是一个小小的裂缝，月球上的高真空环境都可能导致大量的气体泄漏，使有用气体被耗尽。

　　另一种可以作为钛铁矿还原剂的气体是二氧化碳，赵（Zhao）和沙德曼（Shadman）在文献中介绍了一种利用二氧化碳还原钛铁矿的方法[20]，其系统设计与 Carbotek 公司的流化床系统类似。这种方法的缺点之一是会产生吸热反应，消耗大量的能量，而利用对钛铁矿进行的碳回收，可以对这种消耗做到一定的补偿。使用二氧化碳作为还原剂的另一个缺点是其还原率要比氢气低，不过相关研究已经证明，在给定温度下，这种还原差异小于一个数量级。

甲烷可以作为钛铁矿还原反应的第 3 种还原剂，其还原方法与使用氢气和二氧化碳作为还原剂的方法类似[4]。通过该方法，首先利用二氧化碳和氢气生成甲烷，然后以镍作为催化剂，在 800～1 000℃的温度下，再次与氢气发生反应。这一系列化学反应的最后产物将得到水，进而分离产生氧气和氢气。

9.5.2.2　碳热还原法

碳热还原法是一种非常前沿的氧气制造方法，该方法采用各种形式的碳对金属熔融反应物进行还原，从而得到热解和电解水[11]。碳热还原法可以用来处理简单的氧化物矿物，如钛铁矿，不过该方法所需的温度非常高，因而是否合适在月球上使用还有待商榷。

另一种方法还可以利用液化碳来还原钛铁矿，这将需要钛铁矿的熔炼、铁的脱碳处理以及烃的催化重整。这一过程最终将会产生水，然后将其电解成氧气和可循环利用的氢气。

与其他许多的氧气制造技术类似，碳热还原法也存在所需反应温度过高的问题，从而加剧金属熔融物的腐蚀性，逐渐对反应器的内衬造成损耗。然而，鉴于太阳风注入月球土壤中的碳元素浓度约达 22%，碳热还原法仍然具有一定的开发前景。

9.5.2.3　玻璃取氧法

在月球上氧气的另一个来源是玻璃，这是月壤最丰富的成分之一，尤其是在月海地区。大多数的月球玻璃都是由火山活动和陨石撞击产生的熔融物所形成的。在月海地区，这些玻璃的熔融物会与岩石和矿物碎片胶结在一起，最终构成了月球一半以上的土壤。目前已经证明，使用氢气作为还原剂，可以将这些玻璃物质还原为铁和水，然后进行水解或电解就可产生的氧气和可循环利用的氢气。利用月球上的玻璃制造氧气，尽管仍可利用前面提到的还原方法和程序制造，但一些研究也提出，对于某些胶结的玻璃，由于其含钛量很高，使用磁分离技术进行还原将更为有效[18]。

9.5.2.4　电解法与高温化学技术

电解生产氧气，最基本的方法就是在盛放熔融硅酸盐的反应容器中放置两个电极并在正负电极之间导通电流。这一简单的过程无需移动部件或者加入试剂，最终就可在阳极生成氧气并在阴极生成金属。该方法的效率取决于电解时总电流能够用于产生氧气的分配比重，或者说取决于在硅酸盐熔体中铁的浓度。有研究表明，为了有效地产生氧气，硅酸盐熔体的氧化亚铁（FeO）浓度应小于 5%[5]。理想情况下，应尽量保证硅、铝和氧化亚铁的低浓度，因为这些元素都会增加电解时电能的损耗。

虽然电解硅酸盐熔融物的方法看起来很简单，但由于极高的温度条件（1 300～1 700℃）以及阳极的稳定性和腐蚀等问题，该方法在工业技术和工艺处理上仍显得不够完善。为了解决反应所需温度过高的问题，一种相对可行的方法是在硅酸盐熔融物中加入助熔剂，这样不但可以减低电解所需的温度而且还可以增加导电率，从而降低能耗。类似方法现在已经被用于在地球上制造铝。

9.5.2.5　热解法

热解法是通过对金属氧化物进行高温加热使其发生化学变化和部分分解，从而获得氧气。热解法需要非常高的温度，温度范围通常在 2 000～10 000℃之间，可由离子体焰炬、电子束、太阳能炉等装置提供。

当温度只能达到 2 000℃时，可以使用汽化热解法。顾名思义，汽化热解就是先将矿物汽化使其转化为氧气与各种其他物质的混合物，然后再使气体急速冷却，使氧气以外的其他物质凝结成液体或固体，进而得到氧气。这种热解方法的优势之一是它不需要消耗任何从地球上带来的资源，整个过程完全在空间中自给自足，充分利用了太阳能和月球高真空环境等空间条件。

当温度提升到 3 000~6 000℃时，钛铁矿就可以完全分解成铁、钛和氧。不过，这一过程需要太阳能炉的辅助，相关技术还有待更进一步发展。

当温度非常高，达 7 000~10 000℃时，热解过程中就会出现电离现象。例如，在 7 700℃时，几乎所有的金属如铁、钛、镁，都将发生电离，从而可以通过静电场或电磁场从汽化混合物中将它们过滤出来，留下中性的氧气。

9.5.2.6　氧气的热回收法

另一种非常简单的氧气制造方法，是直接在温度 900℃下对月球土壤进行持续烘烤[3]。在此温度下，所有在月球土壤中的氢将被释放，并与氧化物矿物发生反应生成水，然后再电解水生成氢气和氧气，这一过程有些类似于上述方法中使用氢还原钛铁矿的过程。尽管该方法非常简单，不存在开发上的困难，但也存在一个缺点是需要处理的月球土壤数量过于庞大。不过，这个缺点可以通过回收工序中获得的氦气、氢气等得到一定的补偿。

9.5.2.7　氟化法

氟化法利用氟化剂对月球土壤中硅酸盐的氟化作用，使硅酸盐分解释放氧气。目前在地球上，已成功地利用氟气从地球岩石样本、月球土壤样本以及月球土壤模拟样本中提取出了氧气[10]。尽管在早期的研究中只能提取少量的氧气，但随后通过对不同温度下月球土壤氟化作用的研究，已经证明通过氟化法可以将月球土壤中 80% 的氧气提取出来。

氟化法存在的问题是所需的反应温度较高，而且氟气对某些金属和金属合金具有腐蚀作用，腐蚀程度与温度和气压有关。事实上，在高温下只有某些非金属材料才能对抗氟气的腐蚀作用，如高度烧结黏土、聚四氟乙烯（PFTE）等。

上文简单介绍了一些月球上制造氧气的方法。其中，一些方法相对简单，但可能在月球上实施困难；另外一些方法相对复杂，还未经充分验证；还有一些方法可能实施起来并不经济。

9.6　原位资源开发与集成策略

　　美国国家航空航天局打算分阶段性地在地球上实现原位资源利用技术的开发，而无需月球先锋机器人计划（LPRP）进行前期探索。开发工作将分为 4 个阶段，每个阶段为期 2～3 年：第 1 阶段为可行性论证；第 2 阶段进行关键技术的发展以及系统的改进；第 3 阶段，在地球上成功开发一个或多个技术成熟度（TRL）达到 6 级的原位资源利用系统；最后，第 4 阶段将在月球基地上建立原位资源利用设施。

　　为了实现本章中所介绍的月球探索目标，未来的探月任务将充满挑战。因此，美国国家航空航天局计划了分阶段实施的方案。根据这些方案，月球的探索活动将会逐渐得到扩展，一些基本的以及更高层次的科学和探索目标将逐渐达成。以此为基础，更为复杂的月球表面探索任务最终也将实现。随着越来越多探索目标的实现，月球的科学和探索价值将得到充分利用。这些目标实现过程中所取得的经验，不仅有助于人类全面科学地认识月球，而且也为人类完成火星载人探索任务创造了条件。

参 考 文 献

[1] Binder A. Update on Lunar Prospector results. Presentation at the Space Resources Roundtable II. Colorado School of Mines, Golden, Colorado, November 8 – 10, 2000.

[2] Bufkin A, Tri T O, Trevino R C. EVA concerns for future lunar base. Second Conference on Lunar Bases and Space Activities of the 21st Century, Paper No. LBS – 88 – 214. Lunar and Planetary Institute, Houston, TX, 1988.

[3] Christiansen E L, Euker H, Maples K, Simonds C H, Zimprich S, Dowman M W, Stovall M. Conceptual Design of a Lunar Oxygen Pilot Plant, EEI Rept. No. 88 – 182. Eagle Engineering, Houston, TX.

[4] Friedlander H N. Analysis of alternate hydrogen sources for lunar manufacture. In: W W Mendell (ed.), Lunar Bases and Space Activities of the 21st Century, pp. 611 – 618. Lunar and Planetary Institute, Houston, TX, 1985.

[5] Haskin L A, Colson R O, Lindstron D, Lewis R H, Semkow K W. Electrolytic smelting of lunar rock for oxygen, iron and silicon. In: W W Mendell (ed.), Second Conference on Lunar bases and Space Activities of the 21st Century, NASA – CP – 3166, Vol. 2, pp. 411 – 422, 1992.

[6] Kring D A, et al. LExSWG: Lunar Surface Exploration Strategy. Final Report. Lunar and Planetary Institute, Waltham, MA.

[7] Larson W, Pranke L. Human Space Flight: Analysis and Design. Space Technology Series, McGraw – Hill, New York, 1999.

[8] McKay D S, Morris R V, Jurewecz A J. Reduction of simulated lunar glass by carbon and hydrogen and its implications for lunar base oxygen production. Lunar Planet. Sci., XXll, 881 – 882 (Abstract), 1991.

[9] Meek T T, Fayerweather L A, Godbole M J, Vaniman T, Honnell R.

Sintering lunar simulants using 2. 45 GHz radiation. In: S W Johnson and J
P Wetzel (eds.), Engineering, Construction, and Operations in Space:
Proc. Space' 88, pp. 102 - 110. American Society of Civil Engineers, Re-
ston, VA, 1988.

[10]   O'Donnell P M. Reactivity of Simulated Lunar Material with Fluorine,
        NASA - TM - X - 2533. NASA, Washington, D. C. , 1972.

[11]   Rosenberg S D. A lunar - based propulsion system. In: W W Mendell
        (ed.), Lunar Bases and Space Activities of the 21st Century, pp. 169 -
        176. Lunar and Planetary Institute, Houston, TX, 1985.

[12]   Schmitt H H. Return to the Moon: Exploration, Enterprise, and Energy
        in the Human Settlement of Space. First Edition. Springer - Verlag, New
        York, October, 2007.

[13]   Simonds C H. Sintering and hot pressing of Fra mauro composition glass
        and the formation of lunar breccias. American J. Sci. , 273, 428 -
        439, 1973.

[14]   Slyuta E N, Abdrakhimov A M, Galimov E M, Vernadsky V I. The es-
        timation of helium - 3 probable reserves in lunar regolith. Lunar and
        Planetary Science, XXXVlll, 2007.

[15]   Steurer W H, Nerad B A. Vapor phase reduction. In: W F Carroll
        (ed.), Research on the Use of Space Resources, NASA JPL Publ. 83 -
        86. NASA Jet Propulsion Laboratory, Pasadena, CA, 1983.

[16]   Sviatoslavsky I N, Cameron E N. Geology of Mare Tranquillitatis and Its
        Significance for the Mining of Helium. WCSAR - TR - AR3 - 9006 - 1,
        pp. 28 - 50. Wisconsin Center for Space Automation and Robotics,
        1990; Cameron E N, Geology of Mare Tranquillitatis and Its Significance
        for the Mining of Helium, WCSAR - TR - AR3 - 9006 - 1, p. 62. Wis-
        consin Center for Space Automation and Robotics, 1990.

[17]   Sviatoslavsky I N. The Challenge of Mining He-3 on the Lunar Surface:
        How All the Parts Fit Together, WCSAR - TR - AR3 - 9311 - 2,
        p. 12. Wisconsin Center for Space Automation and Robotics, 1993.

[18]   Taylor L A, Oder R R. Magnetic benefciation and hi - Ti mare soils:
        Rock, mineral, and glassy components. In: S W Johnson, JP Wetzel

(eds.), Engineering, Construction, and Operations in Space: Proc. Space' 90, pp. 143 – 152. American Society of Civil Engineers, Reston, VA, 1990.

[19] Williams R J, McKay D S, Giles D, Bunch T E. Mining and beneficiation of lunar ores. Space Resources and Space Settlements. NASA－SP －428, pp. 275 – 288. NASA, Washington, D. C. 1979.

[20] Zhao Y, Shadman F. Kinetics and mechanism of ilmenite reduction with carbon monoxide. AlChE J. , 36, 443, 1990.

第 10 章　月球太空旅游

"已经太久了，是时候回去了。"

——太空探险有限公司（Space Adventures Ltd.）首席执行官埃里克·安德森（Eric Anderson）宣布：公司将销售两张私人月球观光票

维京银河（Virgin Galactic）公司在 2010 年将开始亚轨道太空旅游业务（见图 10-1）。尽管月球旅游要比亚轨道、甚至轨道太空旅游的难度大得多，但维珍银河公司的这一举措将为太空旅游业的兴起注入新的动力。21 世纪，将会有越来越多的游客支付大量金钱用于攀登珠穆朗玛峰、潜入深水洞穴、横跨冰雪覆盖的北极，而随着旅游业市场的逐渐成熟，月球旅游业的兴起也将是大势所趋的结果，事实上现在已经有月球观光票在发售了！

10.1　太空探险有限公司

2005 年 8 月 10 日，总部位于弗吉尼亚州阿灵顿市的太空探险有限公司召开新闻发布会，宣布他们将出售价值 1 亿美元的"绕月之旅"观光票。在此次新闻发布会上，太空探险有限公司对这项新的月球旅游服务做了详细介绍，并命名为"深空远征 1 号"任务。这家世界领先的空间体验公司，曾通过私人太空旅行服务让多名普通人实现了太空梦想，其中包括丹尼斯·蒂托（Dennis Tito）、马克·沙特尔沃思（Mark Shuttleworth）、格雷·奥尔森（Greg Olsen）、阿努什·安萨里（Anousheh Ansari）等，他们都通过该公司的太空旅游服务登上了国际空间站，当然也为此付出了

图 10 - 1　维京银河公司的太空船 1 号（Space Ship One）　（图片来源：Scaled Composites）

高额的旅游费。此外，太空探险有限公司还开展了其他多项空间体验服务，包括抛物线飞行、航天员训练等。该公司的咨询委员包括航天飞机航天员凯西·桑顿（Kathy Thornton）、罗伯特·胡特·吉布森（Robert Hoot Gibson）、诺姆·撒加德（Norm Thagard）、拜伦·利希滕伯格（Byron Lichtenberg）以及阿波罗 11 号登月航天员巴兹·奥尔德林等，这些航天员的加入极大地提升了该公司在航天业界的知名度。

10.1.1　深空探索—阿尔法号

　　深空探索—阿尔法号任务将是太空探险有限公司计划的未来几个登月任务中的首个，预计将在未来几年内出售给那些富有的私人太空探险爱好者。该任务的实现得力于太空探险有限公司与俄罗斯联邦航天局以及能源火箭（RSC Energia）公司的良好的合作伙伴关系。经过调查，太空探险有限公司已确认全球共有一千多名富豪能够支付得起这张世界上最昂贵的观光旅游票，其中还包括公司的老顾客格雷·奥尔森。

任务的可行性论证由能源火箭公司完成，该公司还提出了两个备选方案：第 1 个备选方案，联盟号飞船在近地轨道与上面级助推器进行交会对接，然后飞向月球；第 2 个备选方案，联盟号飞船先与国际空间站对接，驻留几天后，再与上面级助推器对接，最后实现绕月飞行。

太空探险有限公司计划使用苏联的联盟号飞船（见图 10 - 2）来完成深空探索—阿尔法号任务。公司的头两名顾客将在俄罗斯航天员的带领下，乘坐联盟号飞船实现他们的绕月旅行梦想。20 世纪 60 年代诞生的联盟号，最初就是以登月任务为目标设计的，因此，将其用于本次的绕月飞行任务所做的改造将相对容易得多。联盟号飞船将为环月旅行的勇士提供 10 m³ 的容身空间，这将和一般 SUV 汽车的空间差不多。尽管这样的空间看起来非常局促，但以航天标准而言这已经相当宽敞了。相比之下，1968 年 12 月发射的阿波罗 8 号容身空间只有 6 m³，在这样狭小的空间里，3 名航天员完成了历时 6 天的环月飞行任务。

众所周知，阿波罗 8 号任务是人类首次环月飞行任务，它将为太空探险有限公司的深空探索—阿尔法号任务提供重要的经验与指导。尽管有许多人可能认为 1 亿美元的票价仍然过于昂贵，但太空探险有限公司表示，整个环月旅行任务中将欣赏到的壮观月球景观足以令他们的顾客难忘终生。

10.1.2　任务方案介绍

10.1.2.1　直接分级方案

根据此方案，联盟 TMA 飞船将由联盟 11A511U 火箭发射至近地轨道，翌日 Block DM 上面级将由天顶 - 3 运载火箭发射至停泊轨

图 10 - 2　联盟号飞船对接机动飞行（图片来源：美国国家航空航天局）

道。行程的第 3 天，联盟 TMA 将与 Block DM 上面级进行交会对接，随后 Block DM 点火，将联盟号飞船送往地月转移轨道。当 Block DM 的燃料耗尽后，将与联盟号分离，后者将继续向月球飞行，并将耗时两天后，于第 6 日抵达月球。由于联盟号飞船并没有足够的推进剂进入月球轨道，因此无法实现真正意义上的绕月飞行，航天员们只能在接近月球的数小时内对月球进行观光和拍照。之后，航天员将搭乘联盟号返回地球，回程历时 2 天，预定将于行程的第 9 日抵达地球。

10.1.2.2　国际空间站中转方案

根据该方案，联盟号飞船发射后的第 2 天，将与国际空间站进行对接。按照预定计划，航天员将在国际空间站上停留至第 14 天，在这期间不但可以体验空间站上的太空生活，而且还可在空间站上的"圆顶屋"舱中欣赏地球全景。

国际空间站的观光结束后，联盟号飞船将与之分离，并随后与停泊在近地轨道的 Block DM 上面级对接，后者由天顶号火箭发射，作为联盟号飞船飞往月球的助推器。旅程的第 15 天，Block DM 上面级点火，将联盟号加速到 38 000 km/h。一旦燃料耗尽，联盟号将与 Block DM 上面级分离。经过两天的惯性飞行，联盟号将进入月球引力场，并低空飞越月球背面实现绕月飞行，然后再经过两天的惯性飞行飞离月球引力场，在行程的第 21 天抵达地球。

10.2　阿耳忒弥斯项目

阿耳忒弥斯项目是在阿耳忒弥斯国际协会（ASI）以及月球资源公司（LRC）联合倡导下提出的，目标是建立一个永久性的、自给自足的载人月球基地。阿耳忒弥斯是希腊神话中月亮女神的名字，她是太阳神阿波罗的孪生姐妹。阿耳忒弥斯不仅是月亮女神，而且也是狩猎女神，因此，以阿耳忒弥斯为该项目的名字，更寓意了人类飞往月球远征宇宙的雄心壮志与伟大创举。阿耳忒弥斯项目将完全由私人企业资助，并旨在通过月球资源开发和载人航天飞行演示为这些私人企业创造效益。

10.2.1　阿耳忒弥斯基准任务

尽管阿耳忒弥斯项目并没有指定运载火箭的型号，但基准任务建议至少需要两次发射才能将任务所需的组件发送到近地轨道。

根据阿耳忒弥斯基准任务，用于搭建月球驻地的组件将首先与月球转移飞行器（LTV）进行对接。月球转移飞行器将沿着与阿波罗任务类似的轨道路径，将航天员从地球轨道送往月球。一旦抵达月球轨道，驻地组件与月球转移飞行器分离并着陆到月球表面，而空置的月球转移飞行器将留在月球轨道上。

航天员在月球表面上逗留 7 天时间，用于建立月球驻地、采集样本以及搭建电力系统和通信设备。航天员还将拍摄他们在空间飞行以及月表活动时的图片和影像，这些影像资料都将用于月球旅游业的促进与推广。

　　当任务完成后，航天员乘坐上升段返回到月球轨道。由于上升段采用开放式结构，因此，在 2 h 的上升飞行中，航天员将完全依赖航天服的生命保障系统。一旦上升段到达月球轨道，就会与月球转移飞行器进行交会对接，然后，月球转移飞行器点火返回地球轨道。当月球转移飞行器抵达近地轨道后，将会停靠在国际空间站上或留在停泊轨道上，等待下一次任务或租给其他私人公司使用。而月球转移飞行器中的航天员则搭乘其他飞行器返回地球。

　　阿耳忒弥斯项目并没有给出航天员到达或离开近地轨道的具体方案，未来可能采用的运载火箭将包括用于载人的德尔它 4 号运载火箭、联盟号运载火箭或者如蓝色起源（Blue Origin）等私人空间公司提供的运载火箭等。阿耳忒弥斯项目对于如何利用 3 艘载人飞船协作摆渡航天员完成探月任务已经有了非常合理的考虑，但对于载人航天器入轨和离轨的细节，基准任务并未做具体描述。

10.2.2　阿耳忒弥斯任务架构

10.2.2.1　月球转移飞行器

　　月球转移飞行器用来搭载航天员往返于地球轨道和月球轨道之间。月球转移飞行器是以麦道公司制造的 Spacehab 模块为基础设计的，推进装置安装于舱口的反方向一端。为了使月球转移飞行器能够从近地轨道到达月球轨道，所需的速度增量将达到 4 119 m/s。月球转移飞行器模块内部将配备电源、热控、生命保障等诸多系统，而月球转移飞行器模块外部将装有散热器、天线、反作用控制系统以及各种传感器等，它们为乘员地月往返至少各 3 天的行程提供全面支持。当月球转移飞行器完成任务后，将返回近地轨道等待下次任务并进行燃料补给，燃料补给以通过更换燃料箱的简单方式实现。此外，月球转移飞行器还包括前向服务模块（FSM）、尾部服务模块

（ASM）、推进模块等组件，它们将一起发射或者分批发射到近地轨道，然后在轨道上进行组装。

10.2.2.2　降落段

阿耳忒弥斯任务的降落段，包括中心处的一个球形的氧气罐以及围绕在其四周的 6 个圆柱形的氢气罐，它们将作为一次性的推进模块用于下降着陆，而当在月球表面着陆后，这些储料罐用于储存从月球风化层土壤开采的氧气。储料罐结构采用六角笼状布局，从地球发射时，可以调整到合适尺寸并置于大力神 4 号运载火箭有效载荷罩内。此外，储料罐表面覆盖有金箔，能够反射太阳辐射，从而使系统降温。

10.2.2.3　月球探索基地

月球探索基地（LEB）由与航天飞机 Spacehab 货舱类似的载人模块组成。降落段和月球探索基地模块垂直降落在月球上后，月球探索基地将旋转至水平，从而提供更加便于航天员操作的布局。这种便于操作的考虑不只限于月球探索基地，还包括上升段的设计。阿耳忒弥斯任务的上升段采用了开放式结构，在离开月球表面到达月球轨道的 2 h 的上升过程以及与月球转移飞行器对接的过程中，航天员将完全依赖舱外活动航天服抵御宇宙环境。虽然仍然存在一些质疑，认为开放式结构似乎有点冒险，但阿耳忒弥斯项目组认为，存在的风险不会比航天员在月球表面进行 2 h 的舱外活动大多少。上升段的速度增量需要达到 1 869 m/s，从而才能将航天员和采集样本运送至高达 100 km 的月球轨道。

10.2.2.4　推进剂

阿耳忒弥斯项目团队曾一度面临燃料的安全性与高能效的抉择问题。虽然低效率双组元火箭燃料比较安全可靠且易于储存，但却比低温燃料如液氢或液态氧的比冲低。不过，尽管液氢和液氧的比冲高，但却极易挥发，因此不但使用它们需要更多的发动机组件和处理工序，而且也远不如双组元火箭燃料安全可靠。最后，阿耳忒弥斯项目组还是决定选择低比冲但高可靠的双组元火箭燃料——偏二甲肼（UDMH）和 N_2O_4（四氧化二氮）。

10.2.2.5　组合飞船

月球转移飞行器、月球探索基地以及降落段这 3 艘飞船将首先在近地轨道或国际空间站进行组合，然后组合体才会沿着与阿波罗任务类似的轨迹飞向月球。

10.2.3　阿耳忒弥斯航天员选择

由于阿耳忒弥斯项目记录并出售月球旅行的经验与理念，因此鉴于这一目标，阿耳忒弥斯航天员的选择标准将会与传统的航天员选择有所区别。阿耳忒弥斯航天员不但要在健康、体格以及技术等方面达到传统的航天员选择标准，而且还必须具备演说、摄影、甚至表演经验，从而确保阿耳忒弥斯航天员将月球探索的经历详尽生动地记录并带回地球。

10.3　比奇洛航天公司

拉斯韦加斯的亿万富翁罗伯特·比奇洛有望成为第 1 个月球旅行项目的总承包商，他的比奇洛航天公司一直在有条不紊地实现着发展太空旅游业的梦想。梦想实现的第 1 步始于 2006 年 7 月，比奇洛航天公司的首个太空旅馆的原型实验舱起源 1 号由俄罗斯"第聂伯"火箭成功发射入轨（见图 10 - 3）。一年后，第 2 个太空旅馆的原型实验舱起源 2 号成功发射，随后该公司的首个载人飞船"太空舞者"将于 2010 年发射。在"太空舞者"之后，比奇洛航天公司还将发射容量更大的 BA 330 太空舱，并以此作为"太空旅馆"实现商业运作。公司计划出售每张 500 万美元的太空观光票，购买观光票的顾客能够在这个位于近地轨道的"太空旅馆"驻留 1 周。对于罗伯特·比奇洛来说，把富有的太空旅游者送入近地轨道只是他梦想的第 1 步。未来，比奇洛航天公司还将以此为基石，在地月拉格朗日点 1（L1）构建登月中转站，在那里进行登月飞行器的组装，最终开展长期稳定的月球旅游业。

具有讽刺意味的是，美国国家航空航天局是这个充气太空舱技术的倡导者（比奇洛航天公司注册了该技术，即众所周知的 Tran-shab 系统），目前正与比奇洛航天公司商讨关于月球基础设施的建设方案。鉴于作为一个承包商的丰富经验，比奇洛可能将是月球设施建设任务的最理想承包人，而他本人也在 2007 年 2 月与艾伦·博伊尔（Alan Boyle）的独家专访中表示对此具有极大兴趣并对任务的完成充满信心。

"在夜间的施工现场，人们经常会看到机器上亮着的一串灯以及一些服务车。这些服务车在现场的作用只有一个，就是对机器的正常工作进行监督，因为这些机器会经常出现故障，这几乎是地球上每一个施工现场都存在的问题。对于那些从未到过施工地点的人而言，可能并不知道机械故障是地球上一个经常发生的问题，就更不用说在月球上了。"

比奇洛航天公司将面临这一问题，因为月球尘埃可能加剧机械故障的发生。不过，比奇洛航天公司已经有了解决之道，通过在拉格朗日点 1（L1）进行登月飞行器和月球基地设施的组装，可以尽可能避免在月球上的机械作业。

"有人说：'如果上帝希望人类飞翔，他会赐予人类翅膀。'今天我们可以说：'如果上帝希望人类能够遨游宇宙，那么他会赐予人类月球。'"

——美籍德裔太空幻想家，克拉夫特·埃赫里克（Krafft Ehricke）

从长远来看，未来的月球就如同今天的珠穆朗玛峰一样，只不过是人类旅游探险的下一个目标。虽然在相关的设施建立完成之前，月球要成为旅游探险的目的地还存在一定困难，但在太空探险有限公司以及其他各方面的不懈努力下，这一梦想一定会在不远的将来成为现实。

图 10 - 3　本杰罗宇航公司的 BA330 模块（图片来源：比奇洛航天公司）

结　语

　　"现在我们有能力离开这个星球，我认为我们应慎重考虑未来的发展方向。人类总是希望去探索更远的地方，这是好奇的本性使然。探索鼓舞了情绪、扩大了兴趣、激发了思维，所以，如果我们放缓了探索脚步，将会失去很多契机。有人认为应该通过显微镜和望远镜去探索我们的宇宙，但我认为这并不表示要顾此失彼而忽略了其他的探索途径。当人类无法从物质上去探索宇宙时，那么其精神也将被动摇。太空是我们生存唯一的边界，我相信通过对太空的不断探索，将为我们带来真正的以及继续留在地球上所无法预知的好处，我想任何人都无法给出确凿的证据来否定这种好处的存在。"

　　——阿波罗 11 号航天员，迈克尔·柯林斯（Michael Collins）

　　在老布什总统宣布"空间探索倡议"计划约 15 年后，他的儿子小布什总统也宣布了一个新的雄心勃勃的太空计划——"空间探索远景"，打算让航天员重返月球，最终实现"空间探索倡议"就曾设想的火星探索的目标。

　　"空间探索远景"对"空间探索倡议"做了进一步完善和落实，例如"空间探索倡议"仅仅提出了月球原位资源利用的概念，而"空间探索远景"则将这一技术具体落实到月球基地建设的关键发展路线中。

　　"这一构想的基本目标是通过一个强大的太空探索计划来推进美国的科学、安全和经济的发展。"

　　根据上述声明，空间探索将以科学、安全和经济为主要目标，并以此权衡探索带来的收益与成本。这不仅对联邦政府资助的决策制定具有重要意义，从而协调科学、安全和经济的发展，同时也为广大民众更加理解和支持载人登月活动具有积极的呼吁作用。发展月球基地的过程将为地球的经济和技术带来巨大好处，从而为太空探索带来巨大推动作用。

除了明确重返月球的潜在经济效益，"空间探索远景"中关于建立永久性月球基地的计划还将有助于人类的行星探索，有望为其提供一个可靠的星际中转站。通过对月球的长期开发，人类会掌握如何从岩石中获取氧气以及如何通过原位资源利用设施处理原材料，这些都将是未来火星探索任务成本降低的关键。此外，在月球上开发的各种先进技术，如闭环或近似闭环的工业基础设施，不仅能够推动航天文明的发展，而且也将带动地球相关技术的发展，从而带来巨大的效益。

美国国家航空航天局飞行主任吉恩·克兰兹（Gene Kranz），这位将毕生心血都献给了航天事业的传奇人物，在 2008 年 4 月给约翰逊航天中心星座计划全体人员的信中是这样写的：

"你们在这里正在从事的工作将是美国探索月球计划的原动力，它将让太空计划起死回生并重新觉醒，引领我们整个民族在航天事业上飞跃发展，并最终开启人类文明进步的新篇章。

这是一项非常令人兴奋的事业，当然你们已经认识到了这一点，因为站在这里的你们已经让其开始了。我向你们表示无比的敬意，因为你们将带领人类重返月球并最终登上火星。

45 年前的我和今天的你们一样，因为肯尼迪总统交给了我们一项艰巨而伟大的挑战，那就是让人类首次登月，他说'我们选择在这 10 年中登上月球，不是因为它们很容易，而是因为它们很困难。'今天，布什总统交给了你们一个类似的挑战，这一次该看你们的了。

你们今天遇到的挑战与 1961 年我们面临的挑战之间有许多相似之处，如人员因素。现在这里的许多成员，多年前在卡纳维拉尔角就已经开始从事此方面的工作了。

我们拥有强大的技术储备，技术方案已经就绪。你们还有拥有丰富的飞行经验以及实现这一目标的各种手段。

而在 1960 年起步的时候，我们是白纸一张，不得不去发明技术。不过，现在它们已经在那里了，拥有它们，你们未来的任务将要顺利得多。

在我们开展水星任务、双子星任务以及阿波罗计划时，一切还处于摸索和学习阶段。通过水星计划，我们认识到了领导和领导力的重要性，领导者不但要具备突出的业务能力更要有过硬的综合素质，从而带领他的团队完成他们的使命。

通过水星计划，我们也不断认识和完善了自身。刚到集体时，每个人都有很强的自我意识，集体观念淡薄，但是渐渐地我们学会了忘记小我、实现大我，最终成为了一个充满凝聚力的整体。

在双子星座计划中，我们不得不面对一些新航天技术的挑战。燃料电池、计算机和双组元推进剂火箭发动机，这些技术成为了我们前进道路上新的难关，但我们充满了信心，并不断从挑战中学习。

我们学会了纪律，每个人的目标集中在一点，并坚定不移地为了目标的实现而努力。

因为水星计划，我们还认识到了高昂士气的重要价值。有了坚强的信念，团队最终会取得成功。于是，我们满怀信心地开始了阿波罗计划，认为已经积累了完备的技术，可以到达月球。

可是，在阿波罗 1 号任务中我们却因那场大火惨痛失败，我希望你们永远不要经历我们那一天所经历的一切。

于是，我们变得更加坚强和严谨。坚强，意味着我们永远不会逃避责任，因为我们永远要对自己的所作所为负责，永远要对自己的失败负责。严谨，因为我们永远不会认为任何东西是理所当然的，永远不会停止学习的脚步。从那时起，阿波罗任务开始走向成功。

你们将面临巨大的挑战，但幸运的是，有前人的经验和教训给你们提供方向，还有值得信任的领导者，他们将带领你们迎接并战胜未来的一系列挑战。

你们还有美国民众的支持与期盼，他们希望你们能成功，并且他们相信你们一定能成功，而你们要将这些希望变成现实。

你们将要让人类再次登上月球，还要让人类的脚步到达火星，而且你们可能实现更远的目标。但无论你们的目标是什么，将面临的挑战有多少，最重要的是——必须相信自己，必须相信自己的团队。

如果你们有这样的信念，那么一定可以成功。"

美国在 35 年前取消月球和火星探索计划的决定是错误的，我们因此而错失了一代人的努力。人类局限在近地轨道的时间已经太久了，现在正是走出近地轨道并开启太空之旅新征程的时刻。也许有些民众会抱怨星座计划太过昂贵，但事实上对于每个美国公民而言，这一太空计划平均每天的花费只有 15 美分。重返月球计划将使美国国家航空航天局再一次实现其核心价值，并再次确立星际探索这一振奋人心的发展目标。同时，星座计划将唤醒美国的冒险精神并激励科技创新，美国的航天产业将通过重返月球计划而大振声威。

参 考 文 献

[1]   Collins M. Carrying the Fire：An Astronaut's Journey. Farrar，Strauss，
       &Giroux，New York ，1974.

术语释义

燃烧室 （Combustion chamber）

典型的火箭发动机主要由燃烧室、喷嘴等部分组成。推进剂在燃烧室内部剧烈燃烧，产生巨大的压力和极高的温度（约 $3\,300\,℃$）。燃烧室的高温高压气体通过喷嘴后转换为低温低压的高速气体，并为火箭提供巨大的动能。

复合推进剂 （Composite propellants）

这类推进剂是一种使用聚合物黏合剂的固体推进剂。在火箭的设计中常用的黏合剂包括聚丁二烯丙烯腈（PBAN）和端羟基聚丁二烯（HTPB）。该推进剂最常用的燃料是铝，而常用的氧化剂是高氯酸铵。该推进剂一般用于航天飞机上的捆绑式固体火箭助推器（SRB）上。

低温推进剂 （Cryogens）

低温推进剂或冷冻剂，如液氢（LH_2）和液氧（LOX），是在极低的温度下储存的液化气体。例如，LH_2 和 LOX 分别需要在 $-253\,℃$ 和 $-183\,℃$ 以下才能保持液体状态。因为需要极低的温度，LH_2 和 LOX 很难储存。不仅如此，LH_2 的密度也比较低（0.071 g/mL），因此需要大量的存储空间。但这个缺点可以由 LH_2 的高比冲来补偿，和其他液体燃料相比，LH_2 提供的比冲将高出 30% 以上。许多运载火箭都采用了低温推进剂，如航天飞机，就是采用 LH_2 作为燃料，并采用 LOX 作为氧化剂。

大气阻力 （Drag）

虽然大气阻力多发生在航天器发射和再入地球的阶段，但轨道飞行器在经历地球上层大气时，仍然会受到阻力。事实上，如果航天器的高度下降到 160 km，大气阻力就可以令其在几天内坠落。这种航天器因阻力而逐渐坠落回地球的过程被称为轨道衰减，必须通过航天器上的推进装置以一定时间间隔再次提高轨道高度来克服，即所谓的轨道机动。

地球轨道交会（Earth orbit rendezvous）

地球轨道交会是指两个航天器在近地轨道进行对接的操作，是完成一些航天任务不可或缺的步骤。例如，星座任务就需要将货物与载人航天器发射到近地轨道后进行交会对接，然后再飞往月球。

逃逸速度（Escape velocity）

航天器要脱离地球轨道到达月球所需达到的速度，逃逸速度为11.2 km/s。通常情况下，航天器要脱离地球轨道，首先要到达近地轨道，然后在那个高度进行加速以达到逃逸速度。

适人性要求（Human-rating requirements）

通过卫星发射系统来发射载人航天器，涉及对载人航天系统安全性和可靠性的改进，美国国家航空航天局安全与任务保证办公室公开发行文件 NPR 8705.2 对这一过程进行了界定与规范（见附表 1）。NPR 8705.2，即《美国国家航空航天局适人性要求符合性检验指南》，该技术文件旨在为载人航天活动提供最大化的安全性与可靠性。

附表 1　NPR8705.2 标准

职责	人员组成
设计标准	主管空间运行的副局长
系统设计	主管空间运行的副局长
测试要求及程序	安全和任务保证办公室首席官员、主要职责办公室
软件设计	
测试与检验要求	医疗与健康办公室首席官员、独立技术局
系统的安全性和可靠性工程	总工程师、独立技术局
人为因素工程要求	
健康卫生要求	

注：NPR8705.2，《美国国家航空航天局适人性要求符合性检验指南》，美国国家航空航天局安全与任务保证办公室，华盛顿（2005 年 8 月 29 日）。

NPR8705.2 对载人运载火箭的能力和要求进行了规范与标准化，并以此形成一个严格的安全检测认证与管理机制，确保载人航天系统能够达到安全与可靠要求。

自燃燃料（Hypergolic）

在火箭发动机使用条件下，一些液体燃料与液体氧化剂相互接触后就能发生自燃，此类燃料被称为自燃燃料。利用自燃燃料的航天系统可以很容易地实现启动和重新启动，因此这种燃料是航天器姿态控制机动系统的理想推进剂。这种燃料的另一个好处是，在常温下也能够保持液态，所以便于存储。不过，这种类型的燃料一般都有很高的毒性，处理时必须非常小心。

常见的自燃燃料包括肼、甲基肼（MMH）以及偏二甲肼（UDMH）等。尽管肼可以作为火箭燃料提供优越的性能，但它的沸点较高，因此不能作为冷却剂。相比之下，甲基肼不但具备良好的燃料性能而且沸点要低，因此更具优势。

轨道面倾角，近拱点，远拱点（Inclination，periapsis，apoapsis）

航天器绕地球运行的轨道平面与地球赤道平面之间的夹角。例如，0°倾角（也称为低倾角轨道）表示航天器沿着地球的赤道面飞行，而90°倾角（也被称为高倾角轨道）表示航天器的轨道将通过地球的两极上空。无论是哪种倾斜的轨道，航天器都将沿着一条椭圆形的轨道路径绕天体旋转，被称为椭圆轨道。其中，椭圆轨道上最接近地球的点，称为近拱点，距离地球最远的点，被称为远拱点。

星际飞行轨道和转移轨道（Interplanetary trajectory and transfer orbits）

要将航天器发送到月球上，只是简单地让飞行器向着月球以逃逸速度飞行是不够的，必须为航天器制定一个星际飞行轨道和转移轨道。由于不仅要考虑地球和月球的引力相互作用，还要考虑太阳引力，星际飞行轨道和转移轨道的计算极为复杂。

液体推进系统 (Liquid propellants)

在液体推进系统中，燃料和氧化剂被分别储存，通过一系列的阀门、管道、涡轮泵，燃料和氧化剂被输送到燃烧室中混合燃烧，从而产生推力。液体推进系统的优势之一是它可以通过控制推进剂进入燃烧室的流量，获得良好的节流性能。同时，这种设计也令该系统可以简单地实现发动机的突然停止和重新启动。

近地轨道 (Low Earth orbit)

航天器实现绕地球轨道飞行，就必须发射到地球大气层以外的高度，并加速到轨道速度，即 6.9 km/s 和 7.8 km/s 之间。轨道倾角与发射燃料用量有直接关系，低倾角轨道要比高倾角轨道节省燃料。

发射低倾角轨道的航天器时，发射点应尽可能靠近赤道，并向东发射，因为这样可以充分利用地球自转速度，节省发射燃料。这正是美国国家航空航天局选择佛罗里达州北纬 28.5°的卡纳维拉尔角作为主要发射场的原因之一。因为卡纳维拉尔角相对较低的纬度，可以为任何向东发射的航天器提供 1 471 km/h 的初速度。

当轨道高度低于 200 km 时，航天器会发生轨道衰减现象，因此近地轨道（LEO）一般定义在地球表面以上 160 km 到 2 000 km 高度之间。比如，国际空间站就位于轨道高度在 319.6 km 至 346.9 km 之间的近地轨道上。

月球轨道入轨 (Lunar orbit insertion)

月球轨道入轨是航天器接近月球时的减速过程。当航天器接近月球时，月球引力作用将超过地球引力，航天器将绕月球旋转。为了降低航天器飞行速度，使其达到绕月飞行的轨道速度，航天器的推进系统将再次点火（助推器指向航天器运动方向）减速。

月球轨道交会 (Lunar orbit rendezvous)

月球轨道交会是指两个航天器在月球轨道进行对接的操作。在星座计划中，当航天员乘坐载人飞船到达月球轨道后，会乘坐月球着陆舱降落到月球表面，而留下空置的载人飞船继续在月球轨道飞行。当航天员驻留在月球表面一些天并完成任务后，会乘坐月球着陆舱返回月球轨道与停泊在那里的载人飞船交会对接，并乘坐载人飞船返回地球。

喷嘴（Nozzle）

火箭工程师在设计火箭发动机时要面对的一个重要问题，就是要保喷嘴有足够的长度，使燃烧室喷嘴出口的压力与喷嘴外部压力相比有一个下降。因为根据最佳膨胀理论，只有在喷嘴出口压力等于围压时，推力才能达到最大值。另一个需要考虑的问题是，随着火箭上升到轨道，射流从喷嘴壁的分离将限制气流的排放。尽管这种过程通常发生在火箭接近海平面气压的情况，一旦火箭达到更低的压力，这种分离就不会发生了，当然就需要不同型号的发动机和喷嘴了。

轨道摄动（Orbit perturbations）

航天器的发射过程包括从航天器离开发射台开始，经过动力飞行阶段，到航天器入轨后的末级火箭烧毁结束。一旦进入轨道，航天器将进入自由飞行状态，它的运行轨道被认为只受地球引力的影响。如果航天器飞行到离地球较远的地方，其轨道就会受到月球或其他行星引力的影响，即所谓的"第3体轨道摄动"。其他的轨道摄动影响还包括航天器遇到的阻力等。

轨道机动（Orbital maneuvers）

轨道机动指的是航天器主动改变运行轨道的过程，这不但包括航天器轨道高度的改变，还包括从一种轨道类型向另一种轨道类型的转变。通过轨道机动，不但可以实现与其他航天器的交会对接，还可以通过改变航天器的轨道参数来满足某种发射窗口的要求。在上述任务中，实现轨道交会对接的轨道机动最为复杂，对精确性的要求也最高，因为这需要让轨道上高速运动的两个航天器交会在一起。

轨道力学（Orbital mechanics）

轨道力学，是以牛顿的万有引力定律为基础，对卫星及航天器在轨道上受到重力、大气阻力以及推力影响下的运动规律进行描述。

轨道力学的典型应用是对各种类型的轨道包括上升轨道、交会对接轨道、星际飞行轨道，以及航天器起飞时间和着陆地点等方面的计算和预测。

并联多级火箭 （Parallel staging）

并联多级火箭又称为捆绑式火箭，就是把多个一级子火箭（助推器）捆绑在芯级火箭的周围，观看过航天飞机发射的人对这种级联方式一定不会陌生。发射时，所有的子火箭与芯级火箭一起点火，当子火箭燃料耗尽时将与中央的芯级火箭分离，后者继续飞行并将携带的有效载荷送入轨道。不同于串行级联的方式，并联多级火箭的助推器可进行回收和再次使用。

火箭推进 （Rocket propulsion）

火箭推进的最基本原理就是牛顿第三运动定律，即"两个物体之间的作用力和反作用力，在同一条直线上，大小相等，方向相反"。推进剂首先被送入燃烧室，通过化学反应生成高温高压气体，热气体通过喷嘴喷出，从而产生反冲力推动火箭上升，这种反冲力实际上与大炮开炮后产生的后坐力是类似的。

串联多级火箭 （Serial staging）

串联多级火箭，就是将多级火箭以串联的方式组合在一起，如将航天员送上月球的土星 5 号就采用了 3 级串联的设计。此类火箭最下面的一级火箭称为第 1 级火箭，之上称为第 2 级火箭、第 3 级火箭……。一般来说，各级火箭越靠下箭体越大。发射时第 1 级火箭首先点火，其燃料用尽后，第 1 级火箭箭体将被抛离，然后第 2级火箭点火继续飞行，之后可能还会有第 2 级抛离以及第 3 级点火，直到最后一级火箭将有效载荷送入轨道。不同于并行级联的方式，在一般情况下，串联多级火箭的分级箭体一般不能回收和再次使用。

航天体系架构 （Space architecture）

任务规划人员在设计航天任务时通常会将体系架构分成 3 部分进行讨论，即空间段、发射段及地面段。

空间段架构包括将航天器送入特定轨道（如近地轨道）所需的基于轨道力学的设计方案以及计划建立行星表面系统（如月球基地）所需的相关技术和手段。空间段架构不仅将对航天器以及载人舱的布局、载人舱的结构、行星表面驻地的设计以及人为因素进行说明和分析，而且还将对硬件系统的设计理念、分析过程、规划方案以及集成进行说明。此外，这部分还将对轨道机动、轨道摄动、轨道维持等因素进行考虑。

发射段架构描述了运载火箭从发射台上发射起飞到进入太空的整个发射过程。此外，发射段架构还包括运载火箭与地面段之间的通信接口设计、任务参数及架构的描述。同时，发射段架构还包括对发射窗口的选择。

地面段架构主要指为了将航天器置于发射台待发所做的一系列准备工作，包括发射系统的选择、相关设施建立与使用评估等过程。地面段架构还包括对设计程序的限制、设计的预算、航天器结构上的考虑、航天器的集成等方面的说明。此外，地面部分还包括任务执行计划、任务实现功能、资格认证程序等因素。

比冲（Specific impulse）

火箭工程师不但关注火箭发动机的推力，而且更加关注发动机的比冲（I_{sp}），后者是衡量火箭发动机性能的重要指标。比冲是指火箭发动机燃烧 1 kg 推进剂，在 1 s 内所提供的推力。不过，很多时候比冲很难获得精确的测量，因为火箭在发射过程中由于外界气压的不同，推力也将不同，而推力是计算比冲的重要参数，因此比冲也将不断变换。此外，比冲还与火箭发动机各组件的损耗和效率息息相关，如喷嘴和涡轮泵等，提升它们的效率是一个优秀的火箭工程师所必须考虑的问题。

分离（Staging）

推进剂占据了运载火箭的绝大部分的质量。当火箭点火起飞后，随着火箭的飞行，燃料将不断地消耗而减少，这时逐渐清空的燃料箱的质量就变成了火箭飞行的负担。比较明智的方法是将火箭分级，每一级的燃料用光后，就将这一级火箭抛离，以减轻火箭的质量，从而使火箭获得更大的平均质量比，提升其最终速度。我们一般把火箭这种分级抛离的过程称为分离。

技术成熟度（Technology Readiness Levels）

在开发新型运载火箭时，为了对相关的技术成熟程度进行评估，美国国家航空航天局提出了技术成熟度（TRL）这一概念。本书中一些用于运载火箭和航天器的概念性技术并不具备马上实际应用的条件。为了对这些技术的发展情况进行鉴定，美国国家航空航天局不得不进行一系列的试验、改进以及实际测试，并最终形成了技术成熟度 9 级评估准则，见附表 2。

附表 2 美国国家航空航天局技术成熟度等级

技术成熟度等级	技术成熟度的描述
1 级，掌握了基本原理	从科学研究开始向技术的基本特性转化，在 TRL 中等级最低
2 级，技术概念或应用得到系统阐述	开始发明。一旦掌握基本原理就可以发明实际应用了。这时是推测性的，没有经过验证或详细分析。例如仍然局限于纸面上的研究
3 级，通过分析和实验了解概念的关键功能或特性	开始主动的研究和开发。包括分析研究和实验室研究，利用自然科学对技术的各个分立的成分进行分析推算。例如技术的各个成分还没有集成到一起或还不具有代表性
4 级，在实验室环境下验证各技术成分或实验模型	开始将基本技术成分集成到一起，但相对于真实系统的逼真度较低。例如在实验室中将一些特定的硬件集成
5 级，在相应的环境下验证各技术成分或实验模型	实验模型的逼真度显著提高。结合了非常真实的辅助支持要素，将基本技术成分集成在一起，可以使技术能在模拟环境中进行试验。例如技术成分在高逼真度的实验室环境下集成

续表

技术成熟度等级	技术成熟度的描述
6 级，在相应的环境下演示验证系统/分系统模型或样机	在相应的环境下对代表性的模型或系统样机进行试验，这时已经比第 5 级 TRL 的实验模型完善得多，是进入技术演示验证阶段的一个重要的步骤。例如在高逼真度实验室环境或模拟的工作环境中对样机进行测试
7 级，在工作环境下演示验证系统样机	样机接近或者就是计划中的工作系统。这时已经比第 6 级 TRL 有了较大的进步，要求在工作环境下演示验证实际的系统样机。例如样机在实验飞机上试验
8 级，完成实际系统，并通过试验和演示验证检验	技术已经以最终的形式在期望的条件下经过检验。几乎对于所有情况，达到这一级都意味着实际系统研发工作已经完成。例如在预期的武器系统中进行系统试验和评估，以确定其是否满足设计要求
9 级，实际系统经过成功的任务操作得到验证	以最终的形式在任务条件下实际应用，像在第 8 级 TRL 中的工作一样进行检验。例如在工作任务条件下使用系统

注：曼金斯（Mankins），《技术成熟度》白皮书，美国国家航空航天局空间进入和技术办公室先进概念分办公室，华盛顿（1995 年 4 月 6 日）。

推力（Thrust）

将火箭向天空推送的力被称推力，单位为千克（kg）或牛顿（N）。一个典型的火箭发动机主要由燃烧室和其后连接的喷嘴组成，推进剂在燃烧室中燃烧并产生高温高压气体，再由喷嘴排出。值得注意的是，燃烧室内的压力分布是不对称的。燃烧室内压力的变化不大，但在接近喷嘴处压力会减小。由于气压在燃烧室底部没有从燃烧室外部得到补偿，从而形成了一个内外压差，这个压差就是推力，它与气体喷射方向相反，因此推动火箭上升。

进入地球转移轨道（Trans-Earth injection）

进入地球转移轨道（TEI）指的是航天器进行轨道机动飞往地球的过程。在进行 TEI 点火前，航天器将在停泊轨道绕月球旋转。点火时间要求严格，以确保 TEI 与地球的指向关系。

进入月球转移轨道 (Translunar injection)

进入月球转移轨道（TLI）指的是航天器进行轨道机动飞往月球的过程。在进行 TLI 点火前，航天器在地球的停泊轨道上以大约 28 150 km/h的速度绕地球旋转。当 TLI 点火后，在火箭发动机的推进下，航天器将达到约 394 00 km/h 速度。点火时间要求严格，以确保 TLI 与月球的指向关系。

缩略语

ACES	Advanced Crew Escape Suit	
	先进乘员逃逸航天服	
ACLS	Advanced Cardiac Life Support	
	先进心脏生命支持	
ACTS	Advanced Crew Transportation System	
	先进乘员运输系统	
AETB - 8	Alumina Enhanced Thermal Barrier - 8	
	氧化铝增强型绝热层-8	
AIAA	American Institute of Aeronautics and Astronautics	
	美国航空航天学会	
ALARA	As low as reasonably achievable	
	合理可完成性的最低限度	
ALHAT	Autonomous landing and hazard avoidance technology	
	自主着陆和危险规避技术	
AOD	Automatic opening device	
	自动打开装置	
APG	Advanced Programs Group	
	先进计划组	
APMC	Agency Program Management Council	
	机构计划管理委员会	
AR&D	Automated rendezvous and docking	
	自动交会对接	
ARC	Ames Research Center	
	埃姆斯研究中心	

ARPCS   Atmosphere Revitalization Pressure Control System
             大气再生压力控制系统
ARS   Acute radiation syndrome
             急性放射性综合征
ARS   Air Revitalization System
             空气再生系统
ASI   Artemis Society International
             阿耳忒弥斯国际社团
ASI   Augmented Spark Igniter
             增强火花点火器
ASM   Aft Service Module
             尾部服务舱
ATCO   Ambient temperature catalytic oxidation
             环境温度催化氧化
ATCS   Active Thermal Control System
             主动热控系统
ATHLETE   All-Terrain-Hex-Legged Extra-Terrestrial Explorer
             全地形六腿地外探测器
ATO   Abort to orbit
             中止到达轨道
ATS   Aft Thrust Structure
             尾部推力结构
ATSS   Advanced Transportation System studies
             先进运输系统研究
AUS   Advanced Upper Stage
             先进上面级
AV   Ancillary Valve
             辅助阀
BFO   Blood-forming organ
             造血器官

BLSS	Biological Life Support System
	生物生命保障系统
BMD	Bone mineral density
	骨密度
BMI	Bismaleimide
	双马来酰亚胺
BMU	Battery Module Unit
	电池模块单元
BPC	Boost Protective Cover
	推进保护盖
BUAA	Beijing University of Aeronautics and Astronautics
	北京航空航天大学
C&C	Command and control
	指令和控制
C&N	Communications and navigation
	通信和导航
C3I	Command，control，communication，and information
	指令、控制、通信和情报（系统）
CAD	Computer-aided design
	计算机辅助设计
CAD	Coronary artery disease
	冠状动脉疾病
CAIB	Columbia Accident Investigation Board
	哥伦比亚事故调查委员会
CaLV	Cargo Launch Vehicle
	货物运载火箭
CAM	Computer-assisted manufacturing
	计算机辅助制造
CARD	Constellation Architecture Requirements Document
	星座体系需求文件

CAS	Chinese Academy of Sciences
	中国科学院
CBO	Congressional Budget Office
	国会预算办公室
CC	Cargo Container
	货物集装箱
CCB	Common Core Booster
	通用核心助推器
CCDH	Command，control，and data handling
	指挥、控制和数据处理
CDE	Carbon dioxide electrolysis
	二氧化碳电解
CDF	Concurrent Design Facility
	并行设计设施
CDM	Crew Descent Mission
	乘员下降任务
CDMKS	Crew Descent Mission Kick Stage
	乘员下降任务开始级
CDR	Critical Design Review
	关键设计评审
CDS	Crew Descent Support
	乘员下降支持
CDV	Cargo Delivery Vehicle
	货物运输航天器
CE&R	Concept Exploration and Refinement（program）
	概念探索和改进（计划）
CEV	Crew Exploration Vehicle
	乘员探索飞行器
CFD	Computational fluid dynamics
	计算流体力学

CG	Center of gravity
	重心
CH_4	Methane
	甲烷
CHeCS	Crew Health Care System
	乘员健康保健系统
CLL	Cargo Lunar Lander
	货物月球着陆器
CLV	Crew Launch Vehicle
	乘员运载火箭
CM	Crew Module
	乘员舱
CMC	Center Management Council
	中心管理委员会
CME	Coronal mass ejection
	日冕物质喷射
CMO	Crew Medical Officer
	乘员医疗官员
CMRS	Carbon Dioxide and Moisture Removal System
	二氧化碳和水分去除系统
CNS	Central nervous system
	中枢神经系统
CNSA	China National Space Administration
	中国国家航天局
CONUS	Continental United States
	美国本土
COTS	Commercial Orbital Transportation System
	商业轨道运输系统
CP	Center of pressure
	压力中心

CPDS	Charged Particle Directional Spectrometer
	带电粒子定向光谱仪
CRaTER	Cosmic Ray Telescope for the Effects of Radiation
	辐射效应宇宙射线望远镜
CRC	Crew Re-Entry Capsule
	乘员再入舱
CRS	Congressional Research Service
	国会研究处
CSA	Canadian Space Agency
	加拿大航天局
CSHL	Cargo Star Horizontal Lander
	货物星水平着陆器
CSSS	Constellation Space Suit System
	星座航天服系统
CTM	Crew Transfer Module
	乘员转移舱
CVO	Cargo variant of Orion
	猎户座货运飞船
CXV	Crew Transfer Vehicle
	乘员转移飞行器
DAEZ	North Atlantic Downrange Abort Exclusion Zone
	北大西洋发射场中止禁区
DASH	Descent Assisted Split Habitat
	下降辅助分离居住舱
DAU	Data Acquisition Unit
	数据采集单元
DC－X	Delta Clipper Experimental
	三角快帆试验（机）
DCR	Design Certification Review
	设计认证评审

DCS　　　　　　Decompression sickness

　　　　　　　　减压病

DDT&E　　　　Design, development, testing, and evaluation

　　　　　　　　设计、开发、试验和评估

DIRECT　　　　Direct Shuttle Derivative

　　　　　　　　航天飞机直接衍生型

DoD　　　　　　Department of Defence

　　　　　　　　国防部

DoF　　　　　　Depth of field

　　　　　　　　景深

DOI　　　　　　Descent orbit insertion

　　　　　　　　下降轨道射入

DPT　　　　　　Decadel Planning Team

　　　　　　　　十年规划团队

DRM　　　　　　Design Reference Mission

　　　　　　　　设计基准任务

DSB　　　　　　Double-strand break

　　　　　　　　双链断裂

DS　　　　　　　Descent Stage

　　　　　　　　下降级

DSE – Alpha　Deep Space Exploration-Alpha

　　　　　　　　深空探索-阿尔法

DSE　　　　　　Deep-space exploration

　　　　　　　　深空探索

DSM　　　　　　Direct Staged Mission

　　　　　　　　直接分阶段任务

DSS　　　　　　Deep Space Shuttle

　　　　　　　　深空往返航天器

DSS　　　　　　Deceleration Subsystem

　　　　　　　　减速分系统

DTA　　　　　Drop Test Article
　　　　　　　坠落试验物
DTE　　　　　Direct to Earth
　　　　　　　直接到达地球
ECLSS　　　　Environmental Control and Life Support System
　　　　　　　环控生保系统
EDS　　　　　Earth Departure Stage
　　　　　　　地球出发级
EELV　　　　 Evolved Expendable Launch Vehicle
　　　　　　　改进型一次性运载火箭
EES　　　　　Emergency Egress System
　　　　　　　紧急出口系统
EH　　　　　 Escape Habitat
　　　　　　　逃逸居住舱
EIRA　　　　 ESAS Initial Reference Architecture
　　　　　　　"探索系统体系研究"初始基准体系
ELPO　　　　 Exploration Launch Projects Office
　　　　　　　探索发射项目办公室
ELV　　　　　Expendable Launch Vehicle
　　　　　　　一次性运载火箭
EML1　　　　 Earth-Moon Lagrange Point 1
　　　　　　　地—月拉格朗日 1 点
EMLR　　　　 Earth-Moon Lagrange rendezvous
　　　　　　　地—月拉格朗日交会
EMS　　　　　Electronic Meeting System
　　　　　　　电子会议系统
EMU　　　　　Extravehicular Activity Mobility Unit
　　　　　　　舱外活动移动装置
EOI　　　　　Earth orbit insertion
　　　　　　　地球轨道射入

EOR	Earth orbit rendezvous
	地球轨道交会
EOR - LOR	Earth orbit rendezvous-lunar orbit rendezvous
	地球轨道交会—月球轨道交会
EPS	Electrical Power System
	电源系统
ERO	Earth rendezvous orbit
	地球交会轨道
ESA	European Space Agency
	欧洲空间局
ESAS	Exploration Systems Architecture Study
	探索系统体系研究
ESMD	Exploration Systems Mission Directorate
	探索系统任务指挥部
ESTEC	European Space Research and Technology Centre
	欧洲航天研究和技术中心
ESTRACK	European Space Tracking
	欧洲空间跟踪
ET	External Tank
	外部贮箱
ETDP	Exploration Technology Development Program
	探索技术开发计划
ETO	Earth to orbit
	地球到轨道
EUS	Expendable Upper Stage
	一次性上面级
EVA	Extravehicular activity
	舱外活动
FAS	Flight Analysis System
	飞行分析系统

FAST   Flight application of spacecraft technologies
            航天技术飞行应用
FBR   Fixed Base Radio
            固定基站无线电
FIRST   Filght-oriented Integrated Reliability and Safety Tool
            飞行导向集成的可靠性和安全性工具
FLO   First Lunar Outpost
            首个月球基地
FOM   Figure of merit
            品质因数
FRR   Flight Readiness Review
            飞行就绪评审
FS   First Stage
            第一级
FSAM   First Stage Avionics Module
            第一级电子设备舱
FSM   Forward Service Module
            前向/前端服务舱
FSO   Family Support Office
            家庭支持办公室
FSRCS   First Stage Roll Control System
            第一级滚转控制系统
FSS   Fixed Service Structure
            固定服务结构
FTI   Fusion Technology Institute
            融合/聚变技术研究所
FTV   Flight Test Vehicle
            飞行试验航天器
GAO   Government Accountability Office
            政府责任办公室

GCR	Galactic cosmic radiation	
	银河宇宙辐射	
GGI	Gas generator ignition	
	气体发生器点火	
GHe	Gaseous helium	
	气态氦	
GLOW	Gross lift-off weight	
	总发射质量	
GN&C	Guidance, Navigation & Control	
	制导、导航和控制	
GOX	Gaseous oxygen	
	气态氧	
GPC	General purpose computer	
	通用计算机	
GPS	Global Positioning System	
	全球定位系统	
GR&A	Ground rules and assumption	
	基本规则和假设	
GRC	Glenn Research Center	
	格林研究中心	
GSFC	Goddard Space Flight Center	
	戈达德航天飞行中心	
Gy	Gray	
	戈瑞	
H – Suit	Hybrid Suit	
	混合航天服	
HCM	Habitat Crew Module	
	乘员居住舱	
He – 3	Helium-3	
	氦 – 3	

HEAT	High-fidelity environment analog training
	高保真环境模拟培训
HGDS	Hazardous Gas Detection System
	有害气体检测系统
HHFO	Habitability and Human Factors Office
	适居性和载人因素办公室
HLLV	Heavy Lift Launch Vehicle
	重型运载火箭
HLM	Habitat Logistics Module
	居住后勤舱
HLR	Human Lunar Return（study）
	载人月球返回（研究）
HLV	Heavy Lift Vehicle
	重型运输器
HM	Habitation Module
	居住舱
HMD	Head Mounted Display
	头盔式显示器
HMM	Habitat Maintenance Module
	居住保持舱
HPDE	High-density polyethylene
	高密度聚乙烯
HPS	Human Patient Simulator
	病人模拟器
HPUC	Hydraulic Power Unit Controller
	液压动力单元控制器
HSM	Habitat Science Module
	居住科学舱
HSSV	Helium Spin Start Valve
	氦旋转开始阀

HSVG	Human Spaceflight Vision Group
	载人飞行展望小组
HTPB	Hydroxyterminator polybutadiene
	端羟基聚丁二烯
HUD	Heads Up Display
	平视显示器
ICES	Integrated Cryogenic Evolved Stage
	集成低温演化级
IEB	Ion Exchange Bed
	离子交换层
ILOB	Icarus Lunar Observatory Base
	伊卡洛斯月球观测基地
IMLEO	Initial mass in low Earth orbit
	近地轨道初始质量
INS	Inertial Navigation System
	惯性导航系统
InSAR	Interferometric Synthetic Aperture Radar
	干涉合成孔径雷达
IPT	Integrated Product Team
	集成产品团队
IRED	Interim Resistive Exercise Device
	临时抗阻锻炼装置
ISEMSI	Isolation Study for European Manned Space Infrastructure
	欧洲载人航天基础设施隔离研究
ISP	Integrated Space Plan
	集成航天计划
I_{sp}	Specific impulse
	比冲
ISRU	In situ resource utilization
	原位资源利用

ISS	International Space Station	
	国际空间站	
ITV	Interplanetary Transfer Vehicle	
	行星际转移航天器	
IUA	Instrument Unit Avionics	
	仪器组电子设备	
IVA	Intravehicular activity	
	舱内活动	
JAXA	Japan's Aerospace Exploration Agency	
	日本宇宙航空研究开发机构	
JCC	Jupiter Common Core	
	丘比特通用核心（系统）	
JLS	Jupiter Launch System	
	丘比特运载系统	
JPL	Jet Propulsion Laboratory	
	喷气推进实验室	
JSC	Johnson Space Center	
	约翰逊航天中心	
JUS	Jupiter Upper Stage	
	丘比特上面级	
KSC	Kennedy Space Center	
	肯尼迪航天中心	
L/D	Lift to dray（ratio）	
	升阻比	
L1	Lagrange Point 1	
	拉格朗日 1 点	
LAD	Liquid Acquisition Device	
	液体采集设备	
LADAR	Laser detection and ranging	
	激光探测与测距	

LAMP	Lyman Alpha Mapping Project
	莱曼-阿尔法制图项目
LandIR	Landing and Impact Research（NASA Langley facility）
	着陆和撞击研究（NASA 兰利设施）
LAS	Launch Abort System
	发射中止系统
LAT	Lunar Architecture Team
	月球体系团队
LBNP	Lower-body negative pressure
	下体负压
LCD	Liquid crystal display
	液晶显示
LCG	Liquid Cooling Garment
	液冷服
LCH_4	Liquid methane
	液态甲烷
LCROSS	Lunar Crater Observation and Sensing Satellite
	月球坑观测和遥感卫星
LCT	Lunar Communication Terminal
	月球通信终端
LCT	Long Duration Cryogenic Tank
	长期低温贮箱
LEB	Lunar Exploration Base
	月球探索基地
LEM	Lunar Excursion Module
	登月舱
LEND	Lunar Exploration Neutron Detector
	月球探索中子探测器
LEO	Low Earth orbit
	近地轨道

LES	Launch Escape System
	发射逃逸系统
LEV	Lunar Excursion Vehicle
	登月航天器
LExSWG	Lunar Exploration Science Working Group
	月球探索科学工作组
LH_2	Liquid hydrogen
	液氢
LIDAR	Light detection and ranging
	光探测与测距
LIDS	Low Impact Docking System
	低撞击对接系统
LiOH	Lithium hydroxide
	氢氧化锂
LLAN	Lunar Local Area Network
	月球局域网
LLO	Low lunar orbit
	近月球轨道
LLOX	Lunar liquid oxygen
	月球液氧
LLPS	Lunar Lander Preparatory Study
	月球着陆器准备研究
LM	Lander Module
	登月舱
LM	Logistics Moule
	后勤舱
LMM	Lunar mission mode
	月球任务模式
LOC	Loss of crew
	乘员伤亡

LOI　　　　　Lunar orbit insertion

月球轨道入轨

LOLA　　　　Lunar Orbiter Laser Altimeter

月球轨道器激光高度计

LOM　　　　 Loss of mission

任务失败

LOR　　　　 Lunar orbit rendezvous

月球轨道交会

LOX　　　　 Liquid oxygen

液氧

LPMR　　　　Lunar Polar Mission Rover

月球极任务月球车

LPRP　　　　Lunar Precursor Robotic Program

月球先驱机器人计划

LRC　　　　 Langley Research Center

兰利研究中心

LRC　　　　 Lunar Resources Company

月球资源公司

LRL　　　　 Lunar Reconnaissance Lander

月球勘测着陆器

LRO　　　　 Lunar Reconnaissance Orbiter

月球勘测轨道器

LRO　　　　 Lunar rendezvous orbit

月球交会轨道

LROC　　　　Lunar Reconnassance Orbiter Camera

月球勘测轨道器相机

LRS　　　　 Lunar Relay Satellite

月球中继卫星

LSAM　　　　Lunar Surface Access Module

月球着陆舱

LSE   Lunar Surface Explorer

月球表面探测器

LSMS   Lunar Surface Mobility System

月球表面移动系统

LSS   Life Support System

生命保障系统

LTO   Lunar transfer orbit

月球转移轨道

LTV   Lunar Transfer Vehicle

月球转移航天器

LUT   Launcher Umbilical Tower

运载器脐带塔

LV   Launch Vehicle

运载火箭

M^3 Manned Mission to the Moon

月球载人任务

MAF   Michoud Assembly Facility

米丘德装配设施

MAH   Mission Ascent Habitat

任务上升居住舱

MAV   Minimum volume Ascent Vehicle

最小体积上升飞行器

Max – ATO   Maximized abort to orbit

应急入轨最大化

Max – TAL   Maximized targeted abort langing

最大化目标中止着陆

MBR   Model-based reasoning

基于模型的推理

MCMI   Million Clinical Multiphasic Inventory

百万临床多相量表

MCP	Mechanical counter-pressure
	机械差压
MDR	Major Design Review
	主设计评审
MDU	Manufacturing Demonstration Unit
	制造验证单元
MECO	Main engine cut-off
	主发动机停车
MIT	Massachusetts Institute of Technology
	麻省理工学院
MLAS	Max Launch Abort System
	最大发射中止系统
MLI	Multilayer insulation
	多层绝缘
MLP	Mobile Launcher Platform
	移动发射平台
MLUT	Minimal Launch Umbilical Tower
	最小发射脐带塔
MM	Mission Module
	任务舱
MMH	Monomethyl hydrazine
	甲基联氨
MMO	Mission Management Office
	任务管理办公室
MMOD	Micrometeroid/orbital debris
	微流星体/轨道碎片
MMPI	Minnesota Multiphasic Personality Inventory
	明尼苏达多相人格量表
MPSS	Main Parachute Support System
	主降落伞支持系统

MRR	Manufacturing Readiness Review
	制造就绪评审
MSFC	Marshall Space Flight Center
	马歇尔航天飞行中心
MTV	Mars Transit Vehicle
	火星运输器
NASA	National Aeronautics and Space Administration
	（美国）国家航空航天局
NCRP	National Council on Radiation Protection
	（美国）国家辐射防护委员会
NEEMO	NASA Extreme Environment Mission Operations
	国家航空航天局极端环境任务运行
NExT	NASA Exploration Team
	国家航空航天局探索队伍
NOAA	National Oceanic and Atmospheric Administration
	（美国）国家海洋和大气局
NPR	NASA procedural requirement
	NASA 程序要求
NSBRI	National Space Biomedical Research Institute
	（美国）国家太空生物医学研究所
NSD	NASA Standard Detonator
	NASA 标准起爆器
NTO	Nitrogen tetroxide
	四氧化二氮
OBS	Operational Bioinstrumentation System
	生物仪器系统运行
OExP	Office of Exploration
	探索办公室
OMB	Office of Management and Budget
	管理和预算办公室

OML Outer mold line

外模线

OMS Orbital Maneuvering System

轨道机动系统

OBS Operational Bioinstrumentation System

操作生物仪器系统

ORN Osteoradionecrosis

放射性骨坏死

OSC Orbital Sciences Corporation

轨道科学公司

OSP Orbital Space Plane

轨道空天飞机

OTIS Optimal trajectories via implicit simulation

隐式模拟优化轨迹

OTV Orbital Transfer Vehicle

轨道转移飞行器

P/LOC Probability of loss of crew

乘员伤亡概率

P/LOM Probability of loss of mission

任务失败概率

PBAN Polybutadiene acrylic acid acrylonitrile

聚丁二烯丙烯酸丙烯腈

PCA Pneumatic control assembly

气动控制组件

PCC Pressurized Cargo Carrier

加压货物运载器

PCR Pressurized Crew Rover

加压载人月球车

PCU Power control unit

电源控制单元/功率调节器

PDI	Powered descent initiation
	有动力下降启动
PDR	Preliminary Design Review
	初步设计评审
PE	Polyethylene
	聚乙烯
PEG	Powered explicit guidance
	动力显式制导
PFTE	Poly-tetrafluorethylene
	聚四氟乙烯
PICA	Phenolic-impregnated carbon ablator
	酚碳热烧蚀材料
PLSS	Portable Life Support System
	便携式生保系统
PM	Payload Module
	有效载荷舱
PMAD	Power Management and Distribution（system）
	电源管理和分配（系统）
PNT	Position，navigation，and timing
	定位、导航和授时
POD	Point of departure
	出发地
PPA	Power Pack Assembly
	电源组件
PPO_2	Partial pressure of oxygen
	氧分压
PSG	Psychological Services Group
	心理服务组
PV	Photovoltaic
	光伏

R&D	Research and development
	研发
r. m. s	Root mean square
	均方根
RATS	Research and Technology Study
	研究和技术研讨
RCS	Reaction Control System
	反作用控制系统
RCT	Reaction Control Thruster
	反作用控制推力器
RDM	Robotic Descent Module
	机器人下降舱
REI	Rear Entry I-Suit
	背后进入 I 式航天服
REID	Risk of exposure-induced death
	暴露引起死亡的风险
REM	Radiation equivalent man
	人体辐射当量
RFA	Request for action
	工程行动请求
RFC	Regenerative Fuel Cell
	可再生燃料电池
RLV	Reusable Launch Vehicle
	可重复使用运载火箭
RM	Re-entry Module
	再入舱
RM	Resource Module
	资源舱
RMS	Remote Manipulator System
	遥机械臂系统

ROC   Resnick，O'Neill，Cramer

雷斯尼克、奥尼尔、克拉默（三人小组）

RSC   Rocket and Space Corporation

火箭和航天公司

RSRB   Reusable Solid Rocket Booster

可重复使用固体火箭助推器

RSRM   Reusable Solid Rocket Motor

可重复使用固体火箭发动机

RSS   Rotating Service Structure

旋转服务结构

S&MA   Safety Mission Assurance Office

安全任务保证办公室

SAEH   Support Ascent Escape Habitat

支持上升逃逸居住舱

SAGES   Shuttle and Apollo Generation Expert Services

航天飞机和阿波罗通用专家服务系统

SAR   Synthetic Aperture Radar

合成孔径雷达

SARSAT   Search and rescue satellite-aided tracking

搜索和救援卫星辅助跟踪

SBIR   Small Business Innovative Research

小型企业创新研究

SCA   Spacecraft Adapter

航天器适配器

SCR   Solar cosmic ray

太阳宇宙射线

SEI   Space Exploration Initiative

空间探索倡议

SEM   Space Exploration Module

空间探索舱

SF　　　　　　　　Factor of safety

安全系数

SFINCSS　　　　　Simulation of Flight of International Crew on Space Station

空间站国际乘员飞行模拟

SH　　　　　　　　Surface Habitat

表面居住

SLS　　　　　　　Saturn Launch System

土星号运载系统

SM　　　　　　　Service Module

服务舱

SOHO　　　　　　Solar and Heliospheric Observatory

太阳和日球观测台

SORT　　　　　　Simulation and optimization of rocket trajectories

火箭轨迹的模拟和优化

SPACE　　　　　　Screening Program for Architecture Capability Evaluation

体系结构能力评估筛选计划

SPE　　　　　　　Solar particle event

太阳粒子事件

SPM　　　　　　　Surface Power Module

表面动力舱

SPWE　　　　　　Solid Polymer Water Electrolysis

固体聚合物水电解

SQM　　　　　　Strange quark matter

奇异夸克物质

SRB　　　　　　　Solid Rocket Booster

固体火箭助推器

SRM　　　　　　　Solid Rocket Motor

固体火箭发动机

SRR　　　　　　　System Requirements Review

系统需求评审

SS	Satellite and storage
	卫星和存储
SSB	Single-strand break
	单链断裂
SSC	Stennis Space Center
	斯坦尼斯航天中心
SSC	Systems and Software Consortium
	系统和软件联合
SSME	Space Shuttle Main Engine
	航天飞机主发动机
SSRB	Space Shuttle Solid Rocket Booster
	航天飞机固体火箭助推器
SS	Satellite and storage
	卫星和存储
SSTO	Single stage to orbit
	单级入轨
Sv	Sievert
	希沃特（剂量当量）
SYZ	Soyuz
	联盟号（飞船）
TAL	Targeted abort landing
	定向中止着陆
TEI	Trans-Earth injection
	进入飞向地球的轨道
TEPC	Tissue Equivalent Proportional Counter
	组织等效比例计数器
TIM	Technical Interface Meeting
	技术接口会议
TLI	Translunar injection
	从地球到月球的轨道进入

TO   Thrust oscillation
            推力振荡
TPI   Terminal phase initiation
            终端阶段开始
TPS   Thermal Protection System
            热防护系统
TRL   Technology readiness level
            技术成熟度/技术准备等级
TT&C   Telemetry, tracking, and control
            遥测、跟踪和控制
TUR   Trencher Utility Rover
            挖掘实用月球车
UAS   Untargeted abort splashdown
            非定向中止溅落
UCR   Unpressurized Crewed Rover
            非加压乘员月球车
UDMH   Unsymmetrical dimethylhydrazine
            偏二甲肼
UHF   Ultrahigh frequency
            超高频
US   Upper Stage
            上面级
USAF   United States Air Force
            美国空军
USEE   Upper Stage Engine Element
            上面级发动机元件
USEO   Upper Stage Element Office
            上面级元件办公室
UV   Ultraviolet
            紫外辐射

VAB	Vehicle Assembly Building
	运载火箭总装大楼
VCC	Voice call continuity
	语音呼叫连续性
VDC	Volts Direct Current
	直流电压
VEG	Virtual Environment Generator
	虚拟环境发生器
VPCAR	Vapor Phase Catalytic Ammonia Removal （system）
	汽相催化脱氨 （系统）
VR	Virtual reality
	虚拟现实
VSE	Vision for Space Exploration
	空间探索远景
VT	Ventricular tachycardia
	室性心动过速
WFRD	Wiped Film Rotating Disk
	刮膜式旋转盘
YPG	Yuma Proving Grounds
	尤马试验场